PUWU 破解重组污泥结构研究

台明青　著

哈爾濱工業大學出版社

内 容 简 介

本书通过超声波、微波和紫外线脉冲组合方法（PUWU），辅助氧化剂氧化措施和添加骨架构建剂的使用，对城市污泥脱水性能改善系统进行研究，以破解污泥结构、压缩双电层，达到污泥脱水的目的。全书共 8 章，主要内容包括 PUWU+过硫酸钾+叶腊石重组污泥结构影响脱水性能、PUWU+高铁酸钾+PAM 破解重组污泥结构影响脱水性能、PUWU+高铁酸钾+脱硫灰破解污泥结构影响脱水性能研究、PUWU+过硫酸钾+石灰破解重组污泥影响脱水性能研究、PUWU+过硫酸钾+脱硫灰破解污泥影响污泥脱水性能研究、PUWU 石灰 Fenton 破解污泥改善脱水性能研究、PUWU+Fenton+十二烷基硫酸钠破解重组污泥结构研究，最后进行总结。

本书可供环境工程施工人员、科研人员、工程管理人员及高等院校相关专业师生参考。

图书在版编目（CIP）数据

PUWU 破解重组污泥结构研究/台明青著. —哈尔滨：哈尔滨工业大学出版社，2020.7（2024.6 重印）
ISBN 978-7-5603- 8909-7

Ⅰ. ①P… Ⅱ. ①台… Ⅲ. ①城市-污泥脱水-研究 Ⅳ. ①X703

中国版本图书馆 CIP 数据核字（2020）第 117187 号

策划编辑　王桂芝
责任编辑　李青晏
出版发行　哈尔滨工业大学出版社
社　　址　哈尔滨市南岗区复华四道街 10 号　邮编 150006
传　　真　0451-86414749
网　　址　http://hitpress.hit.edu.cn
印　　刷　辽宁新华印务有限公司
开　　本　787 mm×1 092 mm　1/16　印张 14　字数 298 千字
版　　次　2020 年 7 月第 1 版　2024 年 6 月第 2 次印刷
书　　号　ISBN 978-7-5603-8909-7
定　　价　98.00 元

前　言

污泥的结构是影响污泥脱水的重要因素。污泥颗粒属于亲水胶体，颗粒表面带有负电荷，在吸附作用下会形成水化膜，胶核内含有微生物、细胞间质、细胞、细菌，携带有无机物和水分等。

水化膜的作用使污泥具有保持高含水率的特性。由于污泥胶核的表面被水化膜包围着，锁住了里面的水分，从而影响脱水效果，可以在脱水之前通过调质，中和污泥表面的负电荷，解除水化膜的束缚，使污泥颗粒脱稳聚沉，改善污泥的沉淀性。然而，如果不对污泥的结构进行改变和重组，会使污泥调质效果差，达不到预期目的。因此，改善污泥脱水性能，必须首先改变污泥的结构并对其进行重组，以利于调质。

本书通过超声波、微波和紫外线脉冲组合方法（PUWU），辅助氧化剂氧化措施和添加骨架构建剂的使用，对城市污泥脱水性能改善系统进行研究，以破解污泥结构、压缩双电层，达到污泥脱水的目的。全书共 8 章，主要内容包括 PUWU+过硫酸钾+叶腊石重组污泥结构影响脱水性能、PUWU+高铁酸钾+PAM 破解重组污泥结构影响脱水性能、PUWU+高铁酸钾+脱硫灰破解污泥结构影响脱水性能研究、PUWU+过硫酸钾+石灰破解重组污泥影响脱水性能研究、PUWU+过硫酸钾+脱硫灰破解污泥影响污泥脱水性能研究、PUWU 石灰 Fenton 破解污泥改善脱水性能研究、PUWU+Fenton+十二烷基硫酸钠破解重组污泥结构研究，最后进行总结。

本书撰写过程中，邢月、李双庆、周闪闪、董昆、刘玮晴、于汇洋、孟令顺参加了部分前期工作，在此表示衷心感谢。同时也感谢河南省水资源与生态保护院士工作站、河南省科技攻关项目（142102310206、162102310255）对本书出版的大力支持。

由于作者水平有限，书中疏漏及不足之处在所难免，衷心期待同行专家和广大读者对本书提出宝贵意见。

作　者

2020 年 5 月

目　　录

第 1 章　PUWU+过硫酸钾+叶腊石重组污泥结构影响脱水性能

1.1　实验材料及分析指标

1.1.1　污泥性质及实验药品

实验所用污泥来自河南省南阳市某污水厂的回流污泥，污水处理厂污水处理方法为活性污泥法。污泥取回后在实验室静置 48 h 后去掉上清液，取部分污泥待用。污泥基本物理化学性质见表 1.1。

表 1.1　污泥基本物理化学性质

参数	数值
SRF/（$m\cdot kg^{-1}$）	（11.34±1.5）$\times 10^{12}$
污泥含水率/%	98.3±0.6
泥饼含水率/%	82.73±1.8
离心沉降比/%	40±3.6
黏度/（$mPa\cdot s^{-1}$）	1.5±0.3
CST/s	49.3±3.9
上清液浊度/NTU	157±2.7

实验所用药品包括过硫酸钾溶液（5%）、叶腊石（粉末状，（100±15）μm）（图 1.1）。

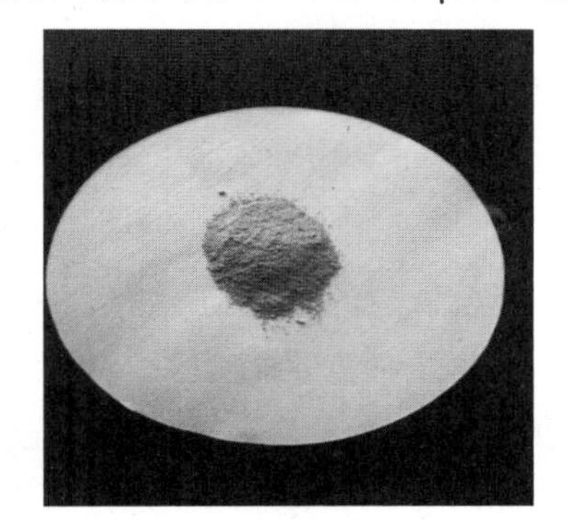

图 1.1　叶腊石固体和粉末

1.1.2 实验主要仪器

实验主要仪器见表 1.2。

表 1.2 实验主要仪器

编号	实验项目	仪器名称
1	PUWU 处理污泥/s	XO-SM100 超声波微波协同工作站
2	离心沉降比/%	80-2 电动离心机
3	污泥比阻/（$m·kg^{-1}$）	污泥比阻实验装置
4	黏度/（$mPa·s^{-1}$）	SNB-1 旋转黏度计
5	含水率/%	卤素水分测定仪
6	毛细吸水时间/s	DP123542 毛细吸水时间测定仪
7	上清液浊度（NTU）	HT93703-11 便携式浊度测定仪
8	氧化还原电位（ORP）	HI98120 防水型 ORP&Temp 测试笔
9	激光粒径检测	激光粒度仪 MASTERSIZER2000
10	扫描电镜	ZEISS

1.1.3 实验过程

本实验分为 3 个阶段：单因素实验、三因素耦合实验、验证实验。

单因素实验：①通过控制 PUWU 处理时间、过硫酸钾投加量、叶腊石投加量研究不同剂量对污泥脱水性能的影响；②使用 Origin 2017 软件确定 PUWU 等各单因素的最佳作用区间。

三因素耦合实验：①PUWU 等各单因素的最佳作用区间结合 Design-Expert 8.0 软件，得出 17 组多因素耦合实验方案，根据实验方案进行实验，得出相应 17 组实验数据；②进行实验后将 17 组结果再次输入 Design-Expert 8.0 软件中，进行方差分析及曲面响应优化，并得出相应的模型方程；③利用 Mathematica 10.3 软件求解含 PUWU 等三因素耦合后各个因素的最优值。

验证实验：对 Design-Expert 8.0 结合 Mathematica 10.3 得出的 PUWU 等的最优值进行结果准确度验证，以毛细吸水时间 CST、离心沉降比等为指标，验证所确定的 PUWU 等最优值的准确性。

此外，继续进行其他验证实验，包括如下指标：

（1）光学显微镜验证实验。对原污泥，PUWU、过硫酸钾、叶腊石处理过的污泥以及三因素联合调理后的污泥分别进行光学显微镜观察，比较它们之间的不同之处。

（2）SEM 检测。对原污泥及三因素联合调理后的污泥进行电镜扫描，观察其结构变化。

（3）粒径分析。对原污泥及三因素联合调理后的污泥进行粒径分析，观察其粒度大小变化。

1.1.4　实验指标及分析

1. 污泥比阻（SRF）的测定

污泥比阻是用以表示污泥脱水性能的经典有效指标。其值越小，脱水越容易。测试步骤如下：滤纸放入布氏漏斗后用蒸馏水润湿，将抽滤瓶抽成负压状态并使滤纸紧贴漏斗底部。将 100 mL 调理好的污泥倒入漏斗中，开启电源同时开始计时，在 0.03 MPa 的压力下抽滤，观察滤液的变化并记录相应的时间变化，泥饼出现龟裂或 30 s 内不滴水实验结束。其计算见相关文献。

2. 毛细吸水时间（CST）的测定

毛细吸水时间用来表示污泥的脱水性能，其值越小，脱水性能越好。打开测定仪后按下测试按钮，将调理好的污泥倒入套管中，一段时间后响起第一声蜂鸣声，测试开始；当第二声蜂鸣声响起测试结束，此时显示的时间为毛细吸水时间。

3. 泥饼含水率（WC）的测定

抽滤后的泥饼量取 3～5 g 放入卤素水分测定仪中，调节温度到 120 ℃，测定含水率，当蜂鸣声响起时记录数据。

4. 离心沉降比（SV）的测定

离心沉降比用来衡量污泥的沉降性能。SV 值小，污泥易沉降；SV 值大，污泥难沉降。具体操作如下：调理好的污泥倒入两支 10 mL 的离心管后放入离心机中对称的位置，在转速为 2 000 r/min 的条件下旋转 45 s，停止转动后取出离心管。将上清液分别移至两支 10 mL 的量筒中，读取上清液的体积并记录相应的数据，计算其对应的离心沉降比。

5. 氧化还原电位（ORP）的测定

氧化还原电位与污泥系统的电位平衡有关，可进一步解释污泥的破解机理。加入过硫酸钾调理污泥，分别在 0 h 和 2 h 后测其氧化还原电位，待数据稳定时记录。

1.2　单因素实验及结果分析

1.2.1　PUWU 对污泥脱水性能的影响

PUWU 是依次进行超声波、微波、紫外三种处理工艺的脉冲处理过程，脉冲处理方式和时间可以任意设定。本实验中，超声波处理时，脉冲时间开 3 s 关 2 s，功率为 20 W；微波处理功率为 800 W；三者处理时间分配为 1∶1∶1。

取静置 48 h 后的污泥 700 mL，平均倒入 7 个 150 mL 的烧杯中，依次按 0 s、5 s、10 s、15 s、20 s、25 s、30 s 进行 PUWU 处理。处理完成后分别测其对应的离心沉降比、污泥比阻、泥饼含水率，并记录数据。结果如图 1.2～1.4 所示。

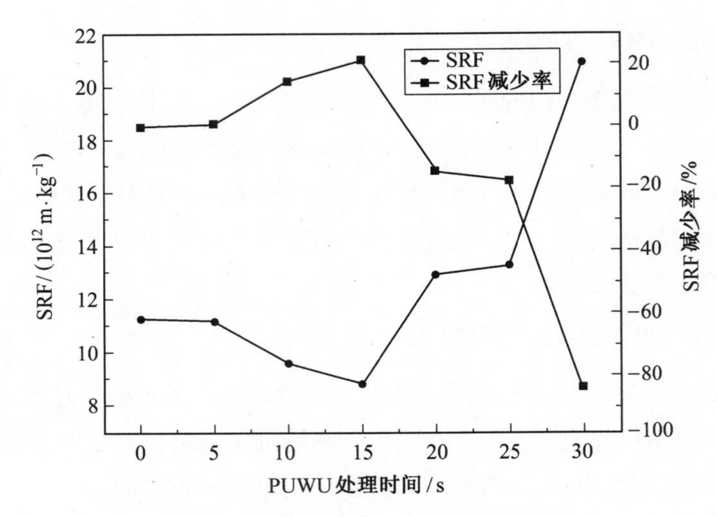

图 1.2 PUWU 处理时间对 SRF 的影响

由图 1.2 可知，原污泥的 SRF 为 11.34×10^{12} m/kg，PUWU 处理 5 s 后，SRF 下降到 11.24×10^{12} m/kg；继续处理，10 s 后下降到 9.68×10^{12} m/kg；处理 15 s 后 SRF 达到最小值（8.90×10^{12} m/kg），此时 SRF 减少率达到最大值 21.56%；处理时间增加至 20 s 时，SRF 反而开始上升，达到 12.98×10^{12} m/kg；当处理时间为 20～30 s 时，SRF 急剧上升到 20.91×10^{12} m/kg，比原污泥大，说明污泥脱水性能恶化。

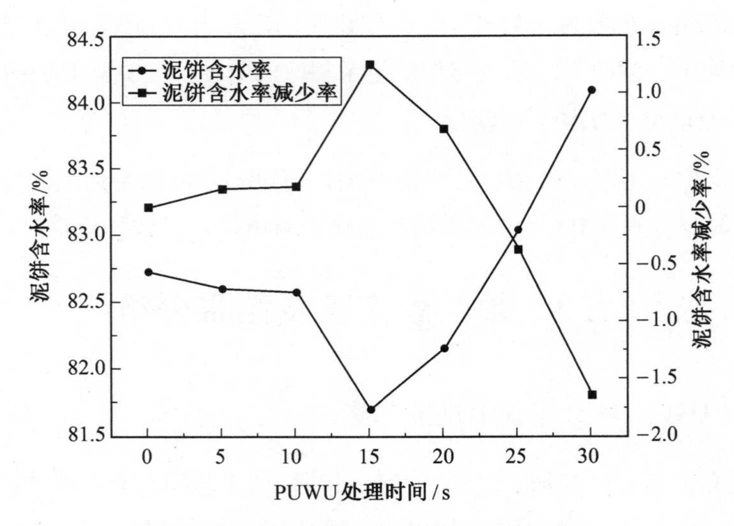

图 1.3 PUWU 处理时间对 WC 的影响

由图 1.3 可知，原污泥的 WC 为 82.73%，PUWU 处理 5 s 后，WC 下降到 82.60%；继续处理，10 s 后下降到 82.58%；再处理 5 s 后 WC 达到最小值 81.70%，此时泥饼含水率减少率为最大值 1.25%，PUWU 处理时间为 15 s；当处理时间为 20 s，WC 呈上升趋势为 82.16%；当处理时间为 20～30 s 时，WC 急剧上升到 84.09%比原污泥大，说明污泥脱水性能恶化。

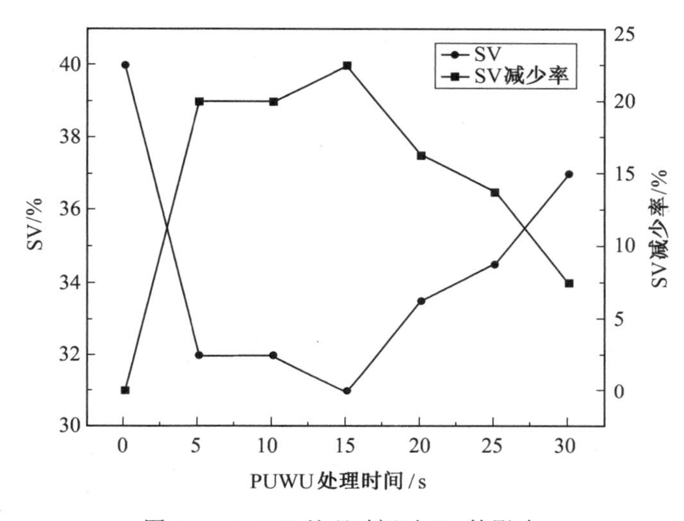

图 1.4　PUWU 处理时间对 SV 的影响

由图 1.4 可知，原污泥的 SV 为 40%，PUWU 处理 5 s 后，SV 急剧下降到 32%；继续处理，SV 缓慢下降，处理时间为 15 s 时 SV 达到最小值（31%），SV 减少率达到最大值（22.50%）；处理时间达到 20 s，SV 上升至 33.5%；当处理时间为 20～30 s 时，SV 上升到 37%>33.5%，说明处理效果没有 15 s 时好。

一定功率下，适当的 PUWU 处理时间可以改善污泥的脱水性能；PUWU 处理时间太长，污泥絮体被破碎成更细小的颗粒，比表面积变大，颗粒之间吸引力增加导致脱水性能恶化。

1.2.2　过硫酸钾对污泥脱水性能的影响

将静置 48 h 后的污泥取 800 mL 平均倒入 8 个 150 mL 的烧杯中，依次加入 1 mL、3 mL、5 mL、7 mL、9 mL、11 mL、13 mL、15 mL 的过硫酸钾溶液（质量分数为 5%），搅拌均匀后反应 2 h，2 h 后分别测其对应的离心沉降比、污泥比阻、泥饼含水率，并记录数据。结果如图 1.5～1.7 所示。

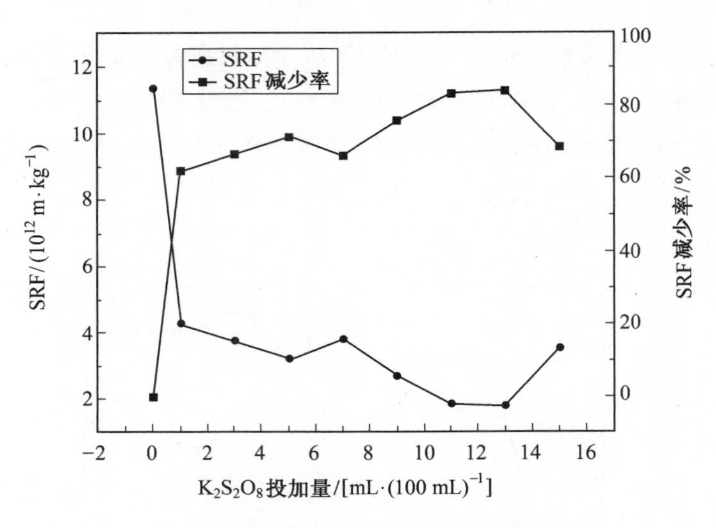

图 1.5 过硫酸钾投加量对 SRF 的影响

由图 1.5 可知，加入 1 mL 过硫酸钾后，污泥的 SRF 由原来的 11.34 $\times 10^{12}$m/kg 直线迅速下降到 4.30 $\times 10^{12}$m/kg；继续加入过硫酸钾，SRF 呈缓慢下降的趋势，当过硫酸钾投加量为 13 mL 时，SRF 达到最小值 1.82 $\times 10^{12}$m/kg，SRF 减少率达到最大值 83.94%；加入 15 mL 过硫酸钾后 SRF 为 3.56 $\times 10^{12}$m/kg> 1.82 $\times 10^{12}$m/kg，明显上升，说明处理效果减弱。

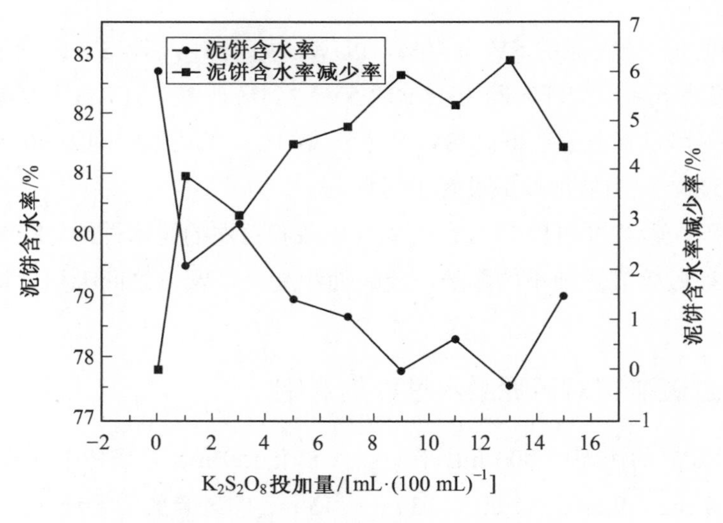

图 1.6 过硫酸钾投加量对 WC 的影响

由图 1.6 可知，加入 1 mL 过硫酸钾后，污泥的 WC 由原来的 82.73%直线下降到 79.51%；继续加入过硫酸钾，WC 呈缓慢下降的趋势，当过硫酸钾投加量为 13 mL 时，WC 达到最小值 77.55%，泥饼含水率减少率达到最大值 6.26%；加入 15 mL 过硫酸钾后

WC 为 79.02%>77.55%，图中显示，在投加量大于 13 mL 后 WC 呈上升趋势，说明加入 15 mL 过硫酸钾的处理效果不及加入 13 mL 过硫酸钾的处理效果。

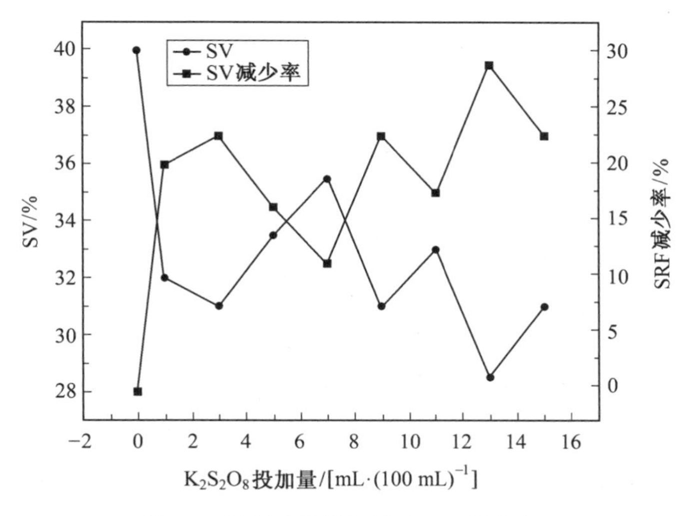

图 1.7　过硫酸钾投加量对 SV 的影响

由图 1.7 可知，加入 1 mL 过硫酸钾后，污泥的 SV 由原来的 40%直线下降到 32%；继续加入过硫酸钾，SV 下降缓慢；当过硫酸钾投加量为 13 mL 时，SV 达到最小值 28.5%，此时 SV 减少率达到最大值 28.75%；加入 15 mL 过硫酸钾后 SV 为 31%>28.5%，图中显示，在加入 13～15 mL 时 SV 呈上升趋势，说明处理效果减弱。

此实验说明，过硫酸钾投加量在一定范围内会改善污泥的脱水性能，超出这个范围则会减弱处理效果。

1.2.3　污泥系统的氧化还原电位

图 1.8 中污泥氧化还原电位随过硫酸钾投加量的增加而变化。

由图 1.8 可见，0 h 过硫酸钾投加量为 0 mL 时，污泥的氧化还原电位为−81 mV，整体呈弱还原性；随着过硫酸钾投加量的增加，氧化还原电位迅速升高，当投加量为 13（mL/100 mL）时达到最大值 340 mV，呈氧化性；继续增加过硫酸钾的投加量，污泥的氧化还原电位呈下降趋势。2 h 后污泥整体的氧化还原电位相对 0 h 大部分呈上升趋势，13（mL/100 mL）时达到最大值 380 mV，之后呈下降趋势。研究认为，氧化还原电位（ORP）可以作为污泥氧化脱水处理过程中的监测指标。

通过对污泥氧化还原电位的研究可知，是过硫酸钾的氧化性改变了污泥的电位平衡，使污泥体系的电位由还原性转向氧化性，污泥的脱水性能得以改善。武辰的研究也说明了氧化还原电位与污泥破解机理的关系。

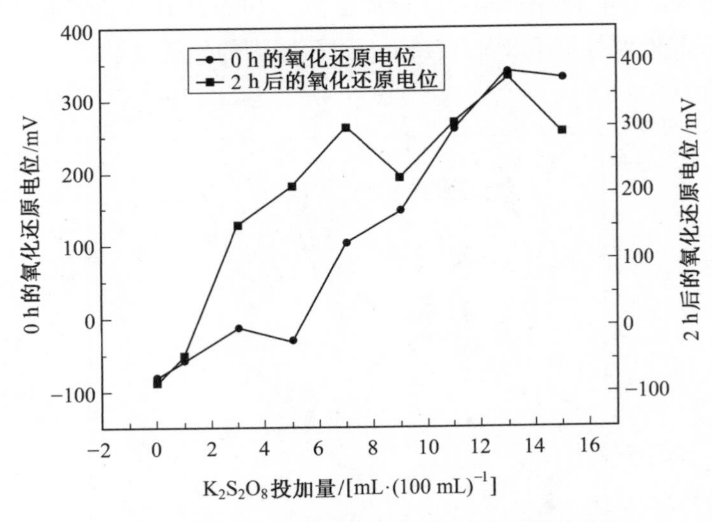

图 1.8　污泥氧化还原电位随过硫酸钾投加量的变化

1.2.4　叶腊石对污泥脱水性能的影响

取静置 48 h 后的污泥 900 mL，平均倒入 9 个 150 mL 的烧杯中，依次加入 0.5 g、1.0 g、1.5 g、2.0 g、2.5 g、3.0 g、4.0 g、5.0 g、7.0 g 叶腊石粉末，搅拌均匀后反应 1 h，1 h 后分别测其对应的离心沉降比、污泥比阻、泥饼含水率，并记录数据。其结果如图 1.9～1.11 所示。

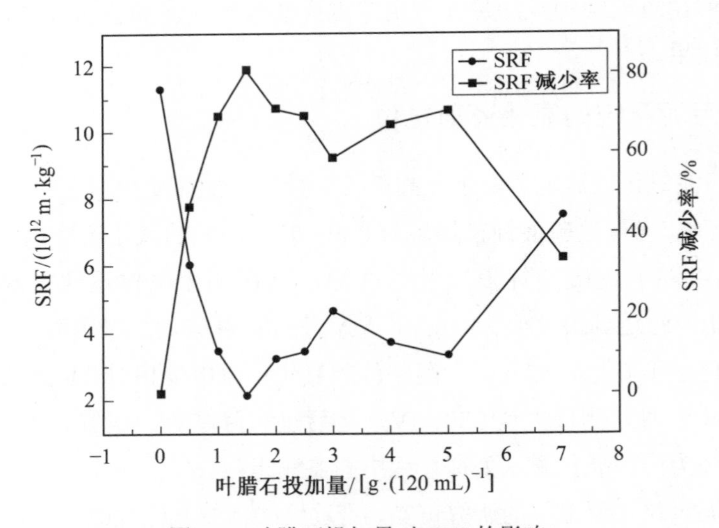

图 1.9　叶腊石投加量对 SRF 的影响

由图 1.9 可知，原污泥的 SRF 为 11.34×10^{12} m/kg，当叶腊石的投加量为 1.5 g 时，污泥的 SRF 呈直线趋势下降到 2.15×10^{12} m/kg，达到最小值，此时 SRF 减少率为最大值 81%；继续投加叶腊石，当投加量为 3.0 g 时，SRF 为 4.67×10^{12} m/kg>2.15×10^{12} m/kg，7.0 g 时达到 7.51×10^{12} m/kg>4.67×10^{12} m/kg，呈上升趋势，说明此时处理效果减弱。

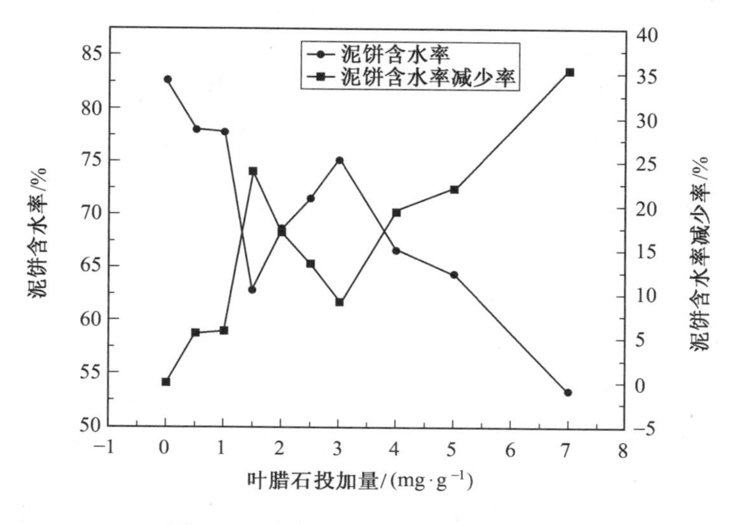

图 1.10　叶腊石投加量对 WC 的影响

由图 1.10 可知，原污泥的泥饼含水率为 82.73%，当叶腊石的投加量为 1.5 g 时，污泥的泥饼含水率急剧下降到 62.87%；继续投加叶腊石，当投加量为 3 g 时，WC 为 75.22%>62.87%，WC 呈上升的趋势,说明处理效果减弱；当投加量超过 3 g，泥饼含水率又呈下降的趋势，7 g 时到达 53.41%，虽然 53.41%<62.87%，但是此时的药品投加量并不经济，采取投加量 1.5 g 为最佳工艺值。

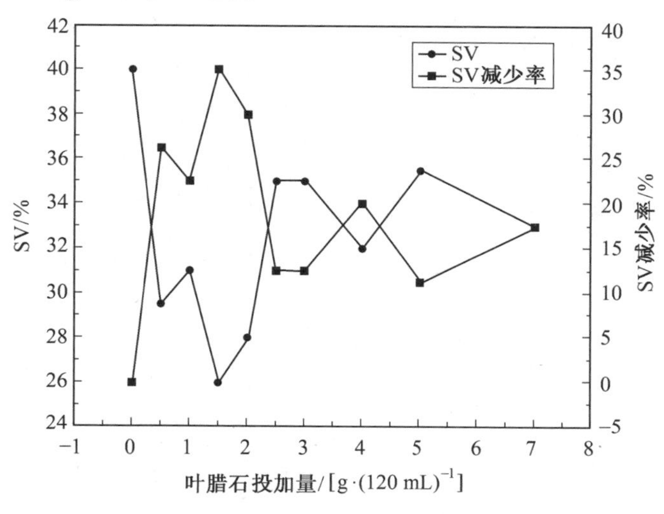

图 1.11　叶腊石投加量对 SV 的影响

由图 1.11 可知，原污泥的 SV 为 40%，当叶腊石的投加量为 1.5 g 时，污泥的 SV 由原来的 40%急剧下降到 26%，达到最小值，SV 减少率达到最大值 35%；继续投加叶腊石，当投加量为 7.0 g 时 SV 达到 33%>26%，呈上升趋势，说明此时的处理效果不如投加量为 1.5 g 时的处理效果。

实验结果说明加入适量的叶腊石有助于污泥脱水，投加量太多则会减弱处理效果。

1.3 多因素实验及结果分析

1.3.1 响应面实验方案设计及结果

根据前期确定的含 PUWU 等各单因素的最佳投加范围，采用 Design-Expert 8.0 软件设计响应面 BBD 实验，考察 PUWU、过硫酸钾、叶腊石三因素综合作用对污泥脱水性能的影响。以 *A*、*B*、*C* 为代码进行编码（表 1.3），并获得 17 组实验数据，进行实验后将实验结果（表 1.4）输入 Design-Expert 8.0 软件，得出模型方程及预测的最优组合：PUWU 处理时间为 12 s、过硫酸钾投加量为 12.3（mL/100 mL）、叶腊石投加量为 1.68（g/120 mL）。此时模型的预测值是：CST 为 38.11 s、SV 为 32 %。

表 1.3 自变量的实际值与编码值

自变量	代码	编码水平		
		最低	最佳	最高
		−1	1	1
PUWU 处理时间/s	*A*	10	15	20
过硫酸钾投加量/[mL·(100 mL)$^{-1}$]	*B*	11	13	15
叶腊石投加量/[g·(120 mL)$^{-1}$]	*C*	1.0	1.5	2.0

表 1.4 BBD 实验设计及结果

序号	代码			CST/s		SV/%	
	A	*B*	*C*	实测值	预测值	实测值	预测值
1	0	1	−1	42.30	40.82	38.46	38.51
2	0	−1	1	37.60	39.07	33.72	33.67
3	−1	−1	0	42.00	41.40	35.53	34.75
4	0	0	0	37.50	37.34	32.12	32.08
5	1	−1	0	44.00	43.10	36.00	37.22
6	−1	0	1	42.40	41.52	32.34	33.17
7	0	−1	−1	42.00	42.02	36.50	36.11

续表 1.4

序号	代码			CST/s		SV/%	
	A	*B*	*C*	实测值	预测值	实测值	预测值
8	0	0	0	37.30	37.34	31.09	32.08
9	−1	1	0	44.60	45.50	38.85	37.63
10	0	0	0	36.00	37.34	32.20	32.08
11	0	0	0	37.90	37.34	33.45	32.08
12	1	0	1	43.50	42.92	38.20	37.03
13	0	1	1	46.40	46.37	36.35	36.74
14	1	1	0	44.50	45.10	39.00	39.79
15	1	0	−1	40.00	40.87	38.42	37.59
16	−1	0	−1	40.40	40.97	35.65	36.82
17	0	0	0	38.00	37.34	31.56	32.08

1.3.2　模型显著性分析

1. CST 模型显著性分析

式（1.1）是 PUWU 处理后以 CST 为响应值建立的模型方程：

$$\mathrm{CST}=37.74+0.33A+1.53B+0.65C-0.53AB+0.38AC+2.12BC+2.97A^2+3.47B^2+1.27C^2 \quad (1.1)$$

式中　*A*——PUWU 处理时间，s；

B——过硫酸钾投加量，mL/100 mL；

C——叶腊石投加量，g/120 mL。

该模型中系数由 Design-Expert 8.0 软件得出，从该方程中可以看出二次项的系数皆为正，因此该方程开口向上，有最小值，可以进行方差分析，其分析见表 1.5。

由表 1.5 可知，经 PUWU 等三因素调理后污泥的 CST 回归模型的 *P* 值（Prob>*F*）是 0.003 1，说明该模型拟合显著；失拟项为 0.087 1，证明该模型拟合显著。变异系数值是 3.12%<10%；模型决定系数是 0.927 4，比较接近 1；校正决定系数为 0.834 0；信噪比为 9.208>4，一系列的数据说明该模型的准确性高，可重复性好。

图 1.12 中 CST 的实测值在斜率为 1 的直线附近小范围波动，说明实测值的斜率接近 1。表 1.5 和图 1.12 都说明可以用该模型对 PUWU、过硫酸钾、叶腊石三因素联合调理后污泥的毛细吸水时间进行预测。

表 1.5　CST 回归模型的方差分析

来源	平方和	DF	均方	F	P Prob>F	结果
模型	146.26	9	16.25	9.93	0.003 1	显著
A-PUWU	0.85	1	0.85	0.52	0.495 7	
B-$K_2S_2O_8$	18.61	1	18.61	11.37	0.011 9	
C-叶腊石	3.38	1	3.38	2.07	0.193 9	
AB	1.10	1	1.10	0.67	0.438 8	
AC	0.56	1	0.56	0.34	0.576 1	
BC	18.06	1	18.06	11.04	0.012 7	
A^2	37.08	1	37.08	22.65	0.002 1	
B^2	50.63	1	50.63	30.93	0.000 8	
C^2	6.76	1	6.76	4.13	0.081 6	
残值	11.46	7	1.64			
失拟项	8.88	3	2.96	4.61	0.087 1	不显著
标准差	1.28	模型决定系数			0.927 4	
均值	40.96	校正决定系数			0.834 0	
变异系数值	3.12	预测决定系数			0.073 2	
残差	146.18	信噪比			9.208	

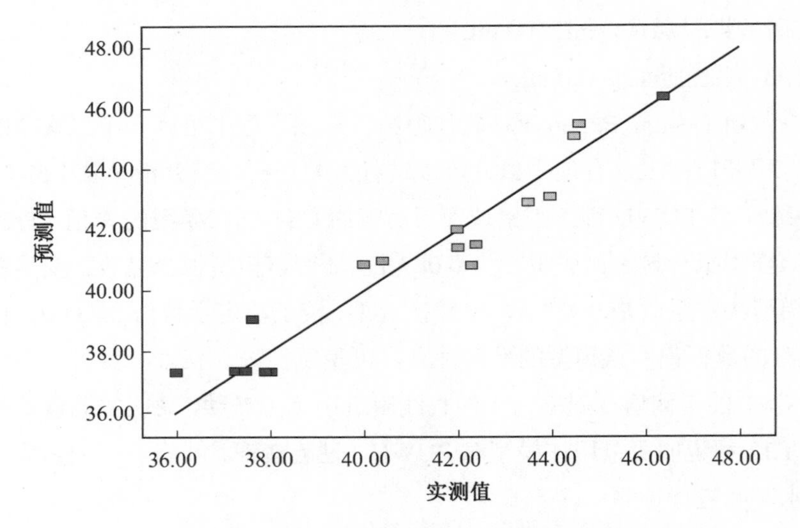

图 1.12　CST 的实测值与预测值的对比

2. SV 模型显著性分析

式（1.2）是 PUWU 处理后以 SV 为响应值建立的模型方程：

$$SV=32.08+1.16A+1.36B-1.05C-0.080AB+0.77AC+0.17BC+2.58A^2+2.68B^2+1.49C^2 \quad (1.2)$$

式中　A——PUWU 处理时间，s；

B——过硫酸钾投加量，mL/100 mL；

C——叶腊石投加量，g/120 mL。

该模型中系数由 Design-Expert 8.0 软件得出，从该方程中可以看出二次项的系数皆为正，因此该方程开口向上，有最小值，可以进行方差分析，其分析见表 1.6。

由表 1.6 可知，经 PUWU 等三因素联合调理后污泥的 SV 回归模型的 P 值（Prob>F）是 0.007 6，说明该模型拟合显著；失拟项为 0.121 2，证明该模型拟合较好。变异系数值是 3.68%<10%；模型决定系数是 0.904 9，比较接近 1；校正决定系数为 0.782 6；信噪比为 7.744>4，一系列的数据说明该模型的准确性高，可重复性好。

表 1.6　SV 回归模型的方差分析

来源	平方和	DF	均方	F	P Prob>F	结果
模型	111.95	9	12.44	7.40	0.007 6	显著
A-PUWU	10.70	1	10.70	6.36	0.039 7	
B-$K_2S_2O_8$	14.88	1	14.88	8.85	0.020 7	
C-叶腊石	8.86	1	8.86	5.27	0.055 3	
AB	0.026	1	0.026	0.015	0.905 3	
AC	2.39	1	2.39	1.42	0.272 3	
BC	0.11	1	0.11	0.067	0.803 6	
A^2	27.98	1	27.98	16.64	0.004 7	
B^2	30.31	1	30.31	18.03	0.003 8	
C^2	9.35	1	9.35	5.56	0.050 4	
残值	11.77	7	1.68			
失拟项	8.63	3	2.88	3.66	0.121 2	不显著
标准差	1.30	模型决定系数			0.904 9	
均值	35.26	校正决定系数			0.782 6	
变异系数值	3.68	预测决定系数			−0.155 2	
残差	142.92	信噪比			7.744	

图 1.13 中 SV 的实测值在斜率为 1 的直线附近小范围波动，说明实测值的斜率接近 1。表 1.6 和图 1.13 都说明可以用该模型对 PUWU、过硫酸钾、叶腊石三因素联合调理后污泥的离心沉降比进行预测。

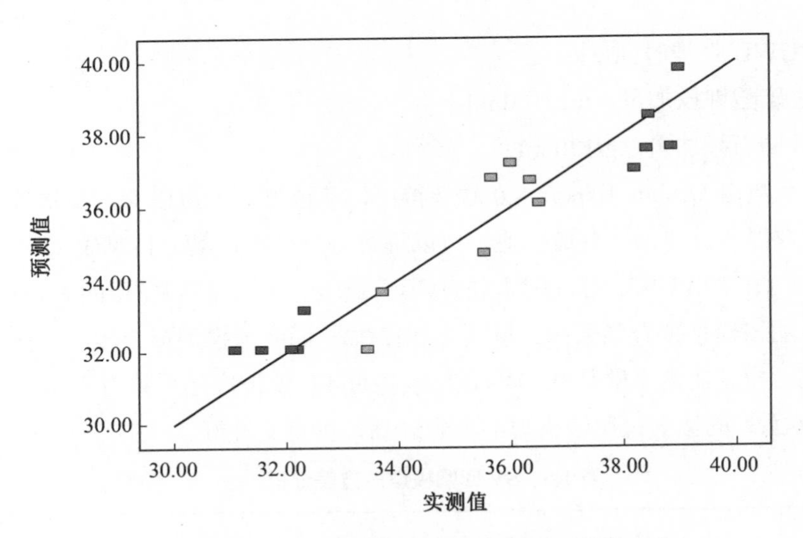

图 1.13　离心沉降比的实测值与预测值的对比

1.3.3　响应曲面图与参数优化

1. CST 响应曲面图与参数优化

PUWU、过硫酸钾、叶腊石联合调理对污泥毛细吸水时间影响的响应曲面图如图 1.14～1.19 所示。

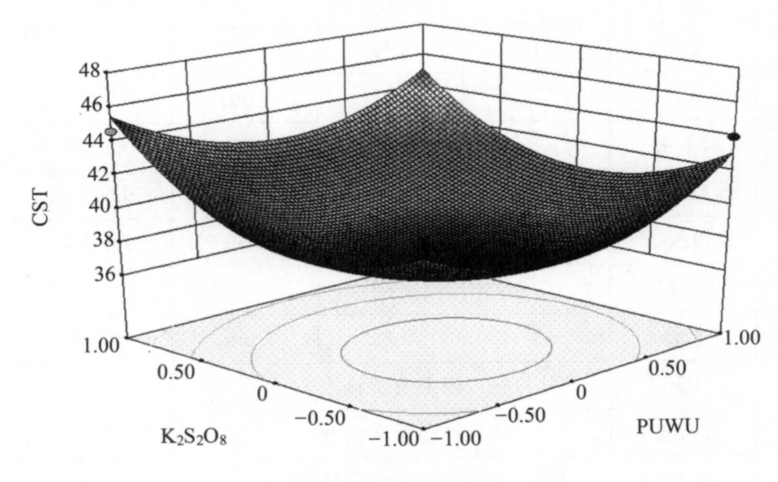

图 1.14　CST 响应曲面图

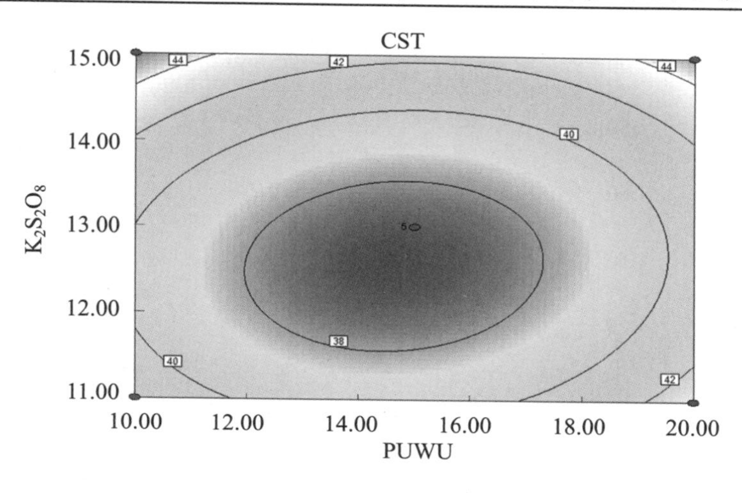

图 1.15 CST 的等高线图

图 1.14 是将叶腊石作为定量，PUWU 和过硫酸钾作为变量时的 3D 响应图，图 1.15 是 3D 图所对应的等高线图。由图 1.14 可知，叶腊石为 1.5（g/120 mL）时，过硫酸钾投加量增加导致 CST 先减小后增加，PUWU 处理时间延长也使得 CST 先减小后增加。

图 1.16 是将过硫酸钾作为定量，PUWU 和叶腊石作为变量的 3D 响应图，图 1.17 是图 1.16 所对应的等高线图。由图 1.16 可知，过硫酸钾投加量为 13（mL/100 mL）时，叶腊石投加量增加导致 CST 先减小后增加，PUWU 处理时间延长也使得 CST 先减小后增加。

图 1.18 是将 PUWU 作为定量，叶腊石和过硫酸钾作为变量的 3D 响应图，图 1.19 是图 1.18 所对应的等高线图。由图 1.18 可知，PUWU 处理时间为 15 s 时，过硫酸钾投加量以及叶腊石投加量增加都会导致 CST 先减小后增加。

图 1.18、图 1.19 说明 PUWU、过硫酸钾、叶腊石均存在最佳工艺值使得 CST 最小。

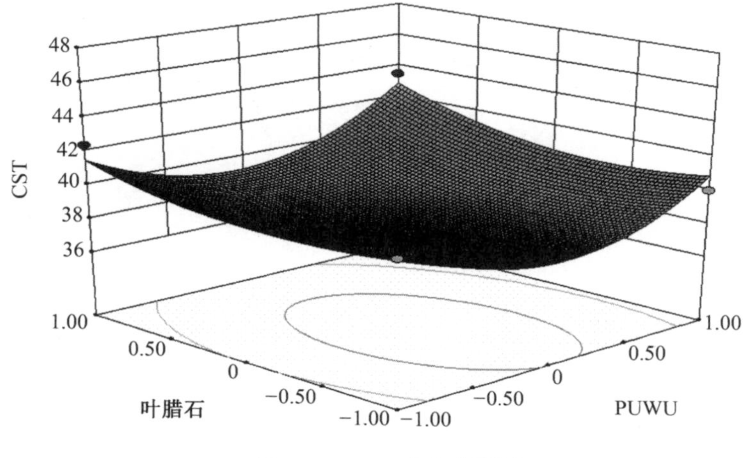

图 1.16 CST 响应曲面图

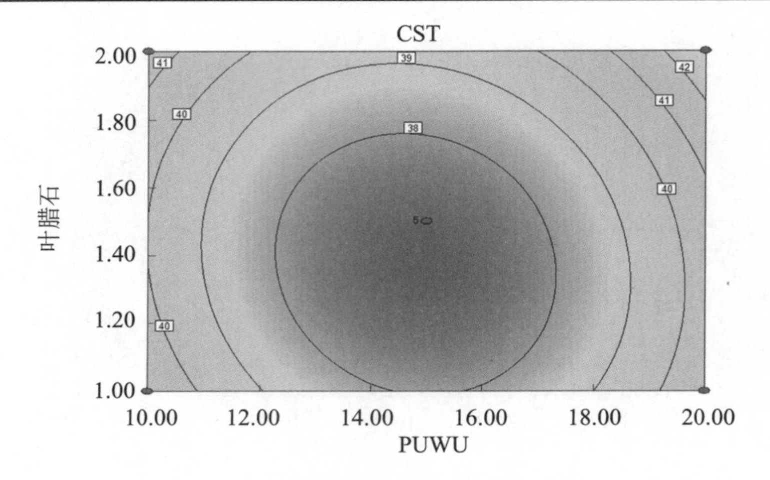

图 1.17　CST 的响应曲面及等高线图

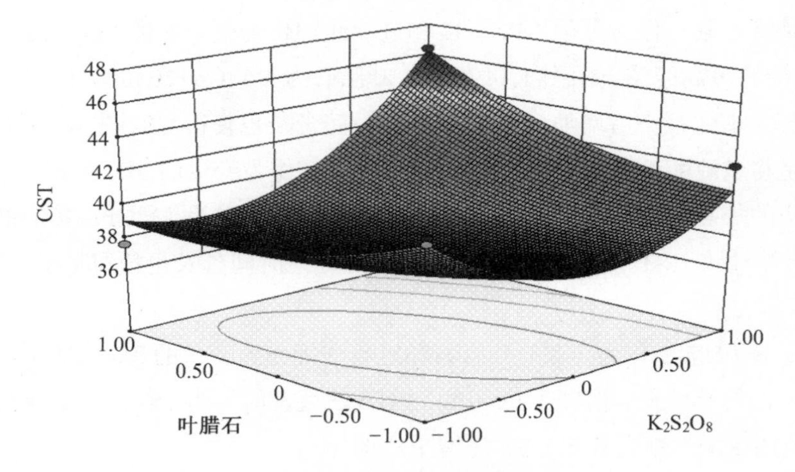

图 1.18　CST 的响应曲面图

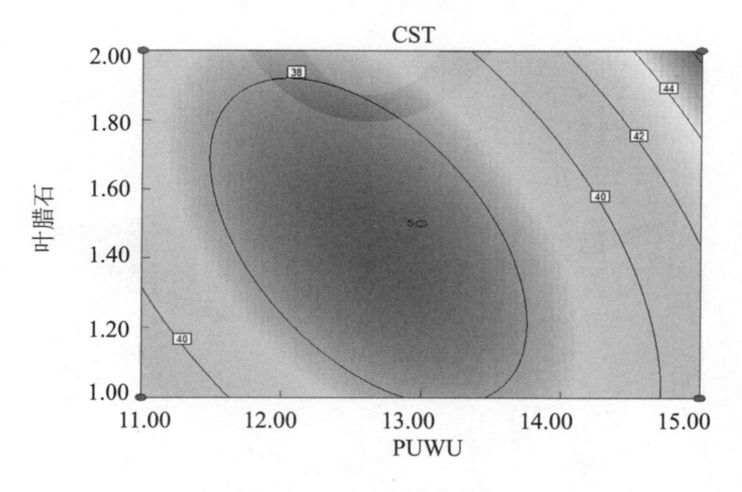

图 1.19　CST 的等高线图

2. 离心沉降比响应曲面图与参数优化

PUWU、过硫酸钾、叶腊石联合调理对污泥离心沉降比影响的响应曲面图如图 1.20～1.25 所示。

图 1.20 所示为将叶腊石作为定量，PUWU 和过硫酸钾作为变量时 SV 的 3D 响应图，图 1.21 所示为图 1.20 对应的等高线图。由图 1.20 可知，叶腊石投加量为 1.5（g/120 mL）时，在一定范围内过硫酸钾投加量的增加会使得 SV 减小，超过一定的范围，SV 的值则会增大；PUWU 处理时间的延长也会导致 SV 先减小后增大。

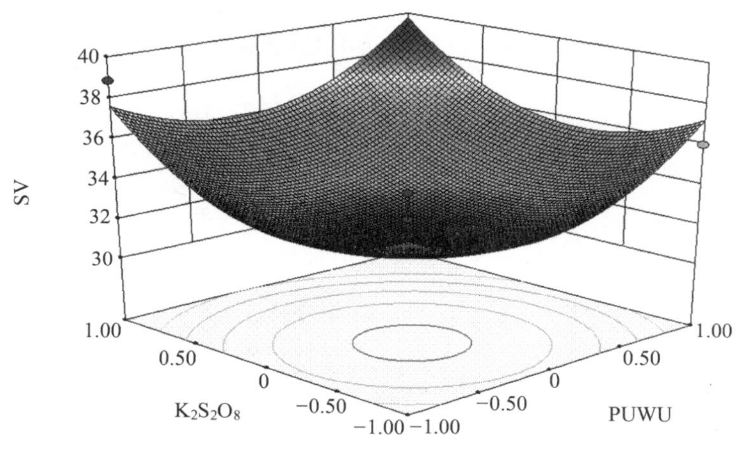

图 1.20　SV 响应曲面图

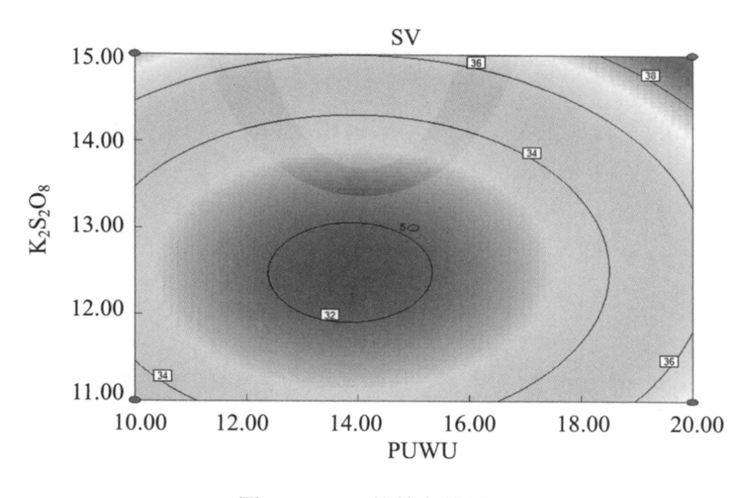

图 1.21　SV 的等高线图

图 1.22 所示为将过硫酸钾作为定量，PUWU 和叶腊石作为变量的 SV 的 3D 响应图，图 1.23 所示为图 1.22 对应的等高线图。由图 1.22 可知，过硫酸钾投加量为 13（mL/100 mL）时，叶腊石投加量同 PUWU 处理时间一样，在一定范围内可以改善污泥脱水性能，超出特定的范围则会使处理效果恶化。

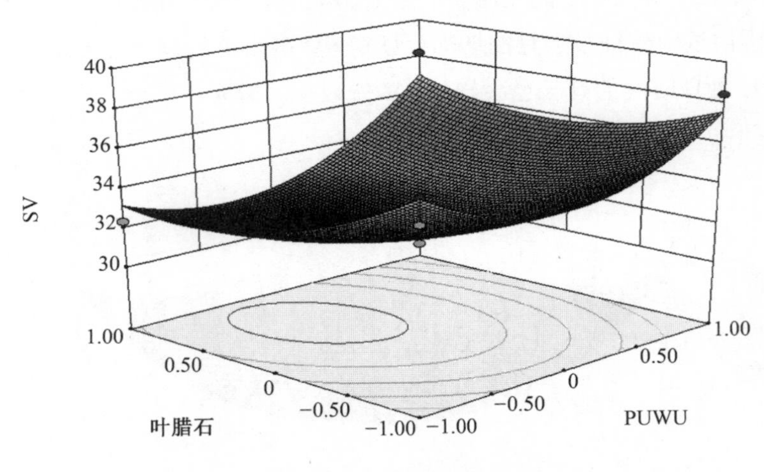

图 1.22　SV 响应曲面图

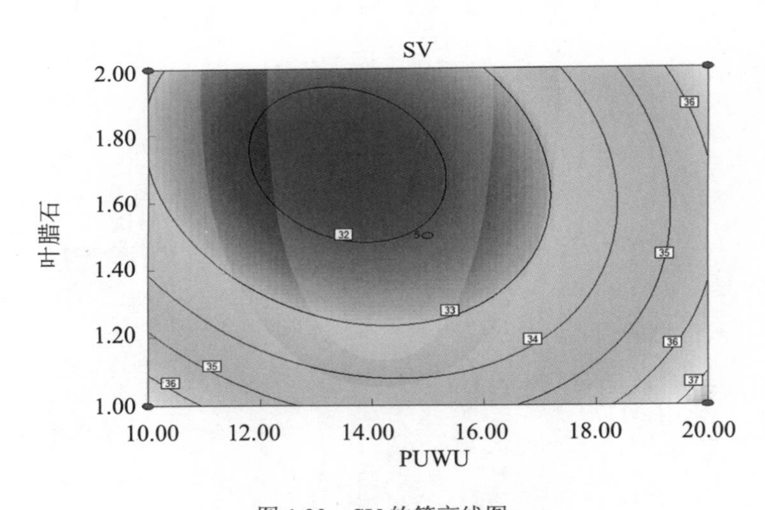

图 1.23　SV 的等高线图

图 1.24 所示为将 PUWU 作为定量，叶腊石和过硫酸钾作为变量的 SV 的 3D 响应图，图 1.25 所示为图 1.24 对应的等高线图。由图 1.24 可知，PUWU 处理时间为 15 s 时，叶腊石投加量同过硫酸钾投加量一样，在一定范围内可以改善污泥脱水性能，超出特定的范围则会使处理效果恶化。

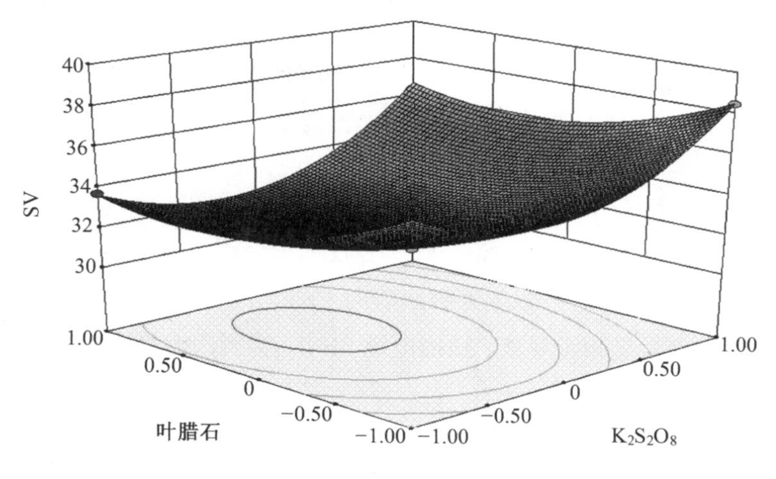

图 1.24 SV 响应曲面图

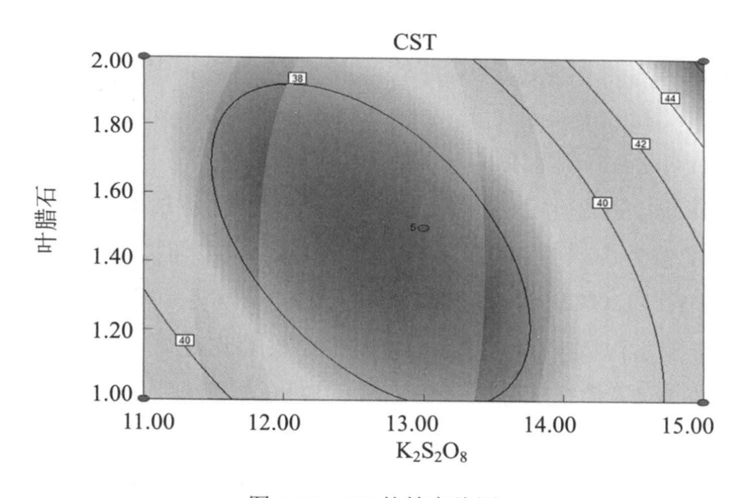

图 1.25 SV 的等高线图

图 1.20～1.25 说明 PUWU、过硫酸钾、叶腊石均存在最佳工艺值使得 SV 最小。

各预测值的模型方程结合 Wolfram Mathematica 10.3 软件可得：毛细吸水时间的模型方程在变量 A=−0.068 7、B=−0.202 2、C=−0.076 8 时取得最小值 37.54 s，对应的 PUWU 处理时间为 14.69 s、过硫酸钾投加量为 12.6（mL/100 mL）、叶腊石投加量为 1.45（g/120 mL），将变量 A、B、C 代入离心沉降比的模型方程中，可得离心沉降比为 29.45%。离心沉降比的模型方程在变量 A=−0.295 31、B=−0.272 227、C=0.444 18 时取得最小值 31.49%，对应的 PUWU 处理时间为 13.52 s、过硫酸钾投加量为 12.45（mL/100 mL）、叶腊石投加量为 1.72（g/120 mL），将变量 A、B、C 代入毛细吸水时间的模型方程中，可得毛细吸水时间为 37.422 s。结合 Design-Expert 8.0 和 Wolfram Mathematica 10.3 软件所得数据，并考虑经济因素，最终选取的多因素耦合后最优 PUWU 处理时间、过硫酸钾投加量、叶腊石投加量分别为 12 s、12.3（mL/100 mL）、1.68（g/120 mL）。

1.4 验证实验

Design-Expert 8.0 结合 Wolfram Mathematica 10.3 软件得出三因素耦合后最佳的工艺值：PUWU 处理时间、过硫酸钾投加量、叶腊石投加量分别为 12 s、12.3（mL/100 mL）、1.68（g/120 mL）。在此条件下，以毛细吸水时间 CST、离心沉降比使 SV 等为指标进行验证实验，同时通过光学显微镜观察、扫描电镜 SEM、检测污泥激光粒度进行辅助验证，进一步确定实验的准确性。

1.4.1 毛细吸水时间结果验证

取 500 mL 原污泥平均倒入 5 个 150 mL 的烧杯中，分别编号为 1～5。1 号烧杯不进行处理；2 号烧杯中加入 12.3 mL 的过硫酸钾溶液并充分搅拌；3 号烧杯中加入叶腊石粉末 1.4 g 搅拌均匀；4 号烧杯经过 PUWU 处理 12 s；5 号烧杯中加入过硫酸钾溶液、叶腊石粉末分别为 12.3（mL/100 mL）、1.4（g/100 mL），PUWU 处理时间 12 s。在各烧杯中的药剂充分反应后对 1～5 号烧杯中的污泥进行实验。

测定各实验样品 CST 值并记录其数据。实验测得原污泥的 CST 为 49.3 s；过硫酸钾处理后污泥的 CST 值为 39.48 s；叶腊石调理后污泥的 CST 值为 40.5 s；PUWU 处理后污泥的 CST 值为 45 s；PUWU、过硫酸钾、叶腊石联合调理后污泥的 CST 值为 38.4 s。毛细吸水时间越小，表示污泥的沉降性能越好，脱水性能也越好。此实验结果表明，经过 PUWU 处理 12 s，过硫酸钾投加量为 12.3（mL/100 mL），叶腊石投加量为 1.4（g/100 mL）调理后，CST 值达到最佳，此时 CST 值为 38.4 s。

1.4.2 离心沉降比结果验证

污泥的调理与毛细吸水时间验证实验的污泥调理一致，调理完成后测定各实验样品 SV 值并记录其数据。实验测得原污泥的 SV 值为 40 %；过硫酸钾处理后污泥的 SV 值为 34 %；叶腊石处理后污泥的 SV 值为 36 %；PUWU 处理后污泥的 SV 值为 38 %；PUWU、过硫酸钾、叶腊石联合调理后污泥的 SV 值为 32.5 %。SV 越小，污泥越易沉淀，脱水性能越好。此实验结果表明，将处理时间为 12 s 的 PUWU、投加量为 12.3（mL/100 mL）的过硫酸钾、投加量为 1.4（g/100 mL）的叶腊石联合，其调理后污泥 SV 值达到最佳，结果为 32.5 %。

1.4.3　光学显微镜分析

对原污泥和调理后的污泥分别进行光学显微镜观察，如图 1.26 所示。

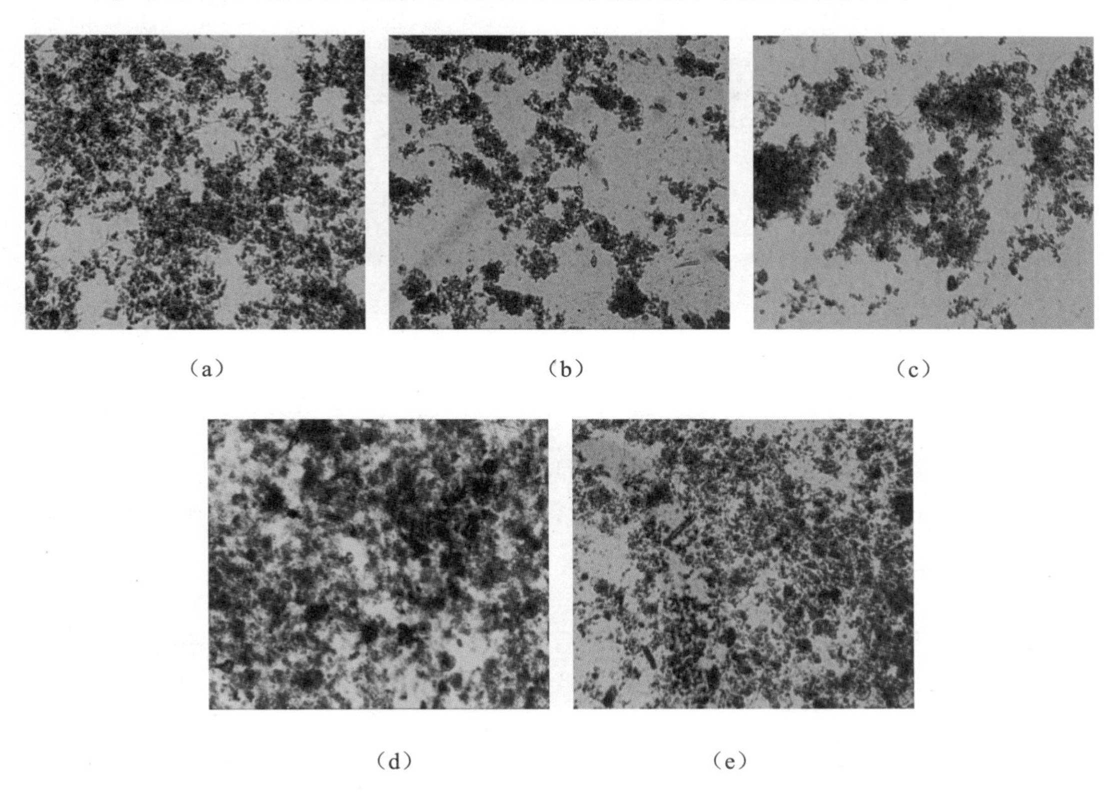

（a）　（b）　（c）

（d）　（e）

图 1.26　污泥的光学显微镜分析

图 1.26（a）中，污泥不经过任何处理，可见污泥絮体结合较紧密，颗粒之间的水通道较少；图 1.26（b）中，PUWU 处理 15 s 后，污泥絮体被打碎成更细小的颗粒；图 1.26（c）中，原污泥中加入 15 mL 过硫酸钾溶液后，污泥颗粒变小；图 1.26（d）中，原污泥中加入 2 g 叶腊石后，污泥之间的水通道较原污泥多；图 1.26（e）为三因素联合调理后污泥的光学显微镜图片，由图可以看出，此时的污泥状态较原污泥有明显好转。分析原因，正是 PUWU 对污泥的破解、过硫酸钾的氧化性、叶腊石的骨架作用导致了以上污泥结构的变化结果。

1.4.4　扫描电镜图片验证

图 1.27 所示为污泥颗粒放大 5 万倍后的原污泥以及 PUWU、过硫酸钾、叶腊石三因素联合调理后的污泥电镜扫描图片。

（a）

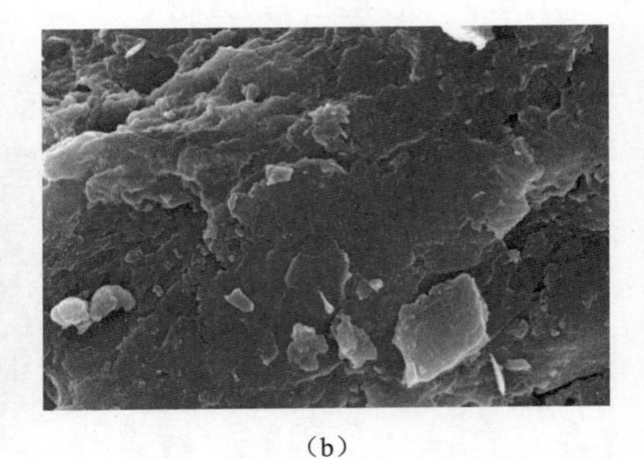
（b）

图 1.27　电镜扫描（SEM）图片

由图 1.27（a）可以看出，原污泥的表面多呈不规则状，且含有许多微小颗粒；图 1.27（b）中，含 PUWU 等三因素联合调理后的污泥表面与原污泥相比比较平整，且微小颗粒也有所减少，说明三因素联合调理污泥后，改变了污泥的结构，使污泥脱水性能变好。

1.4.5　激光粒度大小验证

对原污泥及 PUWU 等三因素联合调理后的污泥进行激光粒度扫描，结果如图 1.28、图 1.29 所示。

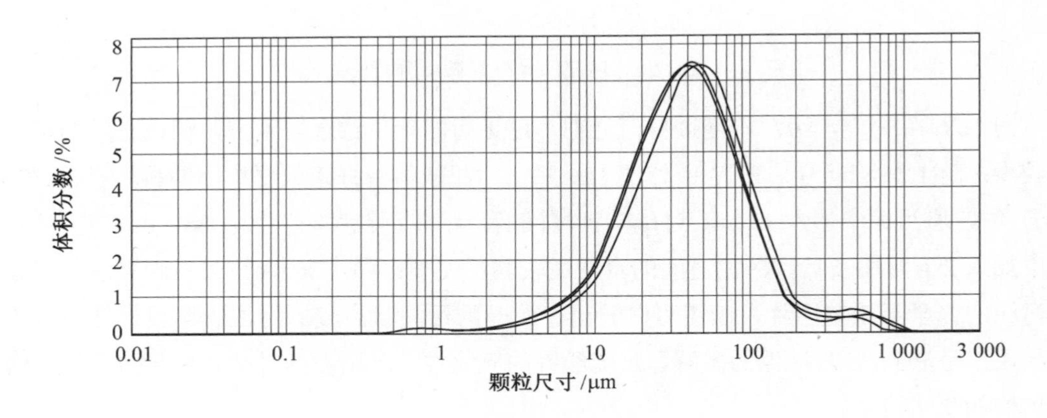

图 1.28　原污泥激光粒度扫描

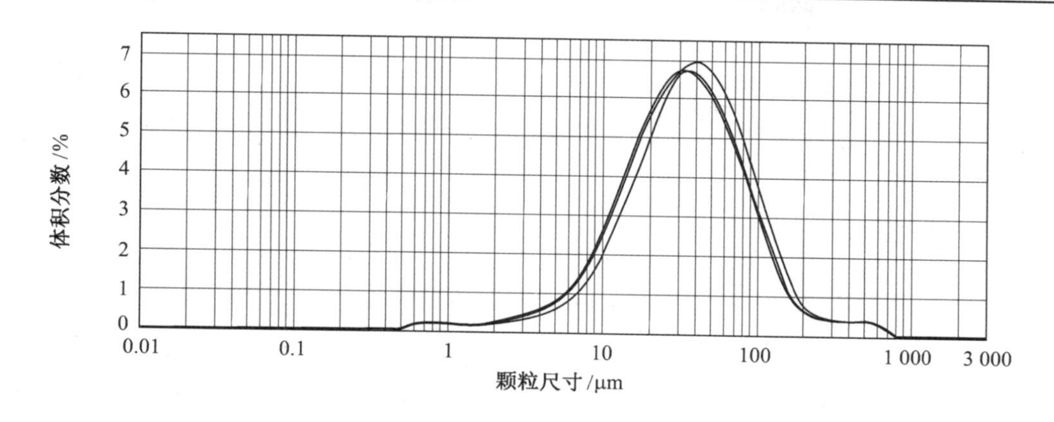

图 1.29　三因素联合调理后污泥激光粒度扫描

由图 1.28 可知，污泥的粒径分布服从类似正态分布，最小粒径为 0.448 μm，最大粒径为 1 124.683 μm，且主要分布在 10～110 μm 之间，达到 83.44%。未加处理的原污泥中污泥的颗粒浓度为 0.023 4%，比表面积为 0.297 m^2/kg，颗粒间距为 2.512，一致性系数为 1.08。图 1.29 中，联合调理后的污泥粒径中最小粒径为 0.448 μm，最大粒径为 709.627 μm，且主要分布在 10～100 μm 之间，达到 81.03%。三因素联合调理污泥后，污泥的颗粒浓度为 0.045 7%，比表面积为 0.38 m^2/kg，颗粒间距为 2.812，一致性系数为 1.06，一系列的数据说明调理后的污泥颗粒粒径减小，且从图中可以看出曲线稍向左移动，粒径大小有所减小。分析原因，是 PUWU、过硫酸钾、叶腊石的联合作用导致污泥粒径变小，污泥变得密实，颗粒间空隙增大，有利于污泥脱水性能。

1.5　本章小结

通过单因素实验及 Origin 2017 软件得出各因素的最佳作用范围，采用 Design-Expert 8.0 软件和 Wolfram Mathematica 10.3 软件进行方差分析和响应曲面图分析得出三因素联合调理的各因素的最佳工艺值，最后根据验证实验进行验证。结果如下：

（1）PUWU、过硫酸钾、叶腊石可以明显改善剩余污泥的脱水性能，各单因素的最佳范围值分别为：PUWU 处理时间为 10～20 s，过硫酸钾投加量为 183～250（mg/g），叶腊石投加量为 278～556（mg/g）。

（2）通过 BBD 实验建立了毛细吸水时间、离心沉降比的预测模型，模型的相关系数分别为 0.927 4、0.904 9，拟合度良好，实验误差小，可分别对不同的 PUWU 处理时间、过硫酸钾投加量、叶腊石投加量调理下的污泥的毛细吸水时间、离心沉降比进行预测。

（3）多因素耦合实验得出：PUWU 处理时间为 12 s、过硫酸钾投加量为 205（mg/g）、叶腊石投加量为 466.7（mg/g）时，此时毛细吸水时间和离心沉降比预测值分别为 38.11 s 和 32 %。

（4）验证实验结果表明：在最佳耦合条件处理下，毛细吸水时间为 38.4 s，离心沉降比为 32.5 %，与模型预测值基本吻合。

（5）通过扫描电镜观察及激光粒度分析进一步证明了最佳工艺值的准确性。

参考文献

[1] 汤玉强，李清伟，王健，等. 污泥源头减量化技术研究进展[J]. 中国环境管理报，2018，28(06): 51-54.

[2] ZHANG G M，ZHANG P Y，CHEN Y M. Ultrasonic enhancement of industrial sludge settling ability and dewatering ability[J]. Tsinghua Science and Technology，2006(03): 374-378.

[3] 周翠红，常俊英，陈家庆，等. 微波对污水污泥脱水特性及形态影响[J]. 土木建筑与环境工程，2013，35(01): 135-139.

[4] 申晓娟，邱珊，李光明，等. 超声波对污泥脱水的影响研究[J]. 中国给水排水，2018，34(03): 122-124，128.

[5] 谢敏，施周，刘小波，等. 微波辐射对净水厂污泥脱水性能及分形结构的影响[J]. 环境化学，2009，28(03): 418-421.

[6] ZHEN G，LU X，WANG B，et al. Synergetic pretreament of wasteactivated sludge by Fe-activated persulfate oxidation undermild temperature for enhanced dewaterability[J]. Bioresource Technology，2012，124: 29-36.

[7] 刘蕾，李亚林，刘旭，等. 过硫酸盐-骨架构建体对污泥脱水性能的影响[J]. 广州化工，2017，45(08): 73-76.

[8] 李亚林，刘蕾，李莉莉，等. 活化过硫酸盐-骨架构建体协同污泥深度脱水研究[J]. 环境工程，2016，34(11): 102-107.

[9] 梁花梅，孙德栋，郑欢，等. 利用硫酸根自由基处理剩余污泥[J]. 大连工业大学学报，2013，32(01): 47-50.

[10] 于林. 微波辅助硫酸根自由基在污泥处理中的应用研究[D]. 大连：大连工业大学，2013.

[11] NEYENS E，BAEYENS J. A review of classic Fenton’s peroxidation as an advanced oxidation technique[J]. Journal of Hazardous Materials，2003，98: 33-50.

[12] 台明青，付赛赛，胡炜，等. 基于 RSM 模型对厌氧消化污泥脱水性能改善研究[J]. 环境科学与技术，2018，41(09): 61-65，73.

[13] 包振宗，朱新萍，台明青，等. 叶腊石耦合微波改善燃料乙醇厌氧消化污泥脱水性能[J]. 环境污染与防治，2017，39(12): 1363-1366.

[14] 胡东东，俞志敏，易允燕. 超声波联合 PAM 对污泥脱水性能的影响[J]. 环保科技，2014，20(06): 57-60.

[15] 武辰. 高锰酸钾/高铁酸钾破解剩余污泥研究[D]. 北京：北京林业大学，2014.

[16] 刘梦佳，熊巧，周旻，等. $Fe^{2+}/S_2O_8^{2-}$ 氧化法改善污泥脱水性能研究[J]. 环境科学与技术，2018，41(07): 71-76.

[17] YU Wenbo，YANG Jiakuan，SHI Yafei，et al. Roles of iron species and pH optimization on sewage sludge conditioning with Fenton's reagent and lime[J]. Water Research，2016，95：124-133.

第 2 章　PUWU+高铁酸钾+PAM 破解重组污泥结构影响脱水性能

2.1　实验材料及方法

2.1.1　污泥取样和性质

实验样品来自社旗县第一污水处理厂回流剩余污泥，样品取回经静置两天后，抽出其上清液作为实验污泥，其物理化学指标数据见表 2.1。污水处理厂剩余污泥现场取样，如图 2.1 所示。

表 2.1　实验所用污泥性质

参数	数值
SRF/(10^{12} m·kg^{-1})	25.63±2.6
SV 值	44±1.9
pH	7.4±0.1
含水率/%	85.73±0.8
黏度/(mPa·s)	165±3.1
上清液浊度/NTU	75±2.7

图 2.1　污水处理厂剩余污泥现场取样图

2. 1. 2　实验方法及仪器

实验所用药品为高铁酸钾试剂（分析纯，现用现配，质量分数为 2.5 %的 K_2FeO_4）、PAM 试剂（浓度为 5 mg/mL）。PUWU 协同工作站设置为功率 100 W，且超声波、微波、紫外线处理时间分别为 5 s、4 s、1 s，每 10 s 一个循环。

实验主要仪器见表 2.2，电动离心机如图 2.2 所示，污泥比阻（SRF）实验装置如图 2.3 所示。

表 2.2　实验主要仪器

序号	实验项目	仪器名称
1	测定污泥浊度	便携式浊度测定仪
2	污泥光学显微镜图片	光学显微镜
3	测定污泥离心沉降比/%	80−2 电动离心机
4	测定污泥含水率/%	卤素水分测定仪
5	PUWU 处理污泥	PUWU 协同工作站
6	测定污泥比阻/($m \cdot kg^{-1}$)	比阻（SRF）实验装置
7	测定污泥黏度/(Pa·s)	SNB−1 旋转黏度计
8	污泥颗粒粒径分析实验	Hydro 2000SM（A）粒度分析仪
9	固体称量	电子分析天平
10	污泥电子显微镜图片	Quanta200 型扫描电镜（SEM）

图 2.2　电动离心机

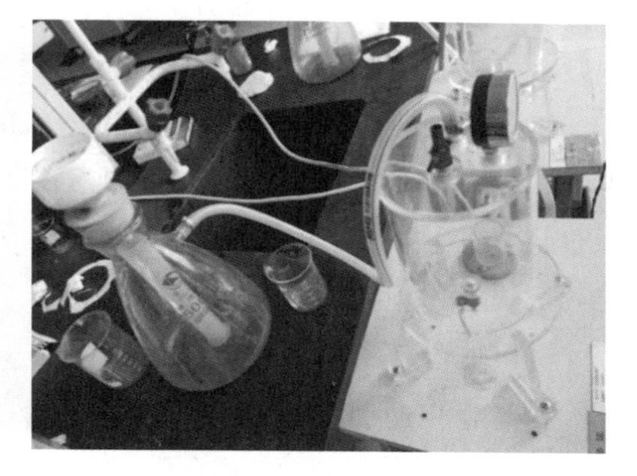

图 2.3　污泥比阻（SRF）实验装置

2. 1. 3　实验过程

本次实验过程分为四个阶段：①准备阶段；②PUWU 等单因素实验阶段；③含 PUWU 处理三因素耦合实验阶段；④验证实验及辅助验证阶段。

1. 准备阶段

对实验作出整体规划，查看相关文献，了解实验内容及流程，认识仪器，熟悉操作步骤。

2. PUWU 等单因素实验阶段

阅读相关文献确定各单因素改善污泥脱水性能的大致区间，分别与 PUWU、高铁酸钾试剂和 PAM 试剂单独作用，用污泥比阻（SRF）、滤饼含水率（WC）、离心沉降比（SV）作为评价污泥脱水性能的指标，最后利用 Origin 8.0 软件，根据实验结果作出趋势折线图，确定 PUWU 等单因素作用下剩余污泥的最佳范围值。

3. 含 PUWU 处理三因素耦合实验阶段

通过 Origin 8.0 软件确定单因素的最佳范围，然后进行编码，再用 Design-Expert 8.0 软件输入单因素实验数据，形成包括 PUWU 处理过程的多因素响应曲面模型，其对应的三元二次方程为

$$Y = \beta_0 + \sum_{i=1}^{3}\beta_i X_i + \sum_{i=1}^{3}\beta_{ii} X_i^2 + \sum \cdot \sum_{i<j=2}^{3}\beta_{ij} X_i X_j \tag{2.1}$$

式中 Y——预测响应值（此实验中为含 PUWU 处理的污泥比阻和抽滤后泥饼含水率）；

X_i、X_j——单因素自变量编码值；

β_i——含 PUWU 处理的一次项系数；

β_{ii}——含 PUWU 处理的二次项系数；

β_{ij}——含 PUWU 处理的交互项系数；

β_0——含 PUWU 处理的常数项。

使用 Design-Expert 8.0 软件的 Box-Behnken 实验设计功能，得到 17 组含 PUWU 处理的多因素耦合的实验方案，按方案内容进行对应的实验，记录实验结果，把结果再次输入 Design-Expert 8.0 软件中，得出拟合方程，进行方差分析，最后得出曲面响应优化结果。

4. 验证实验及辅助验证阶段

根据响应曲面优化结果及对应的含 PUWU 处理的三元二次方程模型，通过 Mathematical 软件得到最佳耦合值，再次进行验证实验，测定抽滤后的泥饼含水率（WC）、污泥比阻（SRF）等指标，分析实验结果，检验最佳实验条件组的准确性。

经过含 PUWU 等三因素耦合处理后的污泥与原污泥进行电镜分析和粒径分析实验，观察并分析两者电镜分析结果和粒径分布曲线，进一步验证含 PUWU 处理的最佳实验组的准确性。

实验流程如图 2.4 所示。

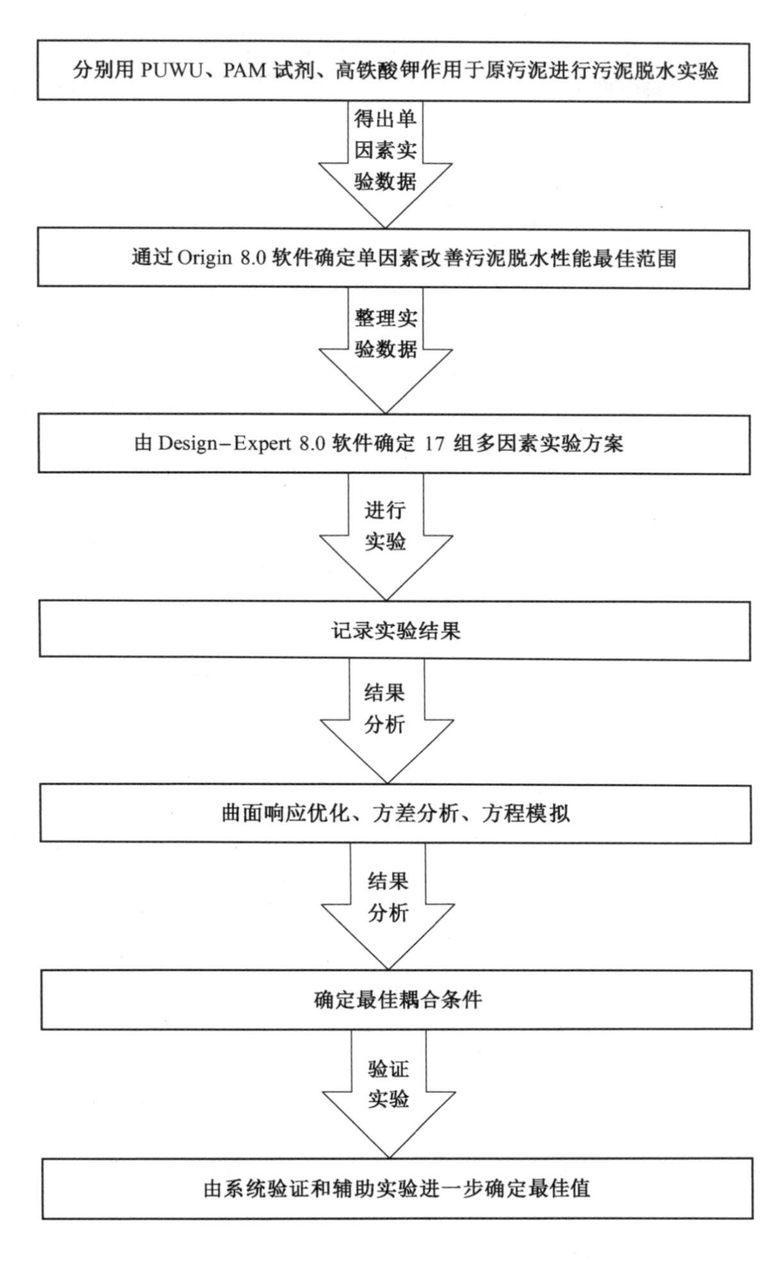

图 2.4　实验流程图

2.1.4　分析方法

1. 污泥比阻（SRF）的测定

污泥比阻是表示污泥过滤性能的一个综合性指标，表征脱水性能的好坏，SRF 越大，脱水性能越差。具体操作步骤为：将定性滤纸裁剪、润湿后放入漏斗中，使其与漏斗壁紧密结合，缓慢倒入待测污泥，启动实验装置，将其压力设置为 0.04～0.06 MPa 进行抽滤，同时观察并记录量筒中滤液体积随时间的变化量，直到漏斗中污泥裂开且 30 s 内没有液体滴下为止。根据污泥比阻计算公式（式（2.2）、式（2.3））求出对应条件下的污泥比阻。

分析实验数据可知，活性污泥在一定压力下的过滤时间 t 与过滤体积 V 呈一定的线性关系，且有如下关系式：

$$\frac{t}{V}=\frac{\mu\omega \mathrm{SRF}}{2pA^2}+\frac{\mu R_{\mathrm{f}}}{pA} \tag{2.2}$$

式中 V——污泥过滤体积，m^3；

t——含 PUWU 处理的污泥过滤时间，s；

p——含 PUWU 处理的污泥过滤压力，Pa；

A——含 PUWU 处理的污泥过滤面积，m^2；

μ——含 PUWU 处理的污泥滤液动力黏度，Pa·s；

ω——单位体积滤出液所得滤饼干重，kg/m^3；

R_{f}——含 PUWU 处理的污泥过滤介质的阻抗，$m^{(-2)}$。

污泥比阻计算公式：

$$\mathrm{SRF}=\frac{2pA^2b}{\mu\omega} \tag{2.3}$$

式中 SRF——含 PUWU 处理污泥比阻，m/kg；

p——含 PUWU 处理真空抽滤压力，Pa；

A——含 PUWU 处理污泥过滤面积，m^2；

b——含 PUWU 处理污泥过滤量曲线斜率；

μ——含 PUWU 处理污泥滤液动力黏度，Pa·s。

利用式（2.2）得出污泥过滤量曲线斜率 b，将 b 代入式（2.3）中，求得污泥比阻 SRF。

2. 污泥滤饼含水率的测定

利用污泥比阻实验装置对待测污泥进行抽滤，抽滤实验结束后，用镊子小心取出污泥滤饼称量，取 3～5 g 泥饼放入卤素自动水分测定仪中，设定温度为 120 ℃，进行滤饼含水率的测定，并记录相应数据。

3. 污泥离心沉降比的测定

将待测污泥取两只 10 mL 离心管对称放入离心机中，开启离心机将转速由低到高缓慢增至 2 000 r/min 并开始计时，使其离心处理 90 s 后关闭离心机。停止转动后取出离心管，测量沉淀下来的污泥体积和上清液浊度，并记录实验数据。

4. 污泥光学显微镜图片分析

分别取适量原污泥和经 PUWU、高铁酸钾溶液和 PAM 溶液联合调理后的剩余污泥，置于载玻片上用盖玻片盖好，将载玻片放于载物台上，调节目镜和物镜，使显微镜下出现清晰的图像为止，再利用计算机将图片截图记录保存，如图 2.5 所示。

图 2.5　污泥光学显微镜取样图

5. 污泥粒径分析

取 100 mL 原污泥和 100 mL 通过 PUWU、高铁酸钾及 PAM 三因素协同作用后的剩余污泥，用污泥比阻实验装置将两组污泥抽滤后取出滤饼，放置烘箱内，105 ℃烘干后，将其碾压成粉末状装到取样管中，送往实验室进行粒径颗粒分析。

6. 污泥扫描电镜分析（SEM）

取 100 mL 原污泥和 100 mL 通过 PUWU、高铁酸钾及 PAM 三因素协同作用后的剩余污泥，经离心沉淀后，取 5 mL 沉淀下的污泥并干燥，装至取样管中，密封保存好后送至实验室进行电镜分析，观察其结构变化。

2.2　单因素实验及结果分析

单因素实验目的是分别确定三个单因素的最佳范围。通过单因素实验，将单因素的实验数据利用 Origin 8.0 进行分析，从而得到实验数据对比图。最终确定 PUWU 处理时间、高铁酸钾试剂、PAM 试剂最佳适用范围为 10～50 s、7～11 mL/100 mL、2～4 mL/100 mL。

2.2.1 PUWU 破解改善污泥脱水性能

PUWU 作用对污泥脱水性能影响实验：本次实验是利用 XO-SM100 PUWU 工作站，具有超声波、微波、紫外线脉冲处理功能，对多组 200 mL 城市污泥进行处理，实验结果显示，功率为 100 W 时的 PUWU 作用剩余污泥时处理效果最佳，且最佳范围为 20～40 s。

首先取 6 个相同的 200 mL 烧杯分别编号为 1、2、3、4、5、6，每个烧杯都加入相同体积 200 mL 的城市污泥，编号 1 的烧杯不做任何处理，其余 5 个烧杯按照编号大小依次在功率为 100 W 的 PUWU 作用下处理 10 s、20 s、30 s、40 s、50 s，并用玻璃棒充分搅拌后静置同样的时间，最后分别测定污泥比阻、滤饼含水率和离心沉降比，记录和分析实验数据。

PUWU 破解污泥实验流程图如图 2.6 所示。

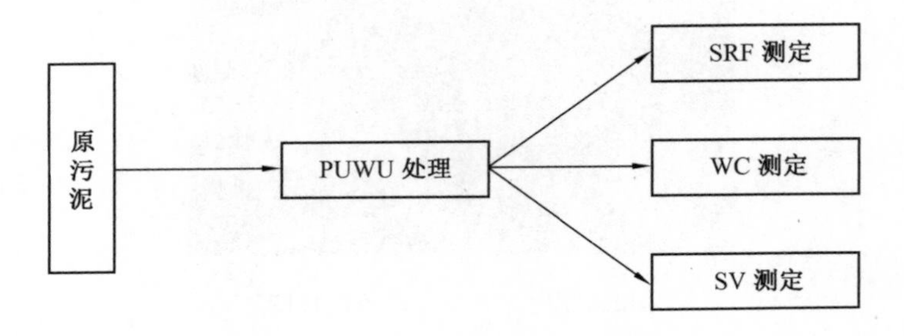

图 2.6　PUWU 破解污泥实验流程图

实验结果显示， PUWU 在一定时间内处理可以破解并改善污泥脱水性能，但过长时间的 PUWU 处理反而会降低其脱水性能。实验的处理效果曲线如图 2.7～2.9 所示。

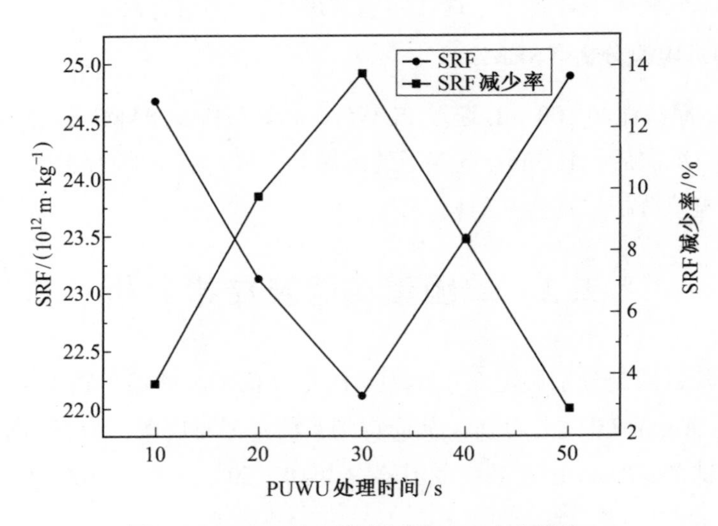

图 2.7　PUWU 处理剩余污泥 SRF 变化趋势

由图 2.7 可知，PUWU 在 10～30 s 内处理污泥时 SRF 逐渐减小，30 s 时达到最低，继续增加处理时间，SRF 反而上升，脱水性能变差。SRF 减少率变化趋势与 SRF 相反，表明在功率为 100 W 的 PUWU 处理剩余污泥 30 s 时，污泥脱水性能最好，此时 SRF 由 25.63×10^{12} m/kg 减小到 22.1×10^{12} m/kg，减少了 13.77%。

PUWU 在不同处理时间下的离心沉降比实验结果如图 2.8 所示。由图可知，实验处理在 10～30 s 这段时间内，SV 呈下降趋势，且斜率趋于直线，SV 从 37.5%降至 35%，减少率不断增加，由 14.77%增为 20.45%。而在 30～50 s 内，随时间的延长 SV 逐渐增大，离心效果反而降低，表明作用时间在 30 s 时离心效果最好，脱水性能最佳。

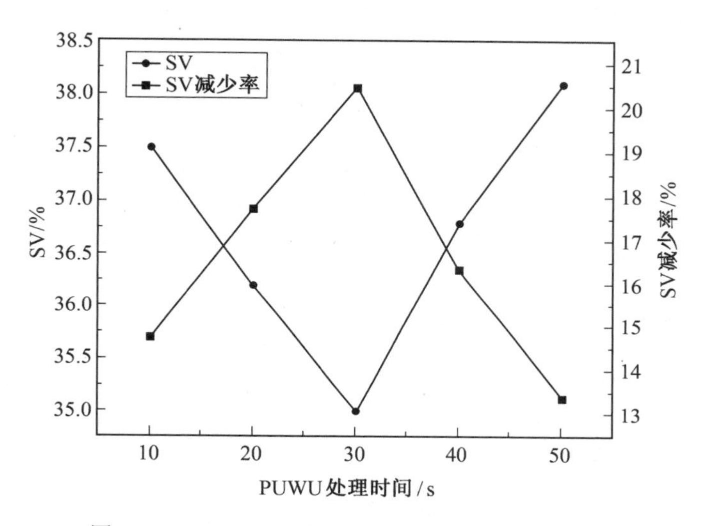

图 2.8 PUWU 处理剩余污泥离心沉降比变化趋势

PUWU 在不同处理时间下的泥饼含水率实验结果如图 2.9 所示。

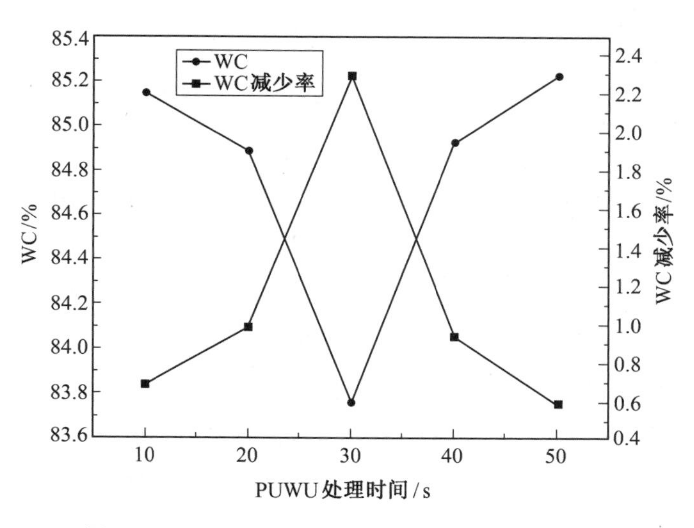

图 2.9 PUWU 处理剩余污泥滤饼含水率变化趋势

在整个作用时间内，含水率先减小再增大，30 s 时最低，泥饼含水率为 83.76%，降低了 2.30%。在 10～30 s 内含水率由 85.15%降至 83.76%，而在 30～50 s 内逐渐增大至 85.23%，但与原污泥滤饼含水率相比都有所减小。因此当处理时间为 30 s 时，污泥脱水性能最好，滤饼含水率最低。

综上所述，当 PUWU 处理时间为 30 s 时效果最好，作用时间过短或过长都会有抑制作用使脱水性能变差。

2.2.2 高铁酸钾试剂改善污泥脱水性能

高铁酸钾作为强氧化剂可使污泥絮体结构被破坏，本实验中高铁酸钾试剂为现用现配，通过阅读相关文献和实验，最终确定配制质量分数为 2.5%的高铁酸钾溶液。取 5 个容量为 200 mL 的相同的烧杯，每个烧杯中放入 200 mL 的原污泥，依次编号为 1、2、3、4、5，按编号从小到大的顺序依次加入 7 mL、8 mL、9 mL、10 mL、11 mL 的高铁酸钾试剂，用玻璃棒充分搅拌 2 min，放置一定的时间。最后分别测定污泥比阻 SRF、滤饼含水率和离心沉降比，并记录分析实验数据。高铁酸钾试剂处理剩余污泥实验流程图如图 2.10 所示。

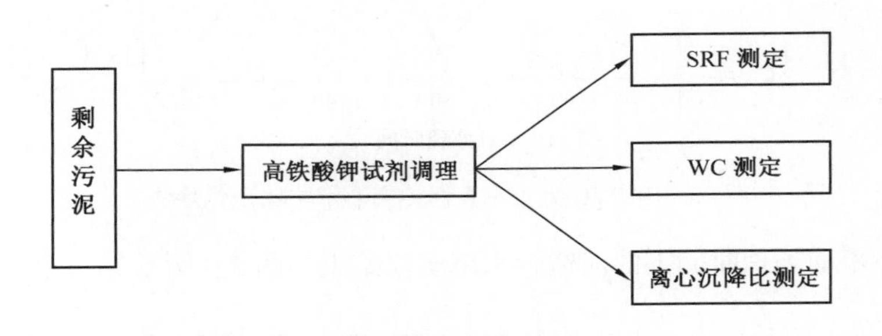

图 2.10　高铁酸钾试剂处理剩余污泥实验流程图

实验结果表明，高铁酸钾试剂在一定范围内投加，会对剩余污泥的脱水性能起到促进作用。由实验最终确定高铁酸钾试剂最佳投加范围为 7～9 mL/100 mL，最佳处理效果曲线如图 2.11～2.13 所示。

不同添加量下的高铁酸钾试剂污泥比阻测定实验结果如图 2.11 所示。可知，在高铁酸钾试剂投加量为 7 mL/100 mL 时，SRF 减小为 10.14×10^{12} m/kg，减少了 60.44%，而投加量为 8 mL/100 mL 时 SRF 达到最小值，降为 6.76×10^{12} m/kg，污泥脱水效果明显，性能最佳。此后继续增加投加量，SRF 大体呈现上升趋势，处理效果变差，脱水性能降低，当加入 11 mL/100 mL 时，SRF 最大，为 19.69×10^{12} m/kg。

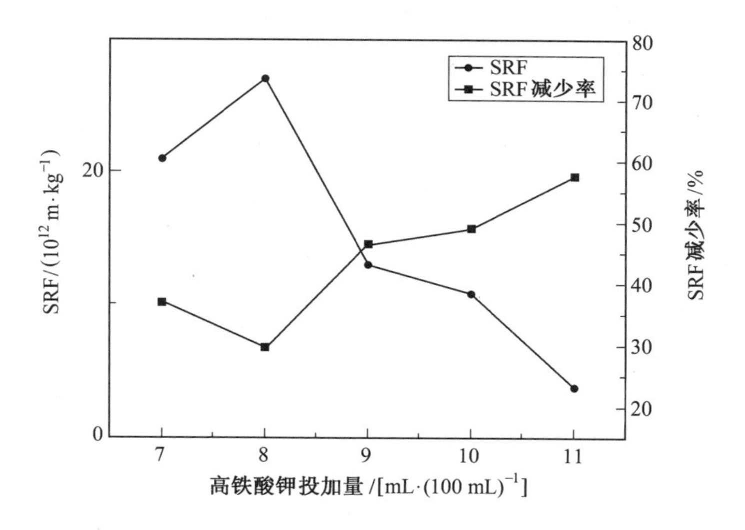

图 2.11　高铁酸钾试剂处理剩余污泥 SRF 变化

不同添加量下的高铁酸钾试剂滤饼含水率测定结果如图 2.12 所示。由图可知，当高铁酸钾试剂投加量从 7 mL/100 mL 增加到 8 mL/100 mL 时，含水率大幅度下降，从 83.47%降到 81.83%，WC 减少率不断增大，且 8 mL 时滤饼含水率最低，减少率为 4.55%。随后继续增加投加量，含水率逐渐增大但趋势较缓和。从结果可知，当高铁酸钾试剂投加量为 8 mL/100 mL 时泥饼含水率最低，脱水效果最佳。

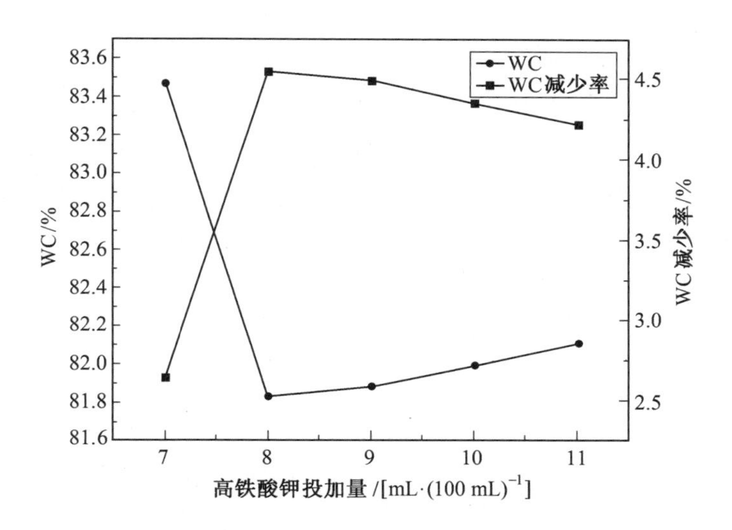

图 2.12　高铁酸钾试剂处理剩余污泥滤饼含水率变化

图 2.13 所示为不同添加量下的高铁酸钾试剂离心沉降比测定结果。可见，当高铁酸钾投加量为 7～11 mL/100 mL 时，离心沉降比 SV 先由 35.5%降至 33%，再逐渐增大到 36%，所对应的减小率则由 19.32%增加到 25%之后减小为 18.18%。因此可以得出投加量为 8 mL/100mL 时离心沉降比最小，脱水效果最好。

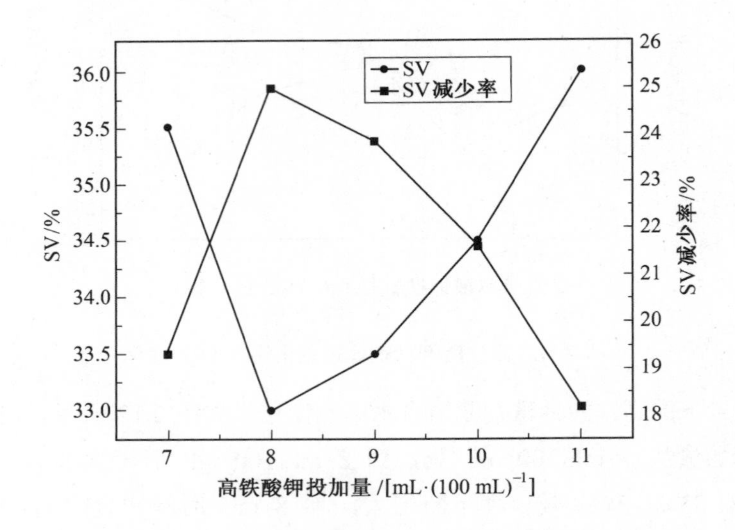

图 2.13　高铁酸钾试剂处理剩余污泥离心沉降比变化

2. 2. 3　PAM 改善污泥脱水性能

PAM（聚丙烯酰胺）的絮凝特性使污泥脱水效果极为明显，能大大提高脱水性能，由实验最终确定 PAM 试剂配制浓度为 5 mg/mL。各取剩余污泥 200 mL 分别置于 5 个容量为 200 mL 的烧杯中，并编码 1、2、3、4、5，用移液管取不同毫升数的 PAM 溶液加入污泥中，用玻璃棒快速搅拌 2 min 后静置，待反应相同时间后分别测定 SRF、WC 和上清液浊度，并记录分析实验数据。

PAM 试剂处理剩余污泥实验流程图如图 2.14 所示。

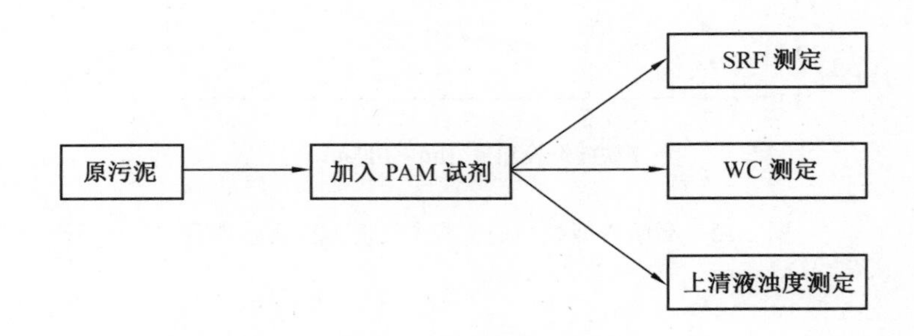

图 2.14　PAM 试剂处理剩余污泥实验流程图

根据实验数据最终确定 PAM 最佳投加范围为 2～4 mL/100 mL，实验表明，PAM 对污泥脱水性能的改善在一定范围内起促进作用，且效果极为明显。实验最佳处理效果曲线如图 2.15～2.17 所示。

不同添加量下的 PAM 试剂污泥比阻测定结果如图 2.15 所示。从图中可得，投加量在 2～3 mL/100 mL 时 SRF 从 4.85×10^{12} m/kg 降到 4.18×10^{12} m/kg，达到最佳，若再继续增加 PAM 投加量，处理效果不增反降，形成大块絮凝体，包裹污泥颗粒，堵塞污泥间孔隙，使污泥脱水性能降低，SRF 变大。SRF 减少率在此范围内先增大后减小，3 mL/100 mL 时减少率最大，为 83.69%。故当投加量为 3 mL/100 mL 时，污泥脱水性能最好，效果最佳。图 2.16 所示为不同添加量下的 PAM 试剂泥饼含水率测定结果。

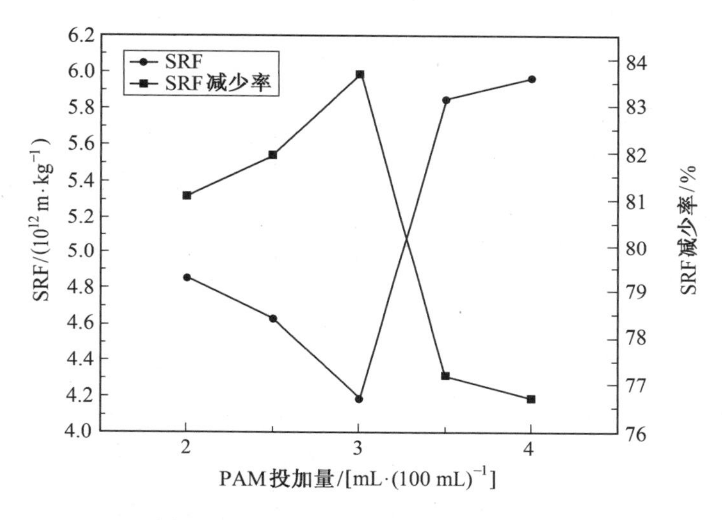

图 2.15　PAM 处理剩余污泥 SRF 变化

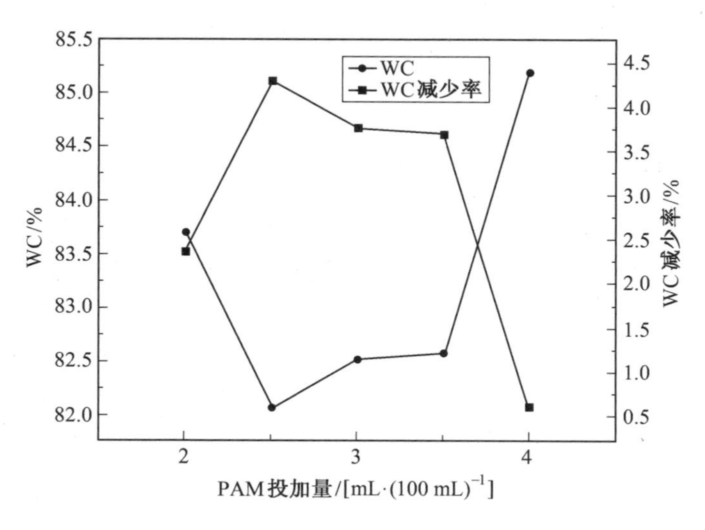

图 2.16　PAM 处理剩余污泥泥饼含水率变化

由图 2.16 可知，当投加量由 2 mL/100 mL 增加到 2.5 mL/100 mL 时，含水率由 83.75% 减小为 82.05%，减少率由 2.31%增加为 4.29%。继续增加添加量至 4 mL/100 mL 时，含水率逐渐上升到 85.2%，减少率逐渐降低，有抑制作用，脱水效果变差。实验数据表明，投加量为 2.5 mL/100mL 时，污泥脱水性能最好。

图 2.17 所示为不同添加量下的 PAM 试剂上清液浊度测定结果。由图可知，在此投加量范围内上清液浊度先减少后增加，3 mL/100 mL 时最低，浊度从 39.92 NTU 降至 18.64 NTU 后又增加到 39.89 NTU，减少率则从 46.77%增加到 75.15%后降低为 46.81%。当加入量为 3 mL/100 mL 时变化最明显，浊度最低，脱水效果最好。

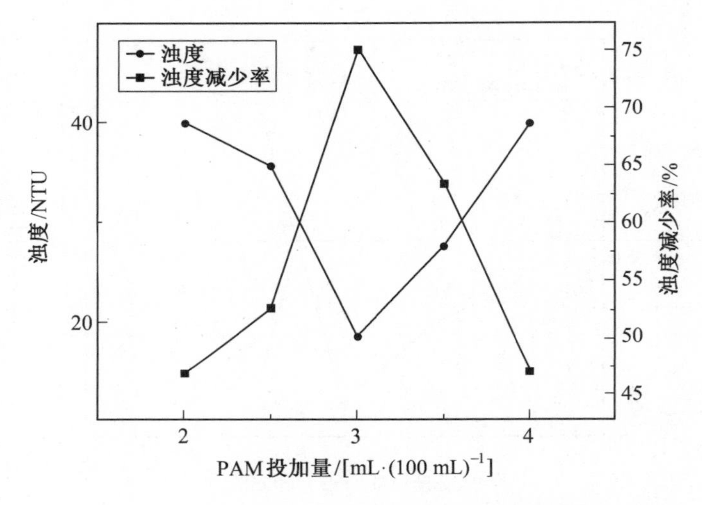

图 2.17 PAM 处理剩余污泥上清液浊度变化

2.3 含 PUWU 等多因素模型及结果分析

2.3.1 PUWU 等多因素模型方差分析

通过单因素实验结果和 Origin 软件确定单因素的最佳范围值，表 2.3 给出具体单因素实测值和编码变量及其范围和水平。再用 Design-Expert 8.0 软件得到含 PUWU 等多因素耦合的 17 组实验方案，并以污泥比阻和滤饼含水率作为脱水性能指标，记录实验结果。

用 Design-Expert 8.0 软件得出含 PUWU 处理的关于 SRF 和 WC 的二次回归方程，输入实验数据求得预测值，其结果见表 2.4，其中 X_1 代表 PUWU 作用时间、X_2 代表 PAM 投加量、X_3 代表高铁酸钾投加量，并求得对应方程的方差分析表。

表 2.3　实测值和编码变量及其范围和水平

因素	代码		编码水平		
	实测值	编码值			
PUWU 作用时间/s	ε_1	X_1	20	30	40
PAM 投加量/mL	ε_2	X_2	2.5	3	3.5
高铁酸钾投加量/mL	ε_3	X_3	7	8	9

表 2.4　响应曲面实验设计及结果

编号	编码值			污泥比阻/（10^{12} m·kg^{-1}）		滤饼含水率/%	
	X_1	X_2	X_3	实测值	预测值	实测值	预测值
1	1	1	0	2.32	2.28	81.50	81.52
2	0	1	1	1.40	1.40	81.14	80.99
3	−1	0	1	1.87	1.69	79.77	79.41
4	−1	−1	0	1.67	1.71	79.53	79.51
5	1	0	−1	2.14	2.33	80.83	81.19
6	0	−1	−1	1.47	1.47	80.61	80.76
7	1	0	1	2.51	2.56	81.67	81.79
8	−1	0	−1	1.72	1.67	79.90	79.78
9	0	1	−1	1.60	1.46	81.01	80.63
10	1	−1	0	2.88	2.69	81.26	80.75
11	0	−1	1	1.64	1.78	80.24	80.62
12	0	0	0	1.25	1.19	78.89	78.95
13	0	0	0	1.21	1.19	78.52	78.95
14	0	0	0	1.13	1.19	78.96	78.95
15	0	0	0	1.19	1.19	79.23	78.95
16	−1	1	0	1.54	1.73	78.47	78.98
17	0	0	0	1.18	1.19	79.16	78.95

1. 污泥比阻方差分析

含 PUWU 处理的污泥比阻三元二次回归方程模型为

$$\text{SRF}=17.815\,13-0.374\,04X_1-1.583\,46X_2-0.227\,08X_3-0.012\,952X_1X_2+0.000\,660\,264X_1X_3-0.013\,379X_2X_3+0.007\,215X_1^2+0.274\,35X_2^2+0.002\,111\,29X_3^2 \tag{2.4}$$

式（2.4）中的系数利用 Design-Expert 8.0 软件求出，且 PUWU 处理时间、PAM 和高铁酸钾系数均大于零，存在最小值点。对此模型进行方差分析和真实性检测，结果见表 2.5。由分析结果可知，模型中的 F 值为 15.66，P 值为 0.000 8，表明含 PUWU 处理的方程模型拟合的真实度比较高，结果具有代表性，可信度较高。其校正决定系数 R_{adj}^2 为 0.891 8，模型回归相关系数 R^2 为 0.952 7，回归系数接近于 1，拟合度极好，接近于真实情况。

表 2.5　污泥比阻回归方程模型的方差分析

来源	平方和 SS	自由度 DF	均方 MS	F	P (Prob>F)
模型	3.94	9	0.44	15.66	0.000 8
X_1	1.16	1	1.16	41.60	0.000 4
X_2	0.080	1	0.080	2.86	0.134 5
X_3	0.030	1	0.030	1.07	0.334 6
X_1X_2	0.046	1	0.046	1.65	0.239 3
X_1X_3	0.012	1	0.012	0.43	0.531 6
X_2X_3	0.034	1	0.034	1.22	0.305 1
X_1^2	2.19	1	2.19	78.42	<0.000 1
X_2^2	0.15	1	0.15	5.38	0.053 4
X_3^2	0.090	1	0.090	3.23	0.115 2
残差	0.20	7	0.028		
拟合不足	0.19	3	0.063	32.63	0.002 9
误差	0.007 68	4	0.001 92		
总误差	4.13	16			

注：回归系数 R^2=0.952 7；校正系数 R_{adj}^2 =0.891 8。

根据上述情况，可以利用 Design-Expert 8.0 软件形成的模型对 PUWU、高铁酸钾试剂和 PAM 试剂共同作用剩余污泥在不同 PUWU 处理时间和不同投加量条件的影响下，对污泥比阻进行预测。

图 2.18 所示为污泥比阻的实测值和预测值对比图，可以看出图中回归线斜率接近 1，实测值在回归线周围小幅度波动，回归线两侧的散点数大致一样，可利用该模型的预测值代替实测值，从而对含 PUWU 处理方法的多因素耦合的实验结果进行方差分析。

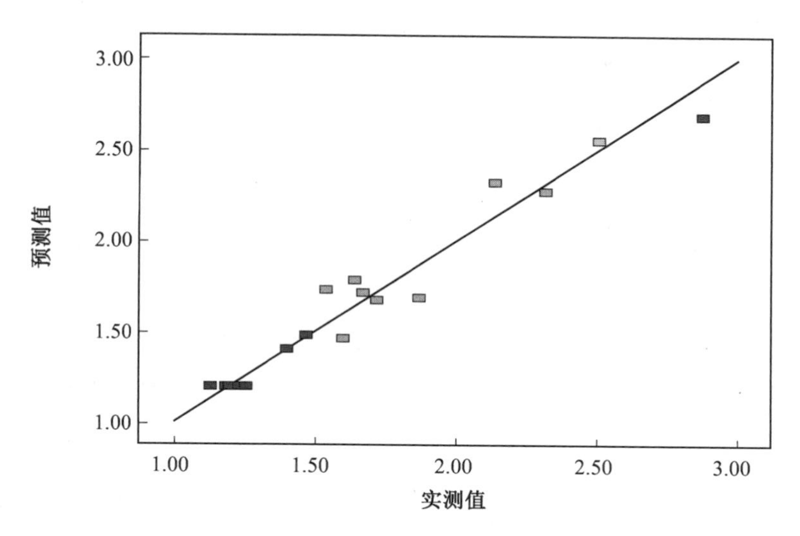

图 2.18　污泥比阻的实测值和预测值对比图

2. 滤饼含水率方差分析

含 PUWU 处理的滤饼含水率三元二次回归方程模型为

$$WC=192.740\,65-0.604\,15X_1-12.799\,13X_2-2.236\,92X_3+0.039\,157X_1X_2+0.002\,911\,16X_1X_3+0.018\,08X_2X_3+0.005\,152\,5X_1^2+1.049\,14X_2^2+0.015\,496X_3^2 \tag{2.5}$$

式（2.5）中三元二次方程的系数利用 Design-Expert 8.0 软件求出，PUWU 处理时间、高铁酸钾和 PAM 系数均大于零，所以该模型抛物面开口向上，有最小值点，对其进行分析和检测后，结果见表 2.6。

从表 2.6 中可以得知，模型中的 F 值为 9.12，P 值为 0.004 1，表明含 PUWU 处理的方程模型具有较高的真实度。模型的校正决定系数 R_{adj}^2 为 0.820 3，表明模型的响应值变化在 82%左右。回归相关系数 R^2 为 0.921 4，回归系数接近于 1，拟合度较好，与实测值较吻合，说明含 PUWU 处理过程的泥饼含水率方程能准确表达真实数据。

综上所述，可以利用 Design-Expert 8.0 软件形成的模型对 PUWU、高铁酸钾试剂和 PAM 絮凝剂联合作用剩余污泥在不同 PUWU 处理时间和不同投加量的条件下，对污泥滤饼含水率进行预测。

图 2.19 所示为泥饼含水率的实测值和预测值对比的回归线，由图可以看出回归线斜率接近于 1，实测值在回归线周围小幅度波动，且散点在回归线两侧分布较均匀，因此可利用该模型的预测值代替实测值，对含 PUWU 处理的三因素耦合实验结果进行分析预测。

表 2.6　滤饼含水率回归方程模型的方差分析

来源	平方和 SS	自由度 DF	均方 MS	F	P (Prob>F)
模型	17.01	9	1.89	9.12	0.004 1
X_1	7.20	1	7.20	34.73	0.000 6
X_2	0.029	1	0.029	0.14	0.720 4
X_3	0.028	1	0.028	0.13	0.725 9
X_1X_2	0.42	1	0.42	2.04	0.196 5
X_1X_3	0.24	1	0.24	1.13	0.322 2
X_2X_3	0.062	1	0.062	0.30	0.600 0
X_1^2	1.12	1	1.12	5.39	0.053 2
X_2^2	2.20	1	2.20	10.61	0.013 9
X_3^2	4.87	1	4.87	23.48	0.001 9
残差	1.45	7	0.21		
拟合不足	1.14	3	0.38	4.89	0.079 7
误差	0.31	4	0.078		
总误差	18.46	16			

注：回归系数 R^2=0.921 4；校正系数 R_{adj}^2 =0.820 3。

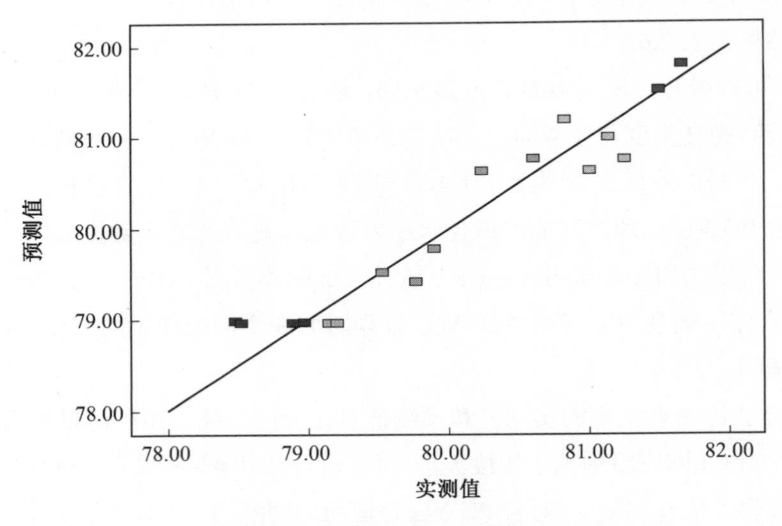

图 2.19　滤饼含水率的实测值和预测值对比图

2.3.2　响应曲面图与参数优化

利用软件 Design-Expert 8.0 根据实验数据作出相应的 3D 图和等高线图，通过 3D 图和等高线图，可以更直观地看出在 PUWU、高铁酸钾试剂和 PAM 试剂联合作用于原污泥时对 SRF 和 WC 的影响，即对污泥脱水性能的影响，并以响应曲面的方式呈现出来。

1. 污泥比阻响应曲面图与参数优化

图 2.20～2.25 所示分别为控制高铁酸钾、PAM、PUWU 单因素后，其余两因素在不同条件下对污泥比阻的影响的等高线图和 3D 曲面图。

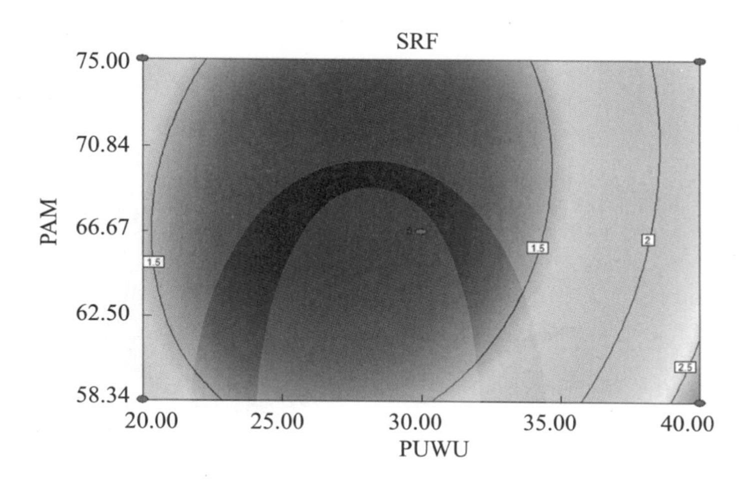

图 2.20　污泥比阻等高线图

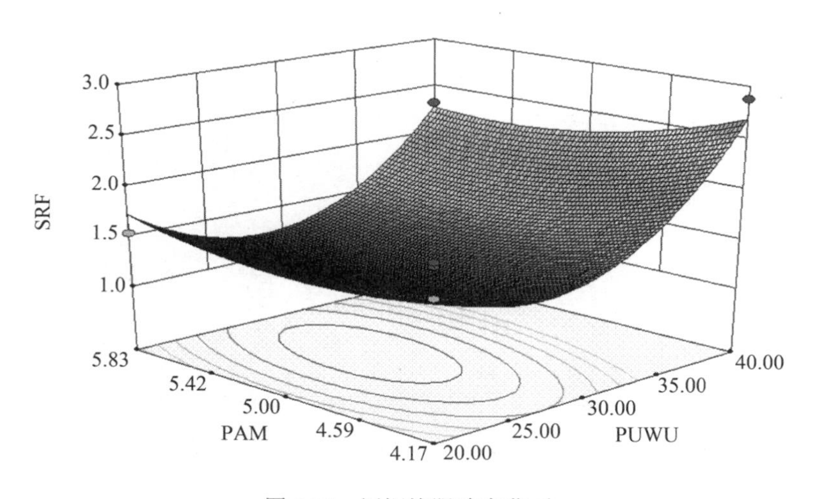

图 2.21　污泥比阻响应曲面

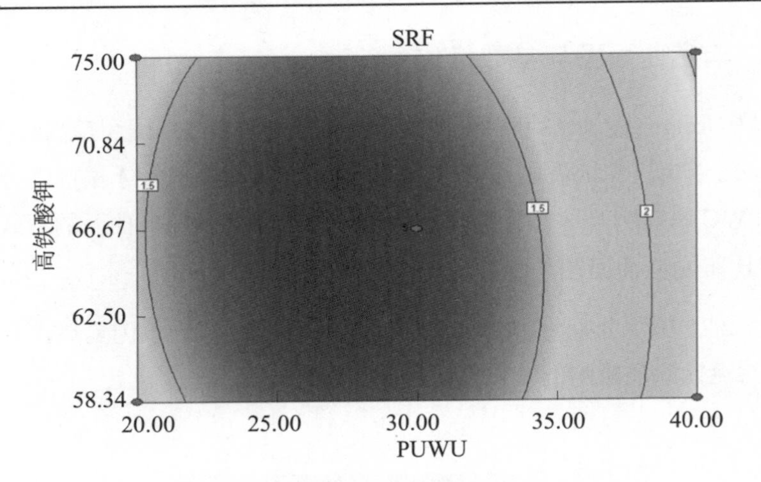

图 2.22　污泥比阻等高线图

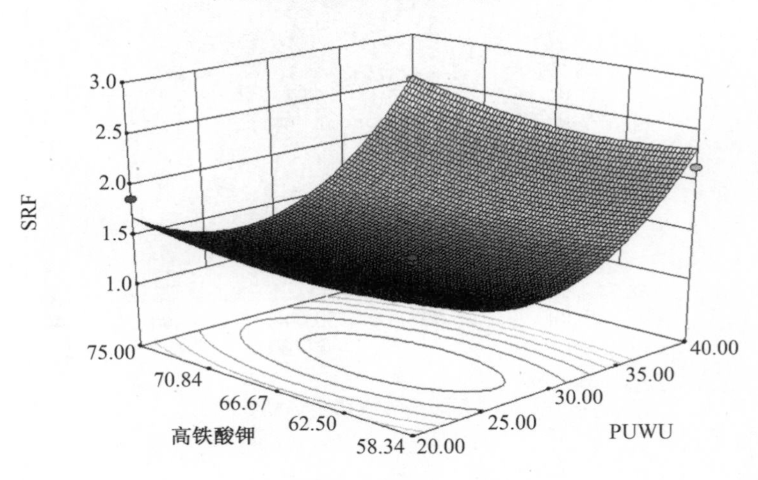

图 2.23　污泥比阻响应曲面

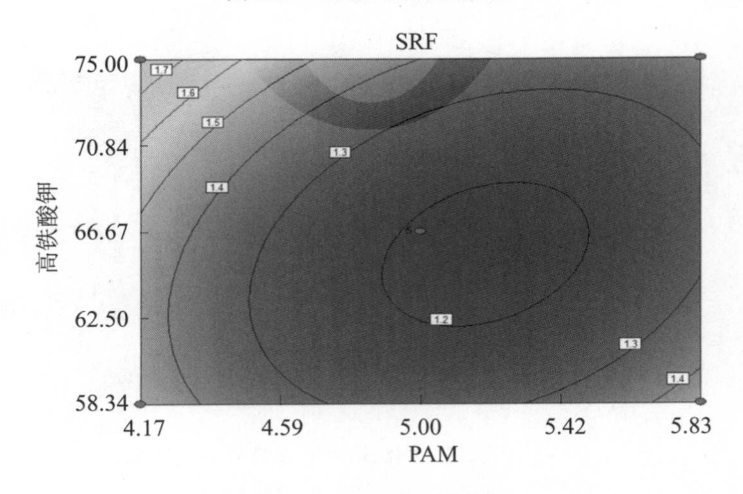

图 2.24　污泥比阻等高线图

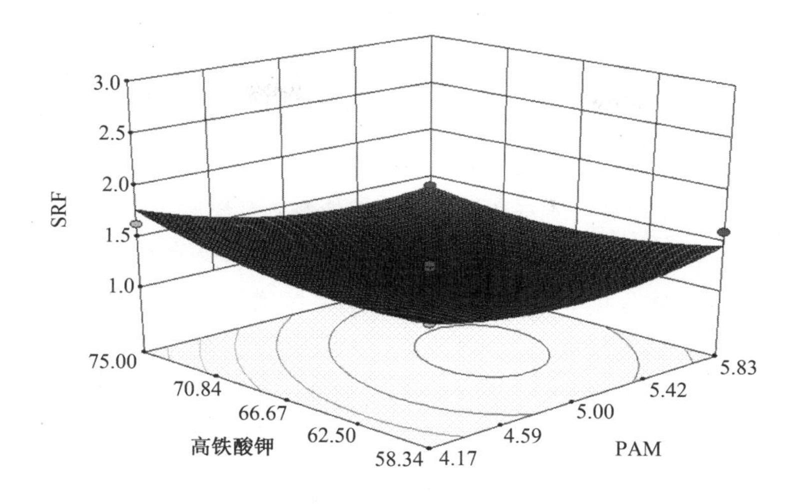

图 2.25　污泥比阻响应曲面

图 2.20 和图 2.21 所示为高铁酸钾试剂投加量为 8 mL/100 mL 时，PUWU 处理时间和 PAM 试剂用量对污泥比阻指标的影响。从图中可以看出，在一定的投加量范围内，SRF 随 PUWU 处理时间的增加而呈现减小趋势，当达到最佳值时，此时 SRF 最小，若继续增加 PUWU 的处理时间，则污泥比阻不再继续减小，反而呈现增大的趋势。同样，含 PUWU 处理的污泥比阻在一定范围内随 PAM 投加量的增加而呈减小趋势，超过这个范围后 SRF 则会回升。

图 2.22 和图 2.23 所示为 PAM 试剂投加量为 3 mL/100 mL 时，PUWU 破解污泥处理时间和高铁酸钾试剂对污泥比阻这一指标的影响。从图中可以看出，在一定投加量范围内污泥比阻的大小随 PUWU 处理时间的增加而呈现减小趋势，在达到最佳值时，此时 PUWU 处理时间为 30 s，若继续增加 PUWU 的处理时间，则污泥比阻不再继续减小，反而呈现增大的趋势。同理，污泥比阻在一定范围内随高铁酸钾试剂投加量的增加而呈减小趋势，超过这个范围后污泥比阻不再减小而增大。

图 2.24 和图 2.25 所示为 PUWU 破解污泥处理作用 30 s 时，PAM 试剂投加量和高铁酸钾试剂对污泥比阻指标的影响。从图中可以看出，在一定投加量范围内，污泥比阻大小随 PAM 试剂投加量的增加而呈现减小趋势，当 PAM 试剂对污泥比阻的改善达到最佳值时，此时 PAM 投加量为 3 mL/100 mL，若继续增加 PAM 的投加量，则污泥比阻不再继续减小，反而呈现增大的趋势。同理，污泥比阻在一定范围内随高铁酸钾试剂投加量的增加而呈减小趋势，超过这个范围后污泥比阻将会增大。通过以上的分析可以得出，PUWU 处理时间、PAM 试剂和高铁酸钾试剂都存在能够使污泥比阻数值达到最小的最佳值。

2. 滤饼含水率响应曲面图与参数优化

图 2.26～2.31 所示分别为控制高铁酸钾、PAM、PUWU 单因素后，其余两因素在不同处理条件下对滤饼含水率的影响的等高线图和 3D 曲面图。

图 2.26 和图 2.27 所示为高铁酸钾试剂投加量为 8 mL/100 mL 时，PUWU 的作用时间和 PAM 试剂用量多少对滤饼含水率这一指标的影响。从图中可以看出，在一定范围内，滤饼含水率随 PUWU 处理时间的增加而有减小趋势，作用时间为 30 s 时最佳，此时含水率最低，在这一范围内呈现促进的积极作用。若继续增加 PUWU 的处理时间，则滤饼含水率不再继续减小，反而呈现增大的趋势。同样，污泥泥饼含水率在一定范围内随 PAM（聚丙烯酰胺）投加量的增加而呈减小趋势，超过这个范围后污泥 WC 则会变大。

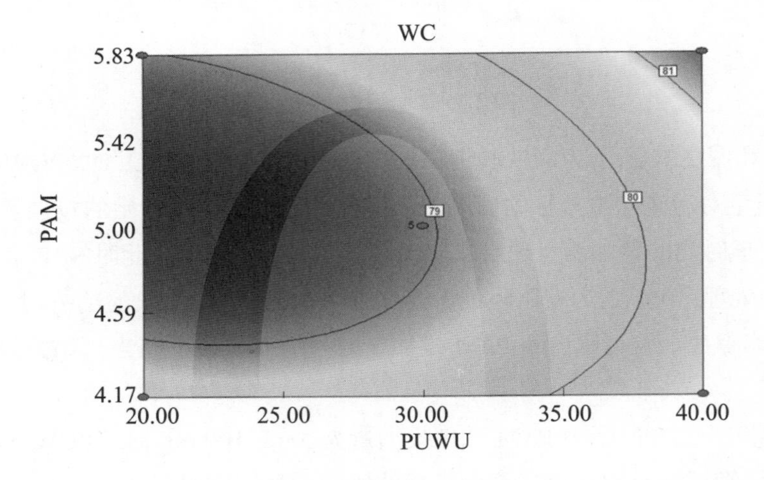

图 2.26　滤饼含水率等高线图

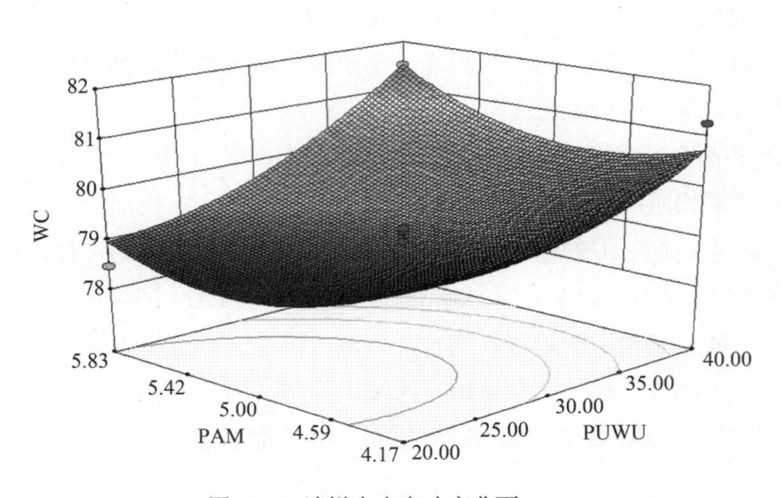

图 2.27　滤饼含水率响应曲面

图 2.28 和图 2.29 所示为 PAM 试剂用量为 3 mL/100 mL 时，PUWU 的作用时间和高铁酸钾试剂的投加量对污泥滤饼含水率指标的影响。由图可知，在一定投加量的范围内，污泥滤饼含水率随 PUWU 处理时间的增加而呈现减小趋势，且作用时间为 30 s 时达到最佳，此时含水率最低。若继续增加 PUWU 的处理时间，则滤饼含水率不再继续减小，反而呈现增大的趋势。同样，污泥泥饼含水率在一定范围内随 PAM（聚丙烯酰胺）用量的增加而呈减小趋势，超过这个范围后污泥 WC 则会变大。

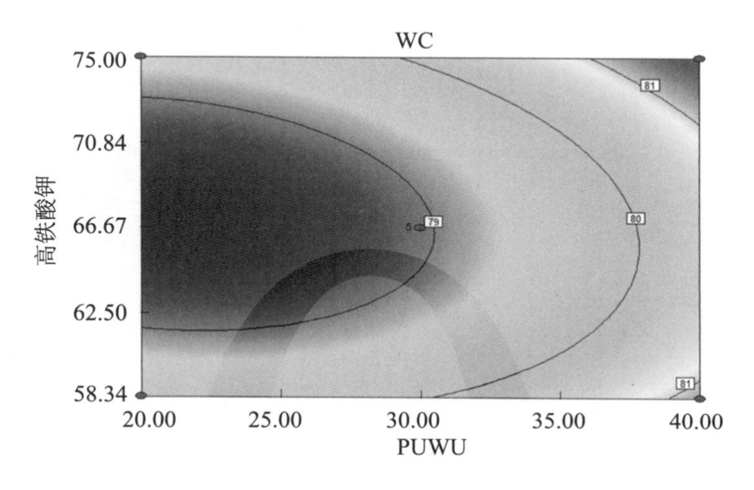

图 2.28　滤饼含水率等高线图

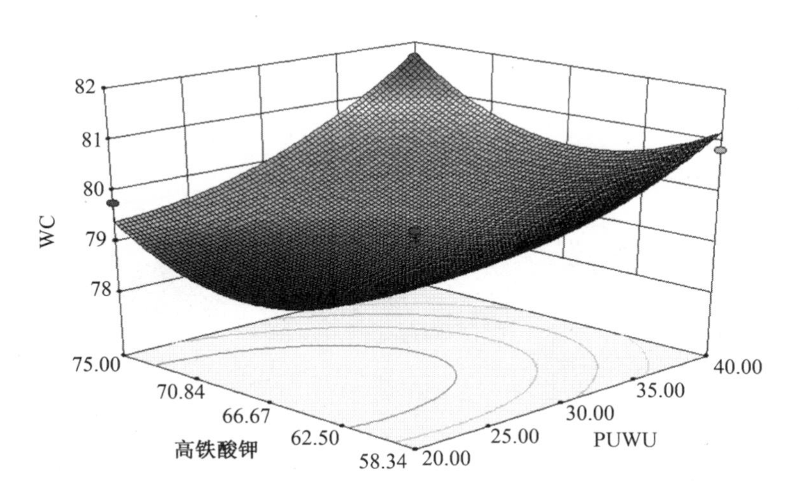

图 2.29　滤饼含水率响应曲面

图 2.30 和图 2.31 所示为 PUWU 处理时间为 30 s 时，PAM 试剂的用量和高铁酸钾试剂的投加量对泥饼含水率指标的影响。从图中显然可以看出，在一定的投加量范围内，污泥滤饼含水率随 PAM 试剂投加量的增加而呈现减小趋势，当用量为 3 mL/100 mL 时达到最佳，此时泥饼含水率最低。若继续增加聚丙烯酰胺的用量，则滤饼含水率不再继续减小，反而呈现增大的趋势。同理，泥饼含水率在一定范围内会随高铁酸钾用量的增加而呈减小趋势，超过这个范围后污泥滤饼含水率则会回升。通过上述分析可以得出，PUWU 处理时间、高铁酸钾试剂和 PAM 试剂都存在能够使污泥泥饼含水率达到最小的最佳值。

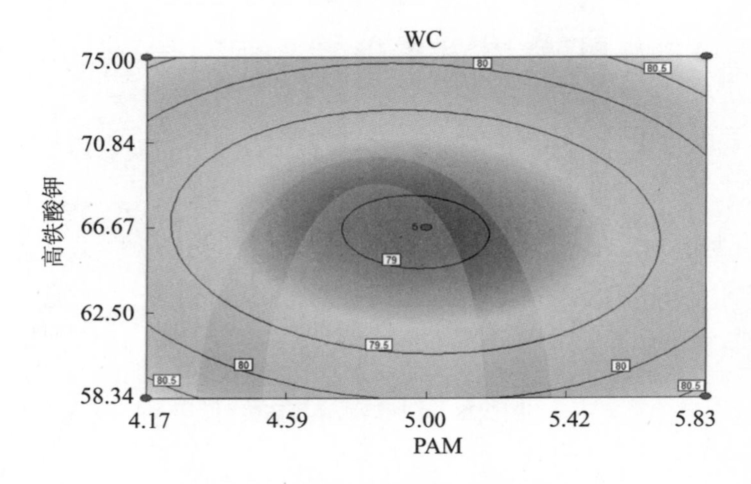

图 2.30　滤饼含水率等高线图

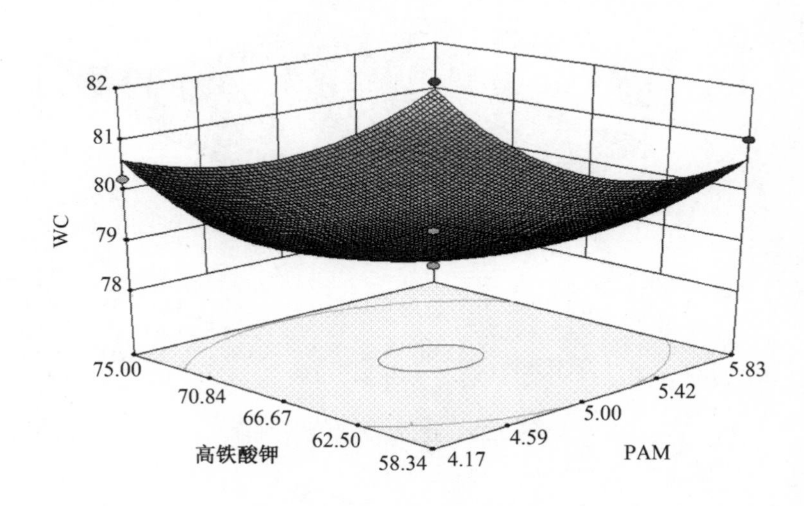

图 2.31　滤饼含水率响应曲面

利用软件 Mathematical 结合污泥比阻的含 PUWU 处理的三元二次方程模型，求得在变量 X_1=25.45、X_2=5.07、X_3=66.64 时取得模型最小值，然后将模型变量 X_1、X_2、X_3 对应的值代入含 PUWU 处理的 SRF 的回归方程模型，得出 SRF 预测值为 1.16×10^{12} m/kg。在此最佳条件下得到相应的三因素即 PUWU 处理时间、PAM 试剂和高铁酸钾试剂的用量分别为 25 s、3 mL/100 mL 和 8 mL/100 mL。再次利用软件 Mathematical 结合滤饼含水率的含 PUWU 处理的三元二次方程模型，求得在变量 X_1=25.45、X_2=5.07、X_3=66.64 时取得最小值，再将污泥泥饼含水率模型变量 X_1、X_2、X_3 的值代入含 PUWU 处理的污泥 WC 的回归方程中，得出对应条件下污泥的滤饼含水率预测值为 78.62 %。此时对应的 PUWU 处理时间、PAM 试剂和高铁酸钾试剂的用量分别为 25 s、3 mL/100 mL 和 8 mL/100 mL。考虑到实际条件、处理效果及难易程度，最终选取 PUWU 处理时间、PAM 试剂和高铁酸钾试剂的用量的最佳值为 25 s、3 mL/100 mL 和 8 mL/100 mL，即 25 s、5 mg/g、66.67 mg/g。

2.3.3　多因素最佳值实验验证

通过软件 Design-Expert 8.0 求出含 PUWU 处理的三元二次方程组系数，并形成三维响应曲面，通过分析，得出一组三因素耦合最优条件，即 PUWU 处理时间、PAM 试剂和高铁酸钾试剂的最佳值分别为 25 s、5 mg/g（3 mL/100 mL）、66.67 mg/g（8 mL/100 mL）。为检验此结果的准确性，在此含 PUWU 处理的三因素最佳条件下，用 SRF 和 WC 进行实验结果验证，并以污泥粒径分析、电镜分析和光学显微镜分析作为辅助验证含 PUWU 处理的实验。

1. 滤饼含水率结果验证

为了检验含 PUWU 处理的曲面响应模型方程最佳条件的准确性，进行验证实验，取 100 mL 剩余污泥分别置于 5 个 200 mL 的烧杯中，并编号为 1、2、3、4、5。1 号烧杯不做任何处理；2 号烧杯放入微波超声波协同反应站中以 100 W 的功率处理 25 s；3 号烧杯加入 3 mL 配置好的 PAM 试剂；4 号烧杯加入 8 mL 高铁酸钾试剂；5 号烧杯用 PUWU 处理 25 s 后加入 3 mL PAM 试剂，再加入 8 mL 高铁酸钾试剂，5 个烧杯充分搅拌 2 min 并静置同样时间进行抽滤，取抽滤后泥饼分别测定其含水率。通过实验得到的数据结果为：原污泥泥饼含水率为 84.86%；PUWU 处理后的 WC 为 84.13%；PAM 试剂处理后的 WC 为 82.11%；高铁酸钾试剂调理后的 WC 为 83.03%；含 PUWU 处理的三因素共同调理后 WC 为 78.56%，泥饼含水率越低说明污泥脱水性能越好。结果表明，剩余污泥在此条件下的滤饼含水率达到最低，为 78.56%，与含 PUWU 处理的模型预测值基本符合。WC 测定结果如图 2.32 所示。

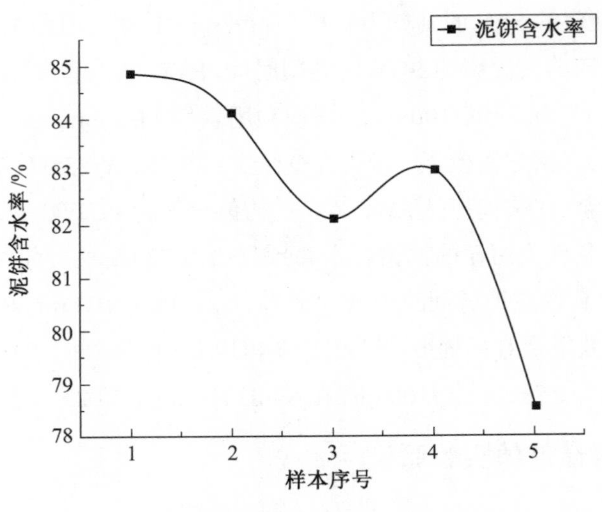

图 2.32 WC 测定结果

2. 污泥比阻结果验证

实验测定并分析原污泥与单因素最优值调理剩余污泥及 PUWU、PAM 协同高铁酸钾调理后剩余污泥的 SRF，从而进一步验证污泥脱水性能的最佳条件。实验中取 5 个相同的 200 mL 的烧杯分别编号为 1、2、3、4、5。然后向每个烧杯中加入 100 mL 的原污泥样本，对编号为 1 的烧杯不进行处理；将编号为 2 的烧杯放入微波超声波协同反应站中以 100 W 的功率处理 25 s；在编号为 3 的烧杯中加入 3 mL PAM 试剂；编号为 4 的烧杯加入 8 mL 高铁酸钾试剂；5 号烧杯 PUWU 处理时间、PAM、高铁酸钾调理分别为 25 s、3 mL PAM、8 mL 高铁酸钾试剂。搅拌并静置足够时间后，在 0.04 MPa 压力下对其分别抽滤，并记录实验数据。

实验测得原污泥的 SRF 为 24.83×10^{12} m/kg，PUWU 处理后的污泥 SRF 为 22.18×10^{12} m/kg，PAM 试剂调理后的污泥 SRF 为 2.9×10^{12} m/kg，高铁酸钾试剂处理后的污泥 SRF 为 5.91×10^{12} m/kg， PUWU、PAM 协同高铁酸钾调理后的污泥 SRF 为 1.56×10^{12} m/kg; SRF 的值越小说明污泥絮凝效果越好，即脱水性能越好。结果表明，剩余污泥在 PUWU 处理时间、PAM 试剂和高铁酸钾试剂分别为 25 s、3 mL/100 mL、8 mL/100 mL 的条件下，污泥比阻达到最佳值，且与含 PUWU 处理的模型预测值基本符合。SRF 测定结果如图 2.33 所示。

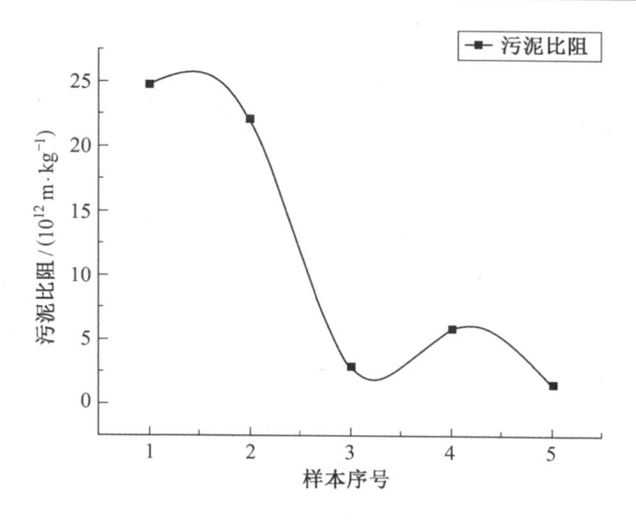

图 2.33　SRF 测定结果

3. 剩余污泥光学显微镜分析

将 100 mL 剩余污泥在 PUWU 作用时间、PAM 试剂和高铁酸钾试剂分别为 25 s、3 mL/100 mL、8 mL/100 mL 的条件下协同调理后，将其与未经处理的污泥分别置于光学显微镜下观察，观察其包含 PUWU 处理后的结构变化，并截图记录。

从图 2.34 可以看出，原始剩余污泥图像颗粒结合较紧密，连续孔隙较少，具有较好的完整性，污泥颗粒中的水无法轻易滤出，亲水性较好，故脱水性能较差。图 2.35 所示为 PUWU 作用后污泥图片，可看出污泥结构被破坏，亲水性增加，污泥脱稳；图 2.36 所示为高铁酸钾处理后的污泥，可知高铁酸钾的强氧化将原污泥的 EPS 破解，改变了污泥絮体结构，颗粒粒径明显变小；图 2.37 所示为经 PAM 调理后的污泥图片，能看出由于絮凝和吸附架桥作用，污泥颗粒更好地聚集，明显增强了脱水效果。而图 2.38 能够明显看出，经 PUWU（25 s）、PAM 试剂（5 mg/g）协同高铁酸钾试剂（66.67 mg/g）调理后的污泥完整性被破坏，絮凝效果大大增强，空隙率较大。通过光学显微镜对比得知，含 PUWU 破解污泥处理的三因素联合作用能明显改善污泥的脱水性能。

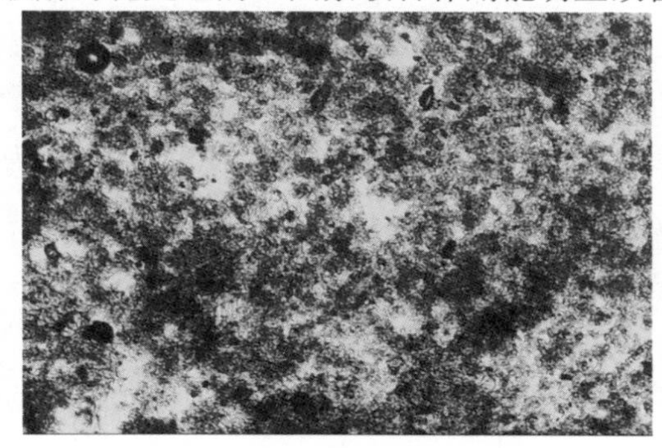

图 2.34　原污泥光学显微镜分析

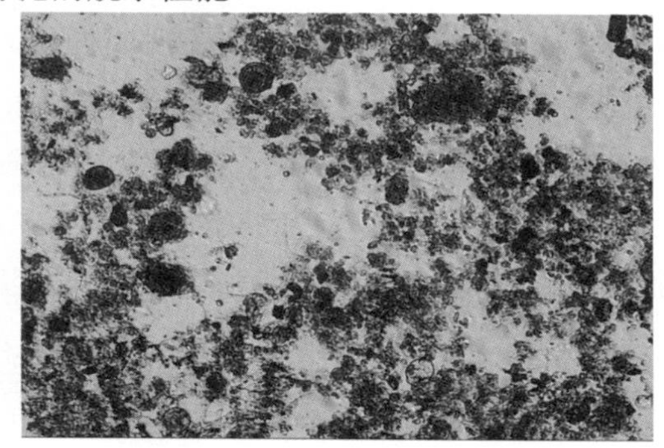

图 2.35　PUWU 处理后污泥图片

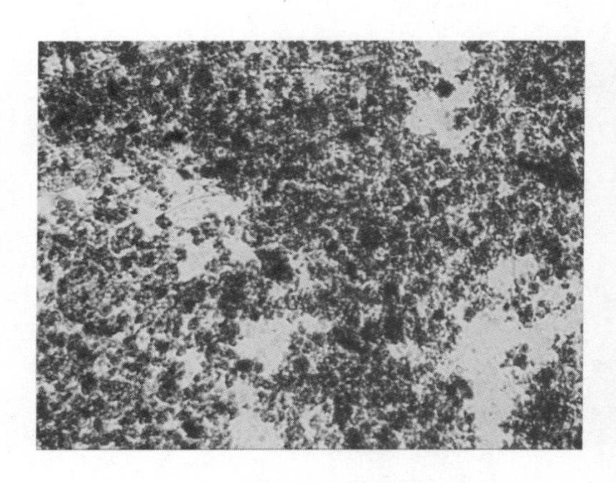

图 2.36　高铁酸钾处理后污泥图片

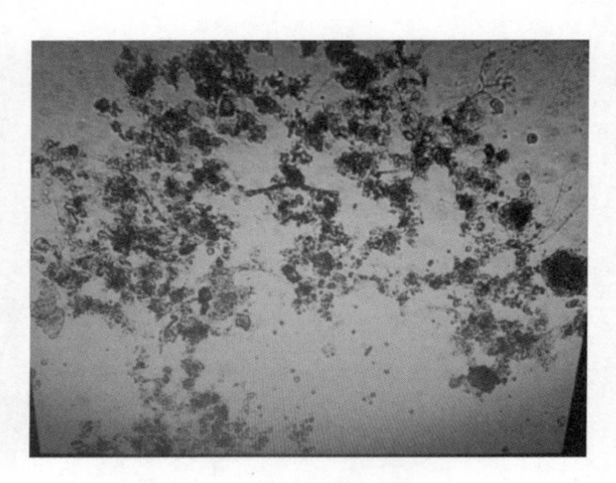

图 2.37　PAM 处理后污泥图片

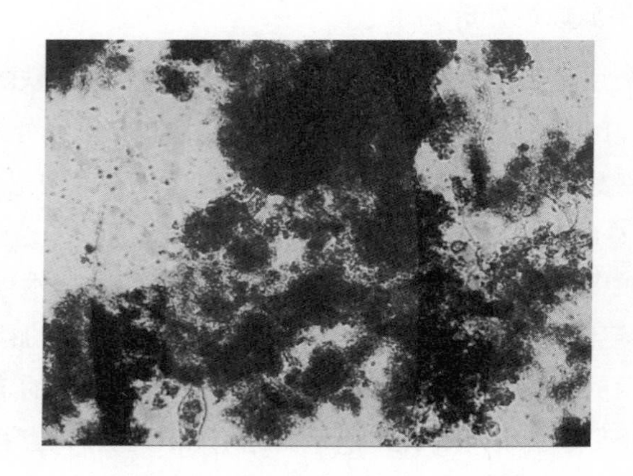

图 2.38　PUWU、PAM、高铁酸钾协同调理后污泥

4. 剩余污泥粒径分析

由 Hydro 2000SM（A）粒度分析仪测定的原污泥粒径分析曲线和经 PUWU、PAM 及高铁酸钾协同处理后的污泥粒径分析曲线如图 2.39、图 2.40 所示。

图 2.39、图 2.40 所示为原污泥、含 PUWU 等多因素联合处理后污泥粒径分析结果，两者对比可知，经 PUWU、PAM 和高铁酸钾联合处理后，中值粒径由 37.874 μm 变为 42.213 μm，高铁酸钾将污泥絮体破碎成小颗粒，PAM 的絮凝作用又使其凝聚在一起，释放内部水，粒径间距增大，孔隙率增大，脱水性能增强。

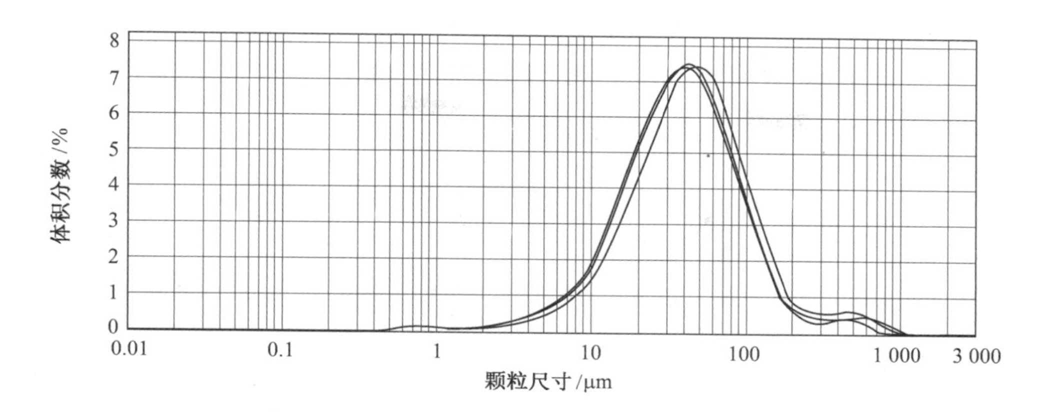

图 2.39　原污泥粒径分析曲线图

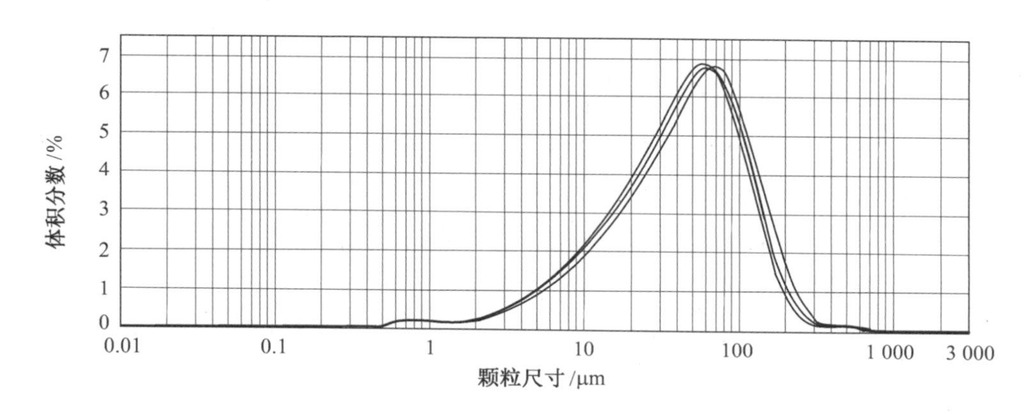

图 2.40　PUWU、PAM 和高铁酸钾协同处理后粒径分析曲线图

5. 剩余污泥电镜分析

原污泥和含 PUWU 处理的三因素联合作用后污泥经电子显微镜分析，放大相同倍数后，如图 2.41、图 2.42 所示。

图 2.41　原污泥电镜分析图

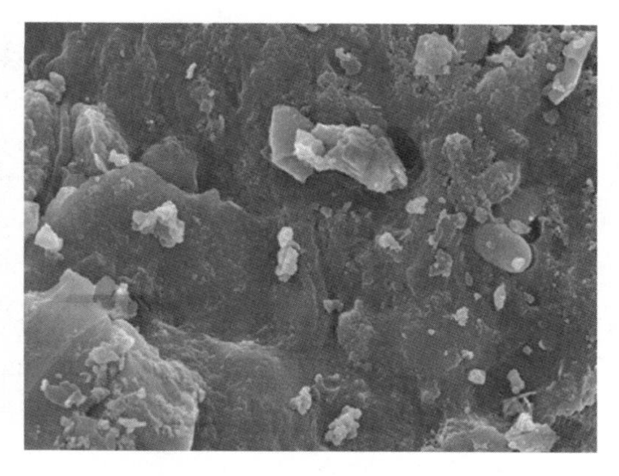

图 2.42　PUWU、PAM 和高铁酸钾耦合处理后电镜分析图

图 2.41、图 2.42 所示分别为原污泥、含 PUWU 等多因素耦合破解污泥处理后的电镜分析结果，通过分析比对可知，由 PUWU、PAM 和高铁酸钾联合处理后的污泥结构被打破，重新凝聚为大絮体，自由水增加，更易脱水。

2.4 本章小结

本章首先分别进行 PUWU、PAM、高铁酸钾破解污泥单因素实验，利用软件 Origin 8.0 分别找出这三因素的最佳范围值，并用设计专家软件画出 3D 曲线图，得出曲面响应优化结果及含 PUWU 破解污泥处理的三因素耦合的最佳效果工艺值，以滤饼含水率和污泥比阻为评价指标进行系统验证实验，再通过扫描电镜分析、光学显微镜分析、粒径分析作为辅助验证，提高实验结果准确性。得出以下结论：

（1）PUWU、PAM 试剂和高铁酸钾三因素耦合破解污泥处理能明显改善污泥脱水性能，且最佳实验条件为 PUWU 处理时间 25 s、PAM 试剂 5 mg/g、高铁酸钾试剂 66.67 mg/g。

（2）用 Design-Expert 软件做出含 PUWU 破解污泥处理的多因素响应曲面模型，建立了包括 PUWU 破解污泥处理的污泥比阻和泥饼含水率的回归方程，相关系数分别为 0.952 7 和 0.921 4。因此可用模型的预测值代替表达实测值，预测不同 PUWU 处理时间和不同 PAM、高铁酸钾投加量下的 SRF、WC 数值。

（3）在 PUWU 破解污泥处理时间、高铁酸钾投加量和 PAM 投加量的最佳值分别为 25 s、66.67 mg/g 和 5 mg/g 的条件下进行系统验证实验，SRF 由 25.63×10^{12} m/kg 减小为 1.16×10^{12} m/kg，WC 从 85.73 %降低到 78.62 %。

（4）由光学显微镜分析对比可得，经 PUWU（25 s）、PAM 试剂（5 mg/g）协同高铁酸钾试剂（66.67 mg/g）破解污泥调理后的污泥空隙率大大增加，污泥颗粒絮凝，疏水性增大，故含 PUWU 处理的三因素联合作用可使脱水性能改善。

（5）粒径分析结果显示：经 PUWU、PAM 和高铁酸钾三者联合破解污泥处理后，污泥粒径间距增加，孔隙率增大，脱水性能明显改善。

（6）电镜分析结果表明：含 PUWU 等多因素耦合破解污泥处理后的污泥，凝聚效果更好，亲水性减小，更易脱水。

参考文献

[1] RUIZ-HEMANDO M，MARTINEZ-ELORZA G，LABANDA J，et al. Dewaterability of sewage sludge by ultrasonic，thermal and chemical treatments[J]. Chem Eng J，2013，230：102-110.

[2] RUIZ-HEMANDO M，SIMóN F X，LABANDA J，et al. Effect of ultrasound，thermal and

alkali treatments on the rheological profile and water distribution of waste activated sludge [J]. Chem Eng J,2014，255:14-22.

[3] 周翠红，陈家庆，孔惠，等. 市政污泥强化脱水实验研究[J]. 环境工程学报，2011，5（9）：2125-2128.

[4] VAXELAIR J，CEZAC P. Moisture distribution in activated sludges：a review[J]. Water Research，2004，38(9)：2215-2230.

[5] 申晓娟，邱珊，李光明，等. 超声波对污泥脱水的影响研究[J]. 中国给水排水，2018，34(03)：122-124，128.

[6] 毛华臻. 市政污泥水分分布特性和物理化学调理脱水的机理研究[D]. 杭州：浙江大学，2016.

[7] 罗海建，付长亮，宁寻安，等. 微波预处理对制革污泥絮凝脱水性能的影响[J]. 环境工程学报，2013，7(5)：1933-1938.

[8] 王未. 紫外线辐射对活性污泥脱氮除磷效果的影响[J]. 湖北造纸，2012(01)：19-24.

[9] SHA R，MA V K. Potassium ferrate (VI)：an environmentally friendly oxidant[J]. Advances in Environmental Research，2002，6(2)：143-156.

[10] YE F，LIU X，LI Y.　Effects of potassium ferrate on extracellular polymeric substances (EPS) and physicochemical properties of excess activated sludge[J]. Journal of Hazardous Materials，2012，199200：158-163.

[11] 冯银芳，宁寻安，巫俊楫，等. 超声耦合高铁酸钾对印染污泥脱水性能的影响[J]. 环境工程学报，2016，10(07)：3787-3792.

[12] 戴世宇，杨兰，王东田. 超声波/絮凝剂联用于净水污泥脱水机理研究[J]. 工业安全与环保，2017，43(07)：68-71,82.

[13] 胡东东，俞志敏，易允燕. 超声波联合 PAM 对污泥脱水性能的影响[J]. 环保科技，2014，20(06)：57-60.

[14] 韩洪军，牟晋铭. 微波联合 PAM 对污泥脱水性能的影响[J]. 哈尔滨工业大学学报，2012，44(10)：28-32.

[15] 谢玉辉，台明青，高科技，等. 高铁酸钾耦合聚丙烯酰胺改善乙醇厌氧污泥脱水性能[J]. 南阳理工学院学报，2018，10(04)：105-111.

[16] YU Wenbo，YANG Jiakuan，SHI Yafei，et al. Roles of iron species and pH optimization on sewage sludge conditioning with Fenton's reagent and lime[J]. Water Research，2016，95：124，133.

[17] 汤连生，郑邓衡，赵占仓. 污泥不同脱水方法的实验分析及脱水机理探讨[J]. 环境工程学报，2018，12(5)：1536-1546.

[18] CAI Meiqing，HU Jiangqing，LIAN Guanghu，et al. Synergetic pretreatment of waste

activated sludge by hydrodynamic cavitation combined with Fenton reaction for enhanced dewatering[J]. Ultrasonics-Sonochemistry，2018，42：609-618.

[19] LI Wei，YU Najiaowa，FANG Anran，et al. Co-treatment of potassium ferrate and ultrasonication enhances degradability and dewaterability of waste activated sludge[J]. Chemical Engineering Journal，2019，361：148-155.

第 3 章　PUWU+高铁酸钾+脱硫灰破解污泥结构影响脱水性能研究

3.1　实验材料与方法

3.1.1　实验用污泥

实验所用污泥取自河南省南召县污水处理厂二沉池回流污泥，如图 3.1 所示；污泥取回后静置 24～48 h，如图 3.2 所示。将排出上清液后的污泥作为原污泥，进行一系列实验。实验所用原污泥的初始特性见表 3.1。

图 3.1　原污泥取样

图 3.2　原污泥静置

表 3.1　原污泥各项物理化学参数

参数	数值	单位
污泥比阻	3～5	10^{12} m·kg^{-1}
滤饼含水率	80～85	%
毛细吸水时间	30～40	s
污泥上清液浊度	100～200	NTU
污泥滤液黏度	7～9	mPa·s
污泥沉降比	32～36	%

3.1.2 实验仪器

实验仪器见表 3.2。PUWU 工作站如图 3.3 所示。黏度测量过程如图 3.4 所示。

表 3.2 实验仪器

编号	实验项目	仪器名称
1	测定污泥浊度	便携式浊度测定仪
2	污泥光学显微镜观察	光学显微镜
3	测定污泥离心沉降比	80-2 电动离心机
4	测定污泥含水率	卤素水分测定仪
5	PUWU 处理污泥	PUWU 工作站
6	测定污泥比阻	比阻实验装置
7	测定污泥黏度	SNB-1 旋转黏度计
8	测定污泥毛细吸水时间	TYPE304B CST 测定仪
9	污泥颗粒粒径分析	Master Size 3000 粒度分析仪
10	污泥电镜扫描分析	扫描电子显微镜

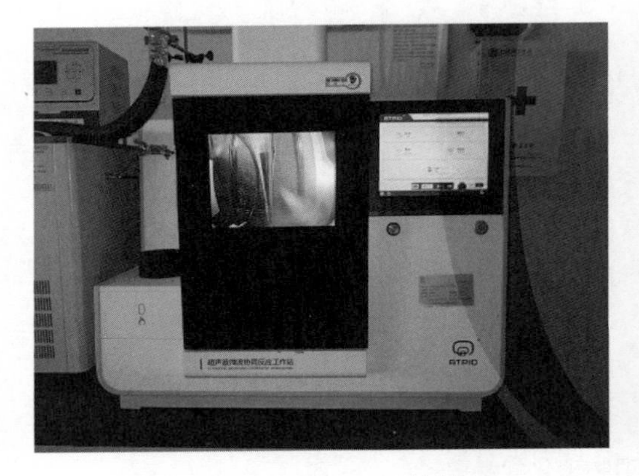

图 3.3 PUWU 工作站

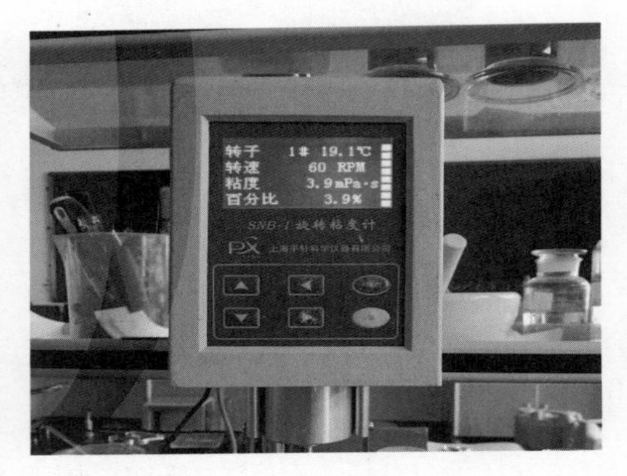

图 3.4 黏度测量过程

3.1.3 实验过程

实验过程分为 PUWU 破解污泥单因素实验、多因素实验、系统验证实验及其他验证实验。

（1）确定单因素最佳范围值的实验步骤。分别控制 PUWU 的作用时间、高铁酸钾试剂及脱硫灰的投加量，考察各单因素对污泥脱水性能的影响；应用 Origin 2017 软件通过实验数据绘制趋势变化折线图，确定出各因素的最优范围区间。

（2）确定 PUWU、高铁酸钾和脱硫灰耦合的最佳范围值的实验步骤。基于单因素实验结果及 Origin 2017 软件确定出的最佳范围，在实验要求下通过 Design-Expert 8.0 软件得到三因素耦合的 17 组实验方案，然后分别进行实验；对各单因素的最优范围值进行编码，得出实验结果后再利用 Design-Expert 8.0 软件，采用曲面响应优化的方法得出二次多项式拟合方程、方差分析及曲面响应优化结果。

（3）系统验证实验步骤。利用 Design-Expert 8.0 和 Mathematical 7.0 运算得到的各单因素最佳值和三因素最佳值耦合分别进行实验，以毛细吸水时间、污泥沉降比和污泥离心上清液浊度为指标与原污泥进行对比，重复上述的实验过程，验证所确定的实验条件的最佳范围值的准确性。

（4）其他验证实验。污泥颗粒粒径分析：将原污泥和 PUWU、高铁酸钾和脱硫灰耦合调理后的污泥进行颗粒粒径观察分析，结果表明调理后的污泥对于剩余污泥脱水性能的改善有积极的作用。

电镜分析：将原污泥与 PUWU、高铁酸钾和脱硫灰耦合调理后的污泥进行电镜观察分析，结果表明调理后的污泥对于剩余污泥脱水性能的改善有积极的作用。

3.1.4　实验指标分析方法

1. 污泥比阻（SRF）的测定

污泥比阻作为反映污泥脱水性能的综合性指标，表示单位质量的污泥在一定压力下过滤时在单位过滤面积上的阻力。其值反映污泥脱水性能的好坏，SRF 越小脱水性能越好。测定 SRF 的步骤：在布氏漏斗抽滤口上（直径 45～60 mm）放置滤纸，用水润湿，紧贴周底；然后缓慢加入 100 mL 待测污泥，开动真空泵并调节真空压力为 0.03 MPa，开始启动秒表，透明计量管污泥滤液量每隔 1 mL 记下相应的时间，直到系统的真空破坏即可；之后关闭阀门取下滤饼进行称量，称量后的滤饼放入卤素水分测定仪内烘干，测出滤饼含水率，再用黏度计测定透明计量管内滤液黏度；最后将各数据代入相关公式算出 SRF 值。计算方法见相关文献。SRF 实验装置如图 3.5 所示。

图 3.5　SRF 实验装置

2. 污泥毛细吸水时间（CST）的测定

CST 表示污泥水在吸水滤纸上渗透一定距离所需要的时间，其值反映污泥脱水性能的好坏。CST 值越大，污泥的脱水性能越差。测定 CST 的步骤：启动 CST 测定仪的开关按钮，然后将其调至测试状态，将准备好的污泥搅拌均匀后立即倒入套管中。污泥一旦进入套管，其水分立即会通过滤纸向四周扩散，逐步形成一个湿圈，当湿圈扩展至第一个触头时会产生电讯号，发出蜂鸣声后表示计时开始，当湿圈继续扩大并接触到第二个触头时电讯号中断，再次出现蜂鸣声表示计时结束，CST 测定仪显示的时间即 CST 值。CST 测定过程如图 3.6 所示。

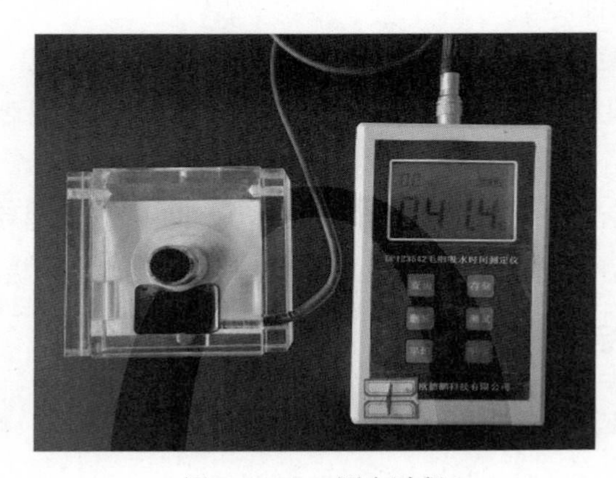

图 3.6　CST 测定过程

3. 污泥滤饼含水率（WC）的测定

WC 表示污泥经抽滤后的滤饼所含水分的质量与滤饼总质量之比，其值反映污泥脱水性能的好坏，WC 值越小，污泥的脱水性能越好。测定 WC 的步骤：将污泥比组实验装置处理后的泥饼称重后挖取 3 g 以上的污泥放入卤素水分测定仪，将温度调至 120 ℃，设定好其余各参数后启动确认按钮，等待测定结果。卤素水分测定仪如图 3.7 所示。

图 3.7　卤素水分测定仪

4. 污泥沉降比（SV）的测定

SV 表示污泥离心后沉淀污泥与所取混合污泥的体积比，其值反映污泥脱水性能的好坏，SV 值越小，污泥的脱水性能越好。测定 SV 的步骤：取多组 10 mL 实验污泥，放入离心管中将离心管加上保护管，对称放入离心机，开启离心机后将转速调至 2 000 rad/min 并开始计时，运行 90 s 后关停离心机，取出离心管并将离心管中上清液倒入量筒测定其体积，再根据相关公式算出 SV 值。污泥沉降比（SV）的测定过程如图 3.8 所示。

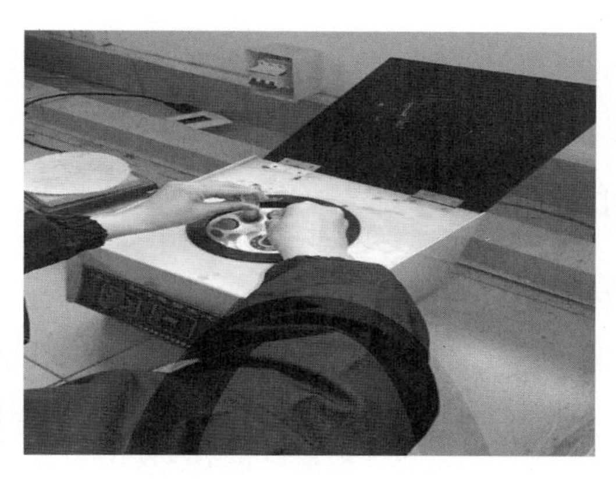

图 3.8　污泥沉降比（SV）的测定过程

5. 污泥离心上清液浊度的测定

浊度是污泥离心上清液对光线通过时所产生的阻碍程度，其值反映污泥脱水性能的好坏，浊度越小，污泥的脱水性能越好。测定浊度的步骤：将污泥沉降比测定实验中离心管中的上清液倒入比色瓶中，盖上遮光帽，放入浊度仪中，测出结果。浊度仪如图 3.9 所示。

图 3.9　浊度仪

6. 污泥粒径分析

分别将原污泥与 PUWU、高铁酸钾和脱硫灰耦合调理后的污泥，用离心机离心 90 s 后取 1～6 g 泥样密封保存好后送往湖南某实验室，进行粒径颗粒分析。

7. 污泥电镜分析

分别将原污泥与 PUWU、高铁酸钾和脱硫灰耦合调理后的污泥，用离心机离心 90 s 后取 1～6 g 泥样密封保存好后送往湖南某实验室，进行电镜观察和分析。

3.2 结果与讨论

3.2.1 单因素实验

1. PUWU 对污泥脱水性能的影响

PUWU 对污泥脱水性能的影响实验：PUWU 工作站对 100 mL 原污泥（注：干重 2.5 g）进行处理，最终确定 PUWU 处理污泥 25～45 s 为实验最佳处理范围。实验中取 5 个相同规格的烧杯分别编号为 1、2、3、4、5。然后向每个烧杯中加入 100 mL 原污泥，对编号为 1、2、3、4、5 的烧杯内的污泥通过 PUWU 分别处理 15 s、25 s、35 s、45 s、55 s。将所有污泥均匀搅拌后静置 2 h，进行 SRF、WC 和 SV 的实验测定。最佳处理效果实验曲线如图 3.10～3.12 所示。

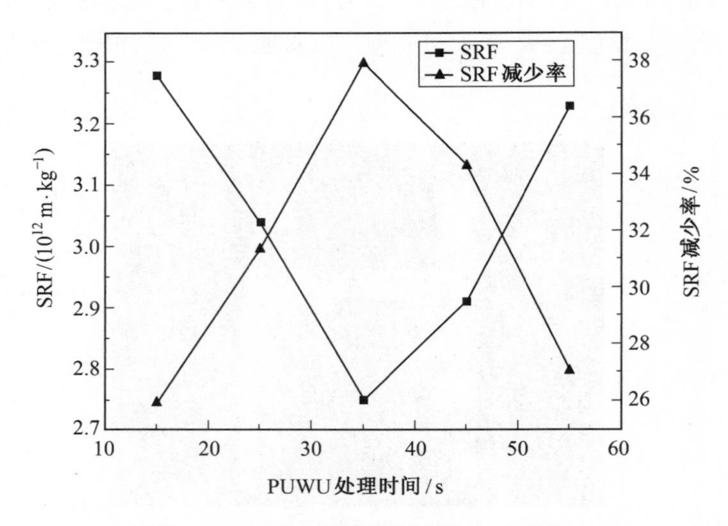

图 3.10　PUWU 处理原污泥的 SRF 变化

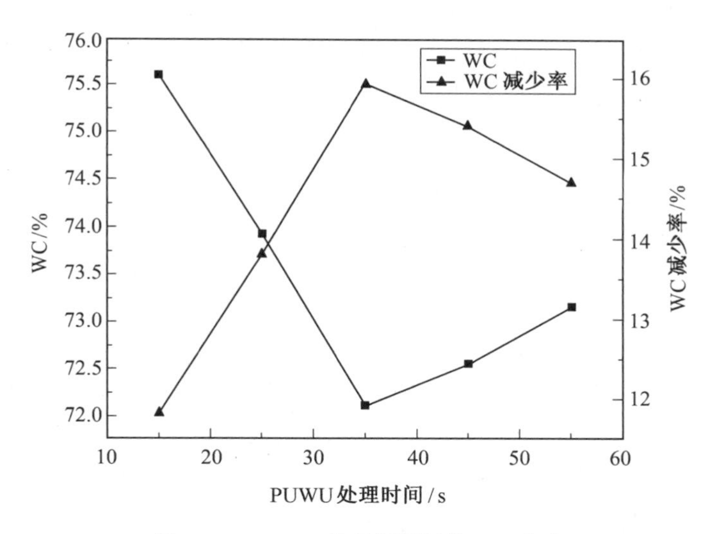

图 3.11　PUWU 处理原污泥的 WC 变化

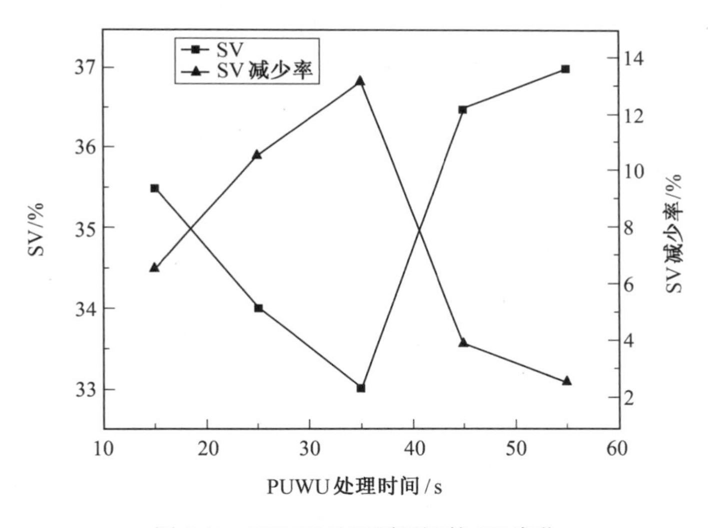

图 3.12　PUWU 处理原污泥的 SV 变化

由图可以看出，在 0～35 s 的范围内随着 PUWU 作用时间的增加，污泥的 SRF、WC 和 SV 均处于下降趋势。当 PUWU 处理时间为 35 s 时，污泥脱水性能最好，SRF、SV 及 WC 均达到最小值，此时 SRF 为 2.75×10^{12} m/kg，WC 为 72.11%，SV 为 33%。在 PUWU 作用时间达到 35 s 之后，再增加处理时间，污泥的 SRF、WC 和 SV 均又开始回升。当处理时间为 55 s 时，污泥各项参数达到最低。

在 0～35 s 的范围内随着 PUWU 作用时间的增加，污泥的 SRF 减少率、WC 减少率和 SV 减少率均处于上升趋势。当 PUWU 处理时间为 35 s 时，污泥脱水性能最好，SRF

减少率、SV 减少率及 WC 减少率均达到最大值。在 PUWU 作用时间达到 35 s 之后，再增加处理时间，污泥的 SRF 减少率、WC 减少率和 SV 减少率均又开始下降。当处理时间为 55 s 时，污泥各项参数减少率达到最高。

此现象说明 PUWU 可以在一定范围内显著改善污泥脱水性能，但过度处理反而会降低污泥的脱水性能。

2. 高铁酸钾破解污泥结构及脱水性能影响

高铁酸钾对污泥脱水性能的影响实验：首先配置质量分数为 5%的高铁酸钾试剂，所需药品为高铁酸钾固体和蒸馏水，按照质量比 K_2FeO_4∶H_2O=5∶95 的条件配置高铁酸钾试剂。实验中取 5 个相同规格的烧杯分别编号为 1、2、3、4、5，然后向每个烧杯中加入 100 mL 原污泥，再用移液管分别量取不同剂量的高铁酸钾试剂倒入各烧杯中。随后观察到污泥中产生了大量气泡，因此在未反应完全之前要一直持续搅拌，经充分搅拌后静置 1 h，然后进行 SRF、WC 和 SV 的实验测定。最佳处理效果实验曲线如图 3.13～3.15 所示。

由图 3.13～3.15 可以看出，在 0～1 mL/100 mL 的范围内随着高铁酸钾投加量的增加，污泥的 SRF、WC 和 SV 均处于下降趋势。当高铁酸钾投加量为 1 mL/100 mL 时，污泥脱水性能最好，SRF、SV 以及 WC 均达到最小值，此时 SRF 为 3.79×10^{12} m/kg，WC 为 78.35%，SV 为 34.5%。在高铁酸钾投加量达到 1 mL/100 mL 之后，再增加投加量，污泥的 SRF、WC 和 SV 均又开始回升。当高铁酸钾投加量达到 4 mL/100 mL 时污泥各项参数达到最低。

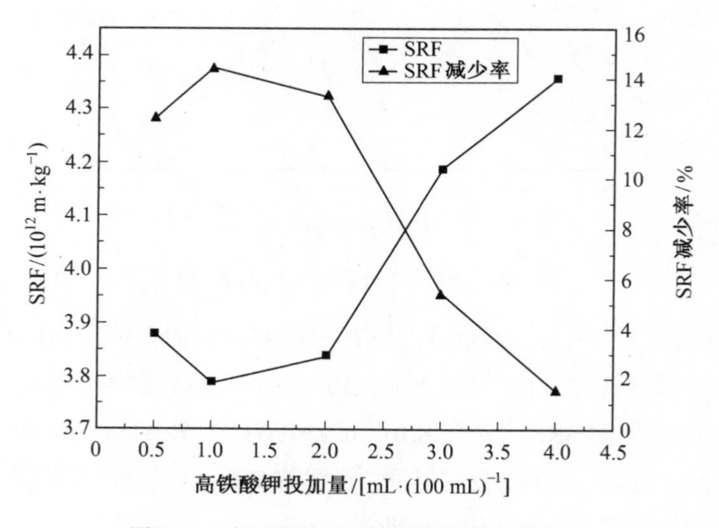

图 3.13　高铁酸钾处理原污泥的 SRF 变化

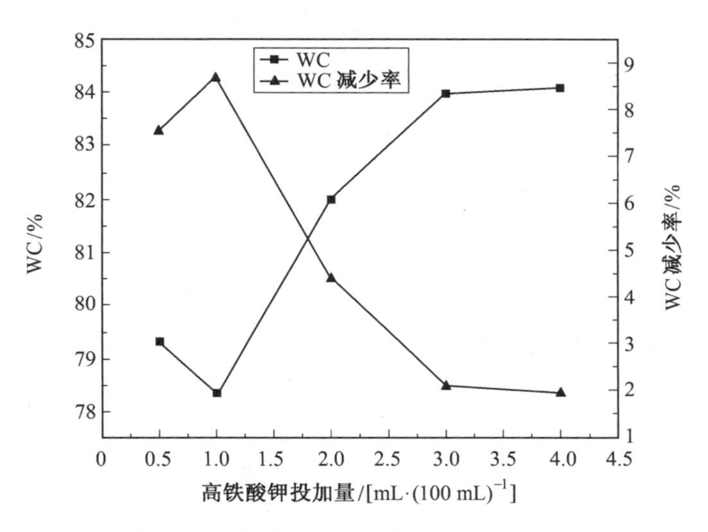

图 3.14　高铁酸钾处理原污泥的 WC 变化

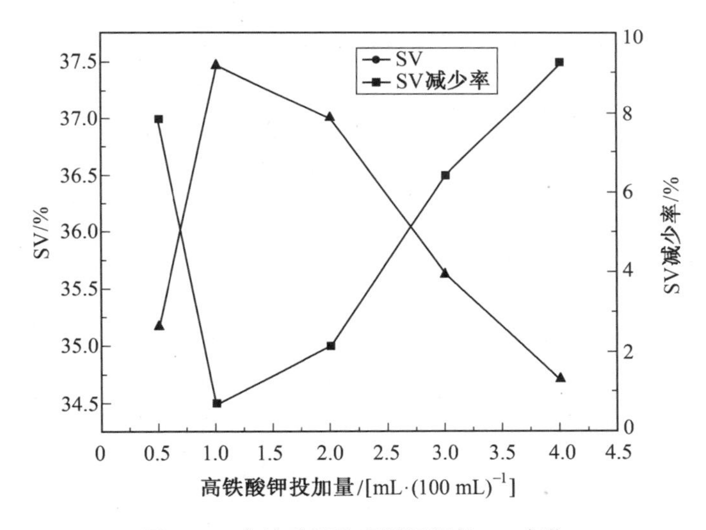

图 3.15　高铁酸钾处理原污泥的 SV 变化

在 0～1 mL/100 mL 的范围内随着高铁酸钾投加量的增加，污泥的 SRF 减少率、WC 减少率和 SV 减少率均处于下降趋势。当高铁酸钾投加量为 1 mL/100 mL 时，污泥脱水性能最好，SRF 减少率、SV 减少率及 WC 减少率均达到最大值。在当高铁酸钾投加量达到 1 mL/100 mL 之后，再增加投加量，污泥的 SRF 减少率、WC 减少率和 SV 减少率均又开始下降。当高铁酸钾投加量达到 4 mL/100 mL 时污泥各项参数减少率达到最高。

此现象说明 PUWU 可以在一定范围内显著改善污泥的脱水性能，但过度处理反而会降低污泥的脱水性能。

3. 脱硫灰破解污泥结构及脱水性能的影响

脱硫灰对污泥脱水性能的影响实验：实验中取 5 个相同规格的烧杯分别编号为 1、2、3、4、5，然后向每个烧杯中加入 100 mL 原污泥，再用电子天平分别称取不同质量的脱硫灰倒入各烧杯中，充分搅拌后静置 1 h，然后进行 SRF、SV 和 WC 的实验测定。最佳处理效果实验曲线如图 3.16～3.18 所示。

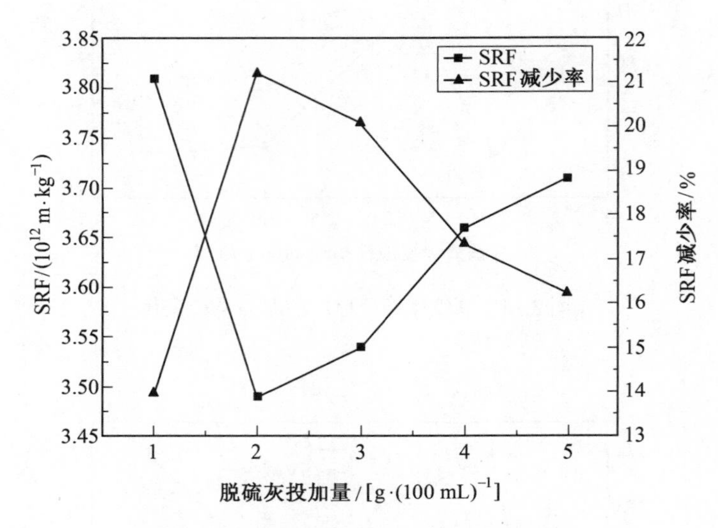

图 3.16　脱硫灰处理原污泥的 SRF 变化

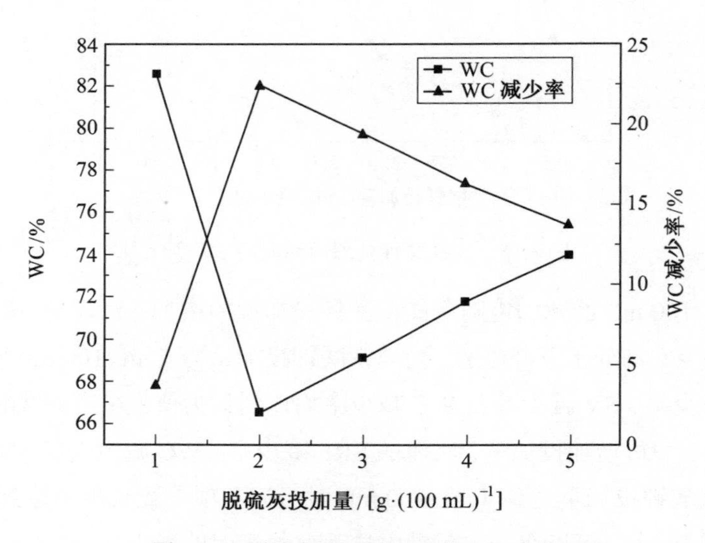

图 3.17　脱硫灰处理原污泥的 WC 变化

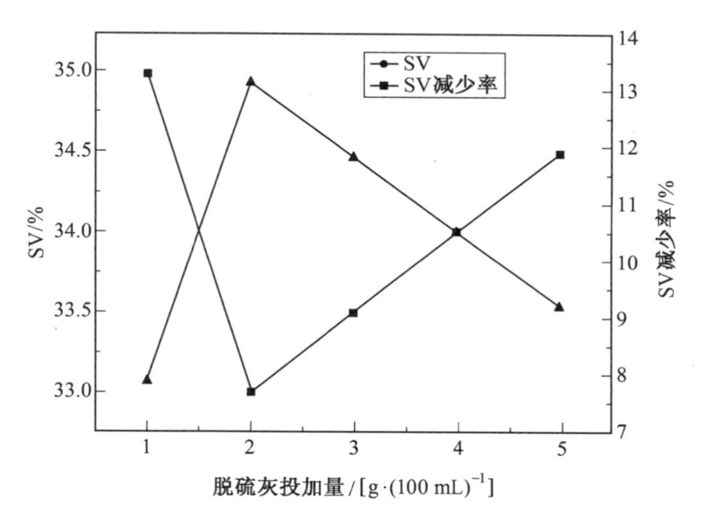

图 3.18　脱硫灰处理原污泥的 SV 变化

由图 3.16～3.18 可以看出，在 0～2 g/100 mL 的范围内随着脱硫灰投加量的增加，污泥的 SRF、WC 和 SV 均处于下降趋势。当脱硫灰投加量为 2 g/100 mL 时，污泥脱水性能最好，SRF、SV 及 WC 均达到最小值，此时 SRF 为 3.49×10^{12} m/kg，WC 为 66.58%，SV 为 33%。在脱硫灰投加量达到 2 g/100 mL 之后，再增加投加量，污泥的 SRF、WC 和 SV 均又开始回升。当脱硫灰投加量达到 5 g/100 mL 时，污泥各项参数达到最低。

在 0～2 g/100 mL 的范围内随着脱硫灰投加量的增加，污泥的 SRF 减少率、WC 减少率和 SV 减少率均处于下降趋势。当脱硫灰投加量为 2 g/100 mL 时，污泥脱水性能最好，SRF 减少率、SV 减少率及 WC 减少率均达到最大值。在脱硫灰投加量达到 2 g/100 mL 之后，再增加投加量，污泥的 SRF 减少率、WC 减少率和 SV 减少率均又开始下降。当脱硫灰投加量达到 5 g/100 mL 时，污泥各项参数减少率达到最高。

此现象说明 PUWU 可以在一定范围内显著改善污泥脱水性能，但过度处理反而会降低污泥的脱水性能。

3.2.2　多因素实验

将单因素实验的结果作为基础，对各单因素的最优范围值进行编码，PUWU、高铁酸钾和脱硫灰各因素实测值、编码值和编码水平见表 3.3。通过 Design-Expert 8.0 软件得到多因素耦合 17 组实验方案，将 CST、SV 和污泥离心上清液浊度作为污泥脱水性能指标进行实验。根据实验结果，利用 Mathematical 7.0 软件分别求得各指标模型方程中的系数，模型方程如式（3.1）所示。利用方程和实验值求得预测值，其结果见表 3.4，并对求得方程的方差进行分析。

表 3.3　各因素实测值、编码值和编码水平

因素	代码		编码水平		
	实测值	编码值	−1	0	1
PUWU 作用时间/s	ε_1	X_1	25	35	45
高铁酸钾试剂投加量/[mL·(100 mL)$^{-1}$]	ε_2	X_2	0.5	1	2
脱硫灰投加量/[g·(100 mL)$^{-1}$]	ε_3	X_3	1	2	3

该 PUWU 模型的二次多项方程为

$$Y=\beta_0+\sum_{i=0}^{3}\beta_i X_i+\sum_{i=1}^{3}\beta_{ii}X_i^2+\sum_{i<j=2}^{3}\beta_{ij}X_iX_j \tag{3.1}$$

式中　Y——本次实验预测响应值的因变量有 CST、SV 和污泥离心上清液浊度；

X_i、X_j——PUWU、高铁酸钾和脱硫灰自变量代码值；

β_0——PUWU 影响因素常数项；

β_i——PUWU 影响因素线性系数；

β_{ii}——PUWU 影响因素二次项系数；

β_{ij}——PUWU 影响因素交互项系数。

表 3.4　响应面实验设计及结果

编号	编码值			CST/s		SV/%		浊度/NTU	
	X_1	X_2	X_3	实测值	预测值	实测值	预测值	实测值	预测值
1	−1	0	1	48.60	49.72	33.20	33.54	148.00	149.37
2	1	−1	0	43.30	47.08	32.80	33.11	151.00	153.12
3	0	1	−1	54.40	50.63	33.50	33.19	157.00	154.87
4	−1	−1	0	49.50	48.38	33.80	33.46	146.00	144.62
5	0	0	0	49.40	50.40	33.00	33.18	139.00	139.50
6	0	−1	−1	49.10	47.45	33.00	33.20	142.00	141.75
7	1	0	−1	48.90	50.55	34.20	34.00	146.00	146.25
8	0	1	1	49.60	48.60	34.00	33.83	138.00	137.50
9	0	0	0	50.10	47.97	33.50	32.99	154.00	152.12
10	1	1	0	44.20	46.98	33.50	33.64	145.00	146.63
11	−1	0	−1	49.30	46.53	34.50	34.36	151.00	149.37
12	0	0	0	47.60	49.73	33.20	33.71	150.00	151.88
13	1	0	1	37.40	37.60	32.00	31.64	114.00	118.80
14	0	0	0	35.30	37.60	31.20	31.64	117.00	118.80
15	0	0	0	36.40	37.60	31.00	31.64	115.00	118.80
16	−1	1	0	37.90	37.60	31.50	31.64	129.00	118.80
17	0	−1	1	41.00	37.60	32.50	31.64	119.00	118.80

1. 毛细吸水时间模型方差分析

PUWU、高铁酸钾和脱硫灰耦合调理后 CST 的多元二次回归方程模型为

$$\begin{aligned}\text{CST} = 37.60 - 1.22X_1 + 0.55X_2 + 0.32X_3 + 0.10X_1X_2 + 0.25X_1X_3 + \\ 1.05X_2X_3 + 6.40X_1^2 + 4.95X_2^2 + 5.25X_3^2\end{aligned} \quad (3.2)$$

由方程（3.2）可以看出该模型抛物面是开口向上的，有极小值，即该实验存在最佳值。通过表 3.5 可以看出，该模型 F 值和 P 值分别为 4.37 和 0.032 4，说明该方程模型的真实度和显著性都较高，其结果具有代表性，用其值来代表实测值具有较高的可信度。模型校正决定系数 R^2_{adj} 为 0.848 9，模型的相应变化约为 85%，其不能准确表达的变异数据大概有 15%。应用 Design-Expert 8.0 软件形成的模型在 PUWU 的不同处理时间、高铁酸钾试剂和脱硫灰的不同投加量的条件下，对 CST 进行预测。图 3.19 所示为 CST 的实测值和预测值对比的回归线。

表 3.5　CST 回归方程模型的方差分析

来源	平方和 SS	自由度 DF	均方 MS	F	P (Prob>F)
模型	456.91	9	50.77	4.37	0.032 4
X_1	12.00	1	12.00	1.03	0.343 2
X_2	2.42	1	2.42	0.21	0.661 9
X_3	0.84	1	0.84	0.073	0.795 2
X_1X_2	0.040	1	0.040	3.443×10^{-3}	0.954 9
X_1X_3	0.25	1	0.25	0.022	0.887 5
X_2X_3	4.41	1	4.41	0.38	0.557 3
X_1^2	172.46	1	172.46	14.84	0.006 3
X_2^2	103.17	1	103.17	8.88	0.020 5
X_3^2	116.05	1	116.05	9.99	0.015 9
残差	81.33	7	11.62		
拟合不足	62.91	3	20.97	4.55	0.088 6
误差	18.42	4	4.61		
总误差	538.24	16			

注：校正系数 R^2_{adj}=0.848 9。

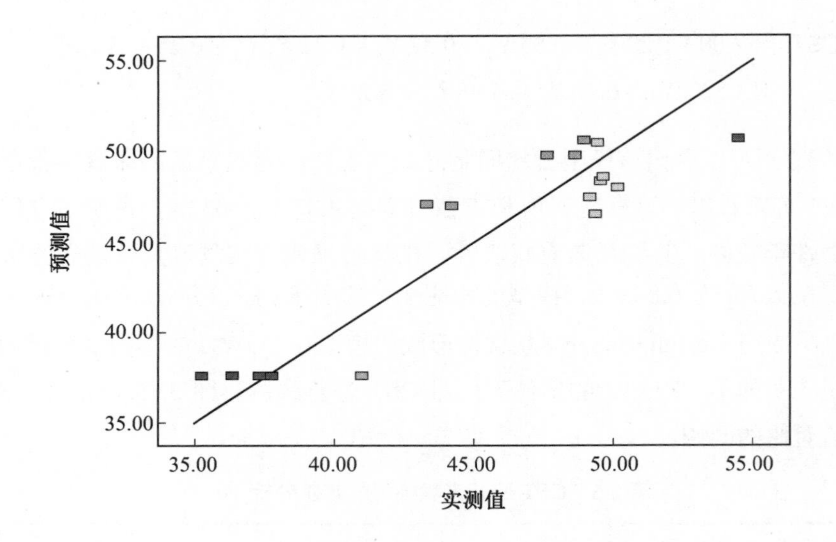

图 3.19　CST 的实测值和预测值对比

2. 污泥沉降比模型的方差分析

PUWU、高铁酸钾和脱硫灰耦合调理后 SV 的多元二次回归方程模型为

$$\begin{aligned}SV = 31.64 - 0.037X_1 + 0.000X_2 + 0.36X_3 + 0.17X_1X_2 - 0.050X_1X_3 - \\ 0.32X_2X_3 + 0.78X_1^2 + 0.90X_2^2 + 1.13X_3^2\end{aligned} \tag{3.3}$$

由方程（3.3）可以看出该模型抛物面是开口向上的，有极小值，即该实验存在最佳值。通过表 3.6 可以看出，该模型 F 值和 P 值分别为 4.25 和 0.034 9，说明该方程模型的真实度和显著性都较高，其结果具有代表性，用其值来代表实测值具有较高的可信度。模型校正决定系数 R_{adj}^2 为 0.845 2，模型的相应变化约为 85%，其不能准确表达的变异数据大概有 15%。应用 Design-Expert 8.0 软件形成的模型在 PUWU 的不同处理时间、高铁酸钾试剂和脱硫灰的不同投加量的条件下，对 SV 进行预测。图 3.20 所示为 SV 的实测值和预测值对比的回归线。

表 3.6　SV 回归方程模型的方差分析

来源	平方和 SS	自由度 DF	均方 MS	F	P (Prob>F)
模型	14.30	9	1.59	4.25	0.034 9
X_1	0.011	1	0.011	0.030	0.867 3
X_2	0.000	1	0.000	0.000	1.000 0
X_3	1.05	1	1.05	2.81	0.137 6
X_1X_2	0.12	1	0.12	0.33	0.585 1
X_1X_3	0.010	1	0.010	0.027	0.874 8
X_2X_3	0.42	1	0.42	1.13	0.323 3
X_1^2	2.56	1	2.56	6.85	0.034 6
X_2^2	3.45	1	3.45	9.22	0.019 0
X_3^2	5.38	1	5.38	14.37	0.006 8
残差	2.62	7	0.37		
拟合不足	1.13	3	0.38	1.01	0.476 3
误差	1.49	4	0.37		
总误差	16.92	16			

注：校正系数 R_{adj}^2=0.845 2。

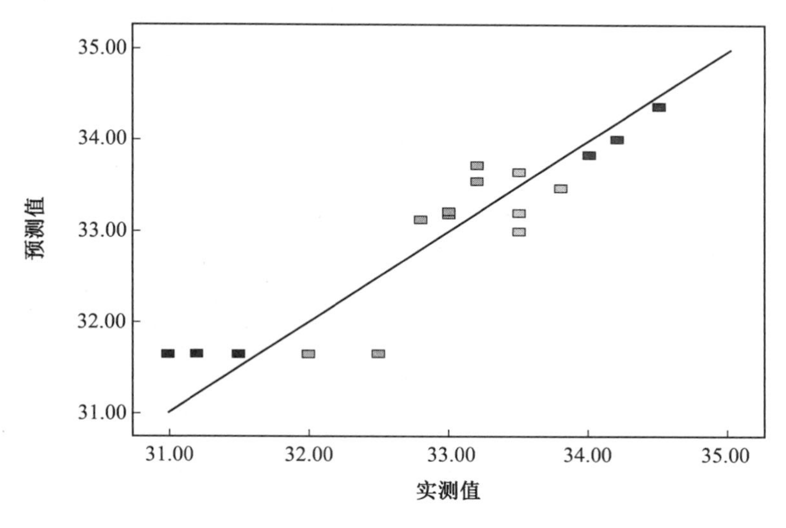

图 3.20　SV 的实测值和预测值对比

3. 污泥离心上清液浊度模型的方差分析

PUWU、高铁酸钾和脱硫灰耦合调理后污泥离心上清液浊度的多元二次回归方程模型为

$$\begin{aligned}浊度 = &118.80-1.62X_1+0.75X_2+0.63X_3-3.50X_1X_2-2.75X_1X_3+\\ &2.00X_2X_3+11.47X_1^2+20.22X_2^2+10.98X_3^2\end{aligned} \quad (3.4)$$

由方程（3.4）可以看出该模型抛物面是开口向上的，有极小值，即该实验存在最佳值。通过表 3.7 可以看出，该模型 F 值和 P 值分别为 14.58 和 0.000 9，说明该方程模型的真实度和显著性都较高，其结果具有代表性，用其值来代表实测值具有较高的可信度。模型校正决定系数 R_{adj}^2 为 0.949 4，模型的相应变化约为 95%，其不能准确表达的变异数据大概有 5%。应用 Design-Expert 8.0 软件形成的模型在 PUWU 的不同处理时间、高铁酸钾试剂和脱硫灰的不同投加量的条件下，对污泥离心上清液浊度进行预测。图 3.21 所示为是污泥离心上清液浊度的实测值和预测值对比的回归线。

表 3.7　浊度回归方程模型的方差分析

来源	平方和 SS	自由度 DF	均方 MS	F	P (Prob>F)
模型	3 197.21	9	355.25	14.58	0.000 9
X_1	21.13	1	21.13	0.87	0.382 8
X_2	4.50	1	4.50	0.18	0.680 3
X_3	3.12	1	3.12	0.13	0.730 8
X_1X_2	49.00	1	49.00	2.01	0.199 1
X_1X_3	30.25	1	30.25	1.24	0.302 0
X_2X_3	16.00	1	16.00	0.66	0.444 4
X_1^2	554.42	1	554.42	22.76	0.002 0
X_2^2	1 722.32	1	1 722.32	70.69	$<$0.000 1
X_3^2	507.16	1	507.16	20.82	0.002 6
残差	170.55	7	24.36		
拟合不足	25.75	3	8.58	0.24	0.866 6
误差	144.80	4	36.20		
总误差	3 367.76	16			

注：校正系数 R_{adj}^2=0.949 4。

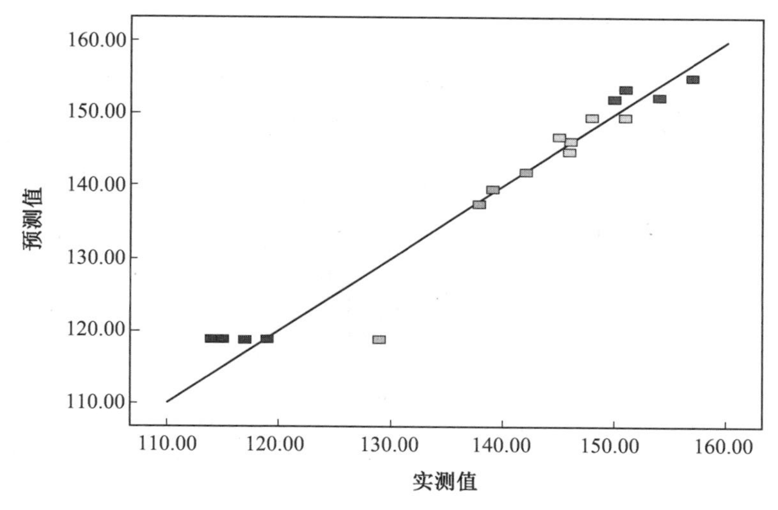

图 3.21 浊度的实测值和预测值对比

3.2.3 响应曲面图与参数优化

为了比较直观地说明 PUWU、高铁酸钾和脱硫灰耦合调理对污泥的 CST、SV 和离心上清液浊度的影响，即污泥脱水性能的影响，通过 Design-Expert 8.0 软件得到的实验结果作出对应的等高线图与 3D 曲面图，如图 3.22～3.27 所示。

1. 毛细吸水时间响应曲面图与参数优化

图 3.22 和图 3.23 所示为 PUWU 作用时间为 35 s 时，高铁酸钾试剂和脱硫灰投加量对污泥 CST 的影响。从图中能明显看出，在高铁酸钾试剂投加量最佳值之前的一定范围内，CST 随高铁酸钾试剂投加量的增加呈降低的趋势，但是在高铁酸钾试剂投加量达到最佳值之后，CST 不再随高铁酸钾试剂投加量的增加而减小，反而呈上升趋势。同理，污泥 CST 随脱硫灰投加量的增加在一定范围内呈下降趋势，超过此范围后 CST 将会回升。

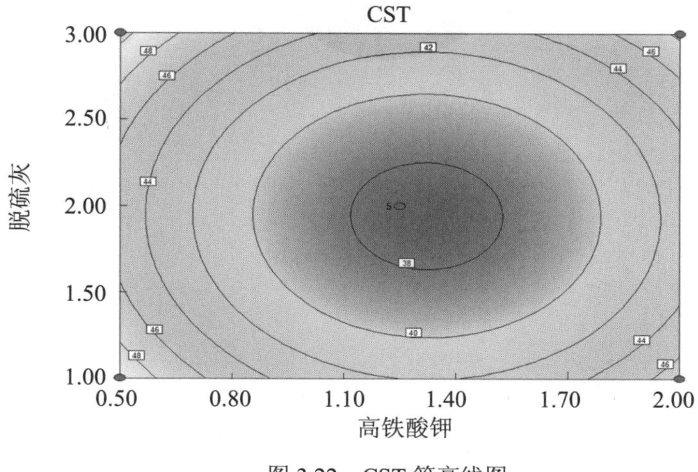

图 3.22 CST 等高线图

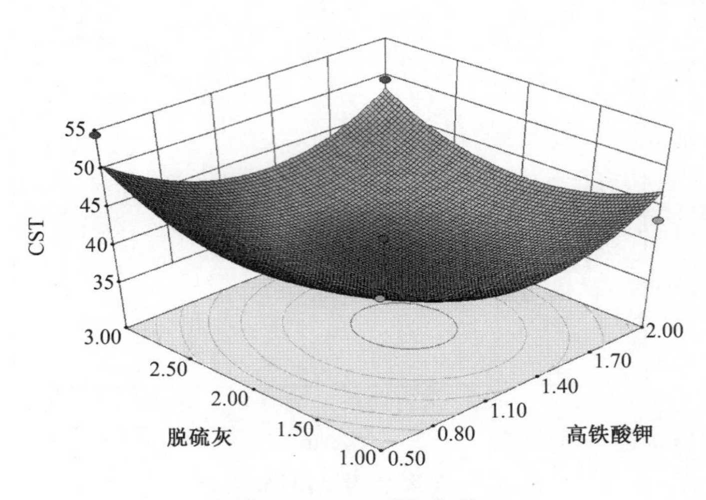

图 3.23　CST 响应曲面

图 3.24 和图 3.25 所示为高铁酸钾试剂投加量为 1.25 mL/100 mL 时，PUWU 作用时间和脱硫灰投加量对污泥 CST 的影响。从图中能明显看出，在 PUWU 作用时间最佳值之前的一定范围内，CST 随 PUWU 作用时间的增加呈降低的趋势，但是在 PUWU 作用时间达到最佳值之后，CST 不再随 PUWU 作用时间的增加而减小，反而呈上升趋势。同理，污泥 CST 随脱硫灰投加量的增加在一定范围内呈下降趋势，超过此范围后 CST 将会回升。

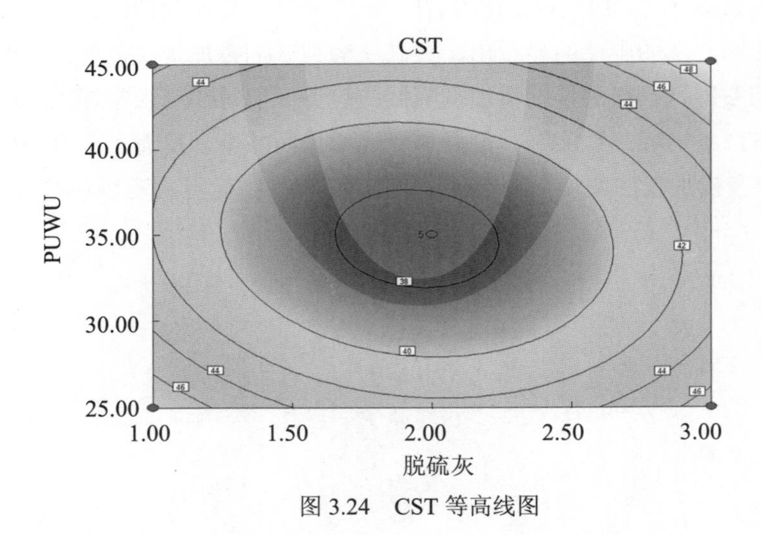

图 3.24　CST 等高线图

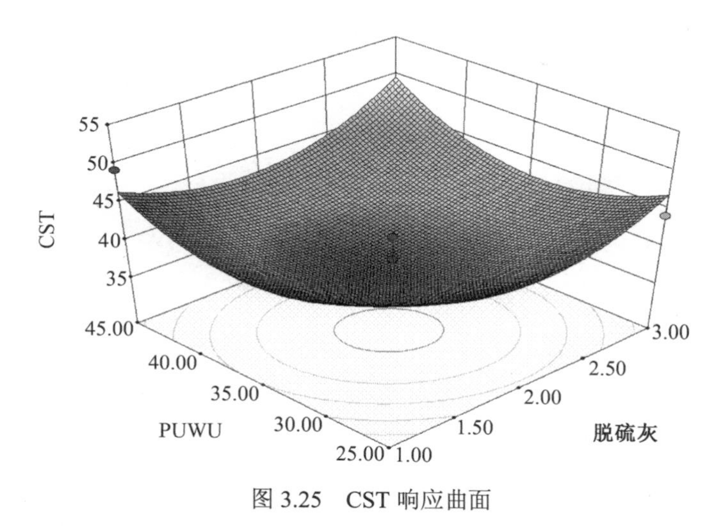

图 3.25 CST 响应曲面

图 3.26 和图 3.27 所示为脱硫灰投加量为 2 g/100 mL 时，PUWU 作用时间和高铁酸钾试剂投加量对污泥 CST 的影响。从图中能明显看出，在 PUWU 作用时间最佳值之前的一定范围内，CST 随 PUWU 作用时间的增加呈降低的趋势，但是在 PUWU 作用时间达到最佳值之后，CST 不再随 PUWU 作用时间的增加而减小，反而呈上升趋势。同理，污泥 CST 随高铁酸钾试剂投加量的增加在一定范围内呈下降趋势，超过此范围后 CST 将会回升。

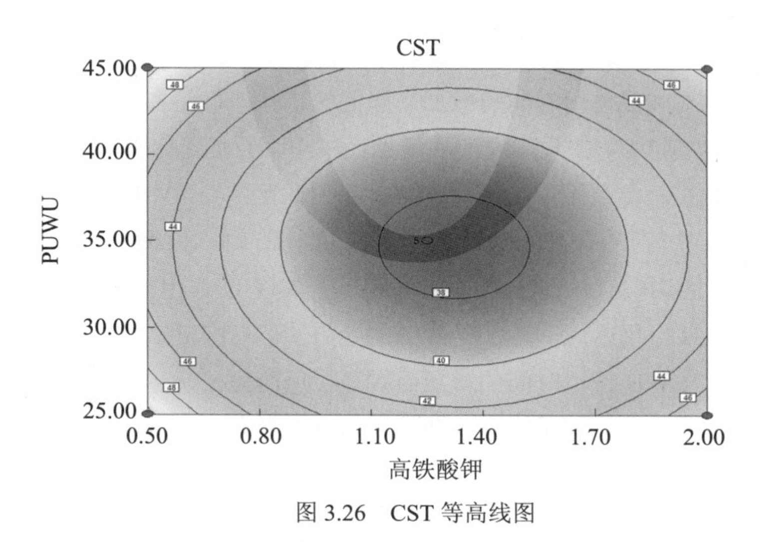

图 3.26 CST 等高线图

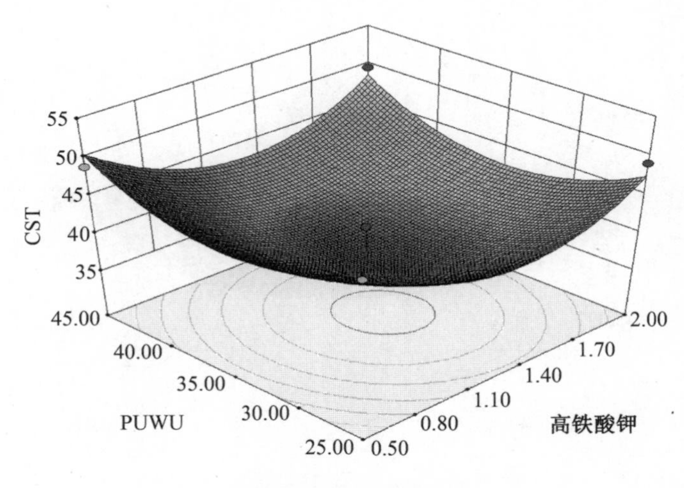

图 3.27 CST 响应曲面

2. 污泥沉降比响应曲面图与参数优化

图 3.28 和图 3.29 所示为 PUWU 作用时间为 35 s 时，高铁酸钾试剂和脱硫灰投加量对 SV 的影响。从图中能明显看出，在高铁酸钾试剂投加量最佳值之前的一定范围内，SV 随高铁酸钾试剂投加量的增加呈降低的趋势，但是在高铁酸钾试剂投加量达到最佳值之后, SV 不再随高铁酸钾试剂投加量的增加而减小，反而呈上升趋势。同理，SV 随脱硫灰投加量的增加在一定范围内呈下降趋势，超过此范围后 SV 将会回升。

图 3.30 和图 3.31 所示为高铁酸钾试剂投加量为 1.25 mL/100 mL 时，PUWU 作用时间和脱硫灰投加量对 SV 的影响。从图中能明显看出，在 PUWU 作用时间最佳值之前的一定范围内，SV 随 PUWU 作用时间的增加呈降低的趋势，但是在 PUWU 作用时间达到最佳值之后, SV 不再随 PUWU 作用时间的增加而减小，反而呈上升趋势。同理，SV 随脱硫灰投加量的增加在一定范围内呈下降趋势，超过此范围后 SV 将会回升。

图 3.32 和图 3.33 所示为脱硫灰投加量为 2 g/100 mL 时，PUWU 作用时间和高铁酸钾试剂投加量对 SV 的影响。从图中能明显看出，在 PUWU 作用时间最佳值之前的一定范围内，SV 随 PUWU 作用时间的增加呈降低的趋势，但是在 PUWU 作用时间达到最佳值之后，SV 不再随 PUWU 作用时间的增加而减小，反而呈上升趋势。同理，SV 随高铁酸钾试剂投加量的增加在一定范围内呈下降趋势，超过此范围后 SV 将会回升。

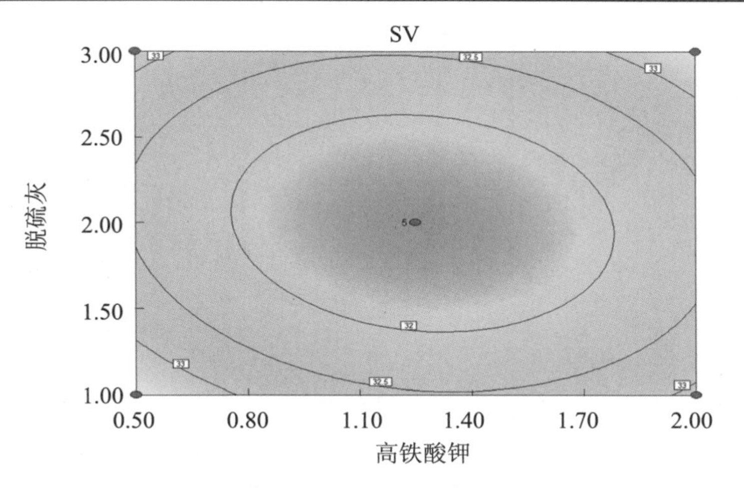

图 3.28　SV 等高线图

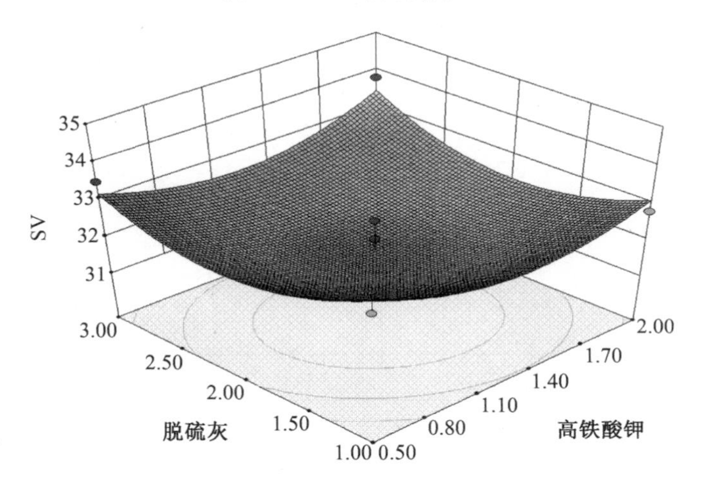

图 3.29　SV 响应曲面

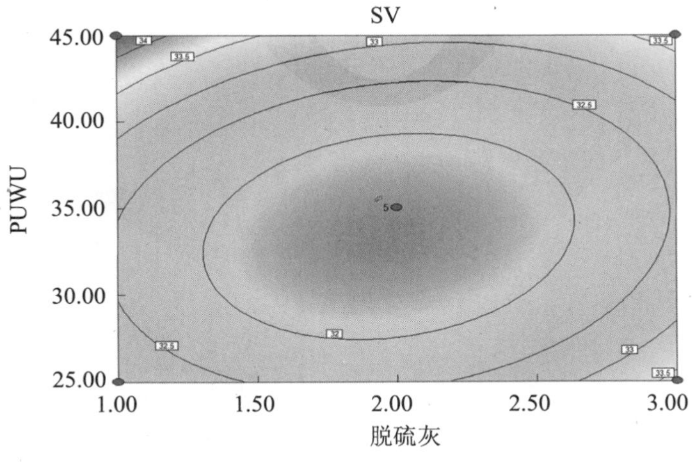

图 3.30　SV 等高线图

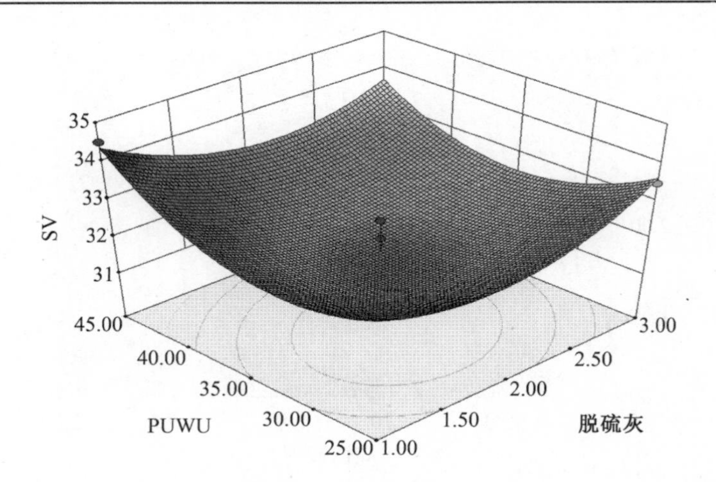

图 3.31　SV 响应曲面

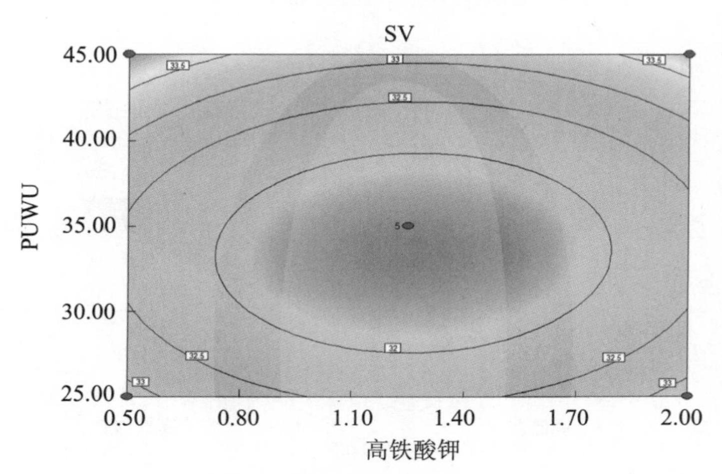

图 3.32　SV 等高线图

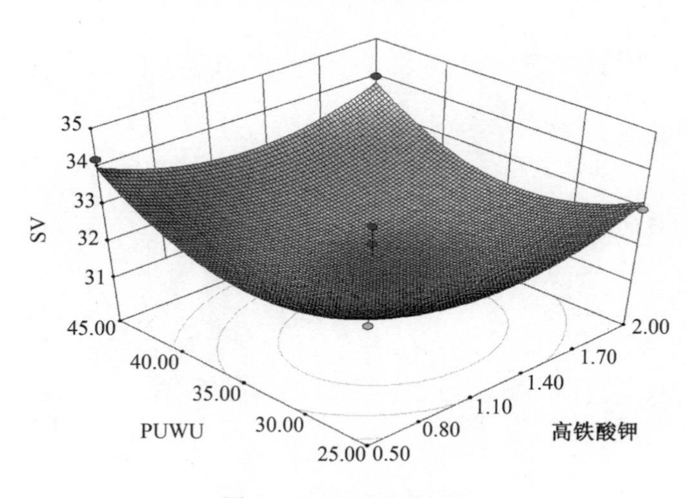

图 3.33　SV 响应曲面

3. 污泥离心上清液浊度响应曲面图与参数优化

图 3.34 和图 3.35 所示为 PUWU 作用时间为 35 s 时，高铁酸钾试剂和脱硫灰投加量对污泥离心上清液浊度的影响。从图中能明显看出，在高铁酸钾试剂投加量最佳值之前的一定范围内，浊度随高铁酸钾试剂投加量的增加呈降低的趋势，但是在高铁酸钾试剂投加量达到最佳值之后，浊度不再随高铁酸钾试剂投加量的增加而减小，反而呈上升趋势。同理，浊度随脱硫灰投加量的增加在一定范围内呈下降趋势，超过此范围后浊度将会回升。

图 3.36 和图 3.37 所示为高铁酸钾试剂投加量为 1.25 mL/100 mL 时，PUWU 作用时间和脱硫灰投加量对浊度的影响。从图中能明显看出，在 PUWU 作用时间最佳值之前的一定范围内，浊度随 PUWU 作用时间的增加呈降低的趋势，但是在 PUWU 作用时间达到最佳值之后，浊度不再随 PUWU 作用时间的增加而减小，反而呈上升趋势。同理，浊度随脱硫灰投加量的增加在一定范围内呈下降趋势，超过此范围后浊度将会回升。

图 3.38 和图 3.39 所示为脱硫灰投加量为 2 g/100 mL 时，PUWU 作用时间和高铁酸钾试剂投加量对浊度的影响。从图中能明显看出，在 PUWU 作用时间最佳值之前的一定范围内，浊度随 PUWU 作用时间的增加呈降低的趋势，但是在 PUWU 作用时间达到最佳值之后，浊度不再随 PUWU 作用时间的增加而减小，反而呈上升趋势。同理，浊度随高铁酸钾试剂投加量的增加在一定范围内呈下降趋势，超过此范围后浊度将会回升。

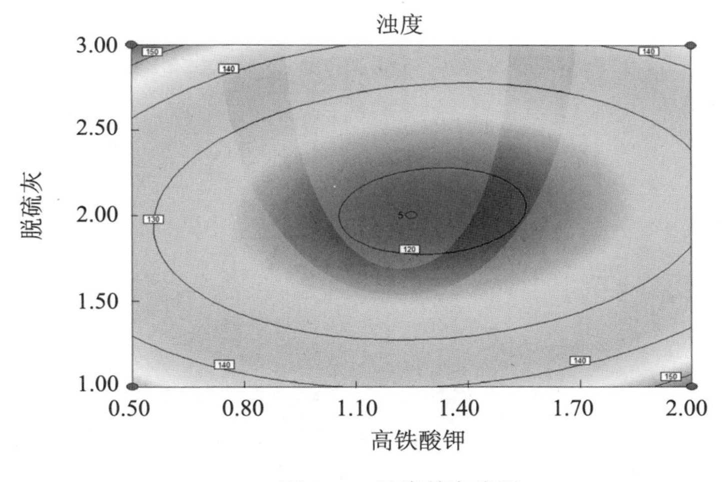

图 3.34　浊度等高线图

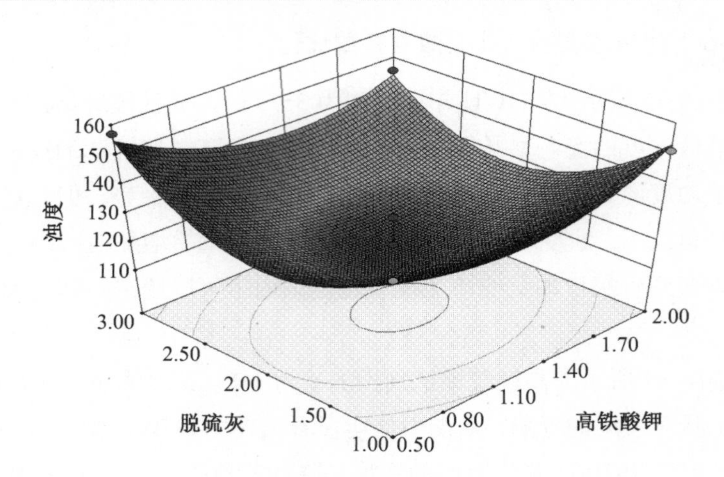

图 3.35　浊度响应曲面

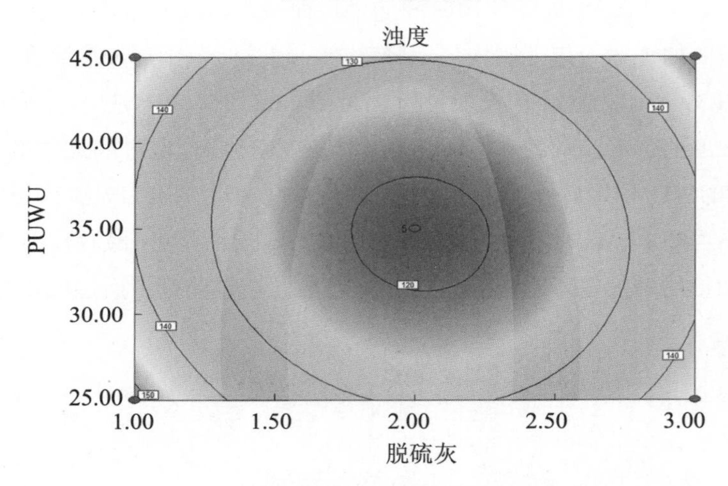

图 3.36　浊度等高线图

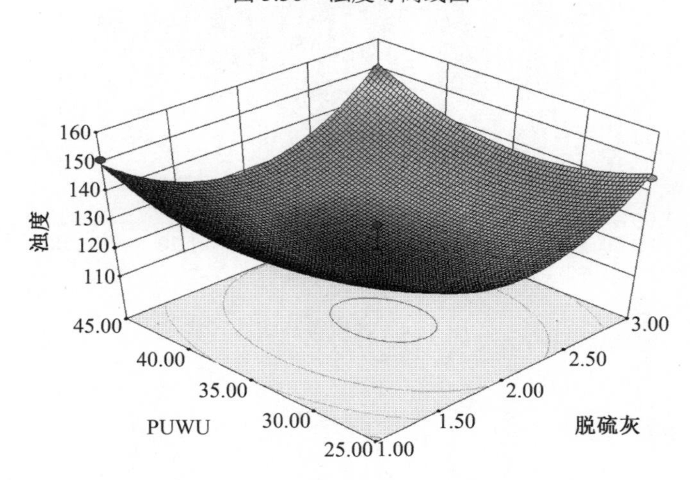

图 3.37　浊度响应曲面

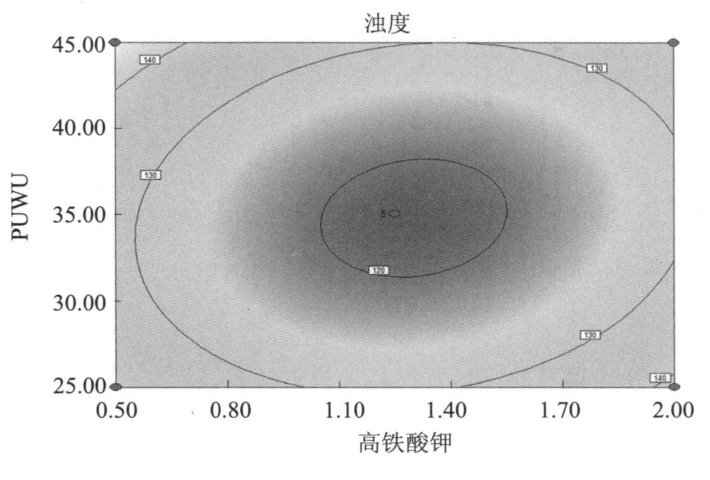

图 3.38　浊度等高线图

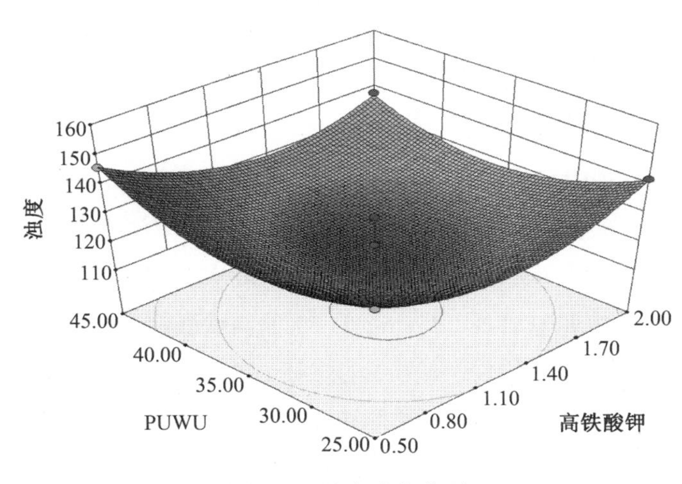

图 3.39　浊度响应曲面

利用 Mathematical 7.0 软件结合 CST 的三元二次方程模型，求得在变量 X_1=0.223、X_2=0.014、X_3=0.314 时取得模型最小值，然后将模型变量 X_1、X_2、X_3 的对应的值代入 CST 的回归方程模型，得出毛细吸水时间为 30.6 s，在此最佳条件下得到 PUWU、高铁酸钾试剂和脱硫灰的处理时间和投加量分别为 34.8 s、1.27 mL/100 mL 和 2.3 g/100 mL。应用软件 Mathematical 7.0 软件结合污泥沉降比的三元二次方程模型，求得在变量 X_1= −0.072、X_2=0.168、X_3=0.107 时取得最小值，再将污泥沉降比模型变量 X_1、X_2、X_3 的值代入污泥沉降比的回归方程中，得出对应条件下污泥沉降比为 23.3%，对应的 PUWU、高铁酸钾试剂和脱硫灰的处理时间和投加量分别为 34.2 s、1.21 mL/100 mL 和 1.8 g/100 mL。

应用软件 Mathematical 7.0 软件结合污泥离心上清液浊度的三元二次方程模型，求得在变量 X_1=0.147、X_2=0.209、X_3=0.113 时取得最小值，再将污泥离心上清液浊度模型变量 X_1、X_2、X_3 的值代入污泥离心沉降比的回归方程中，得出对应条件下污泥离心上清液浊度为 112 NTU。

对应的 PUWU、高铁酸钾试剂和脱硫灰的处理时间和投加量分别为 35.7 s、1.31 mL/100 mL 和 2.5 g/100 mL。综合考虑实际的经济因素和处理效果以及实验难度，最终选取 PUWU、高铁酸钾试剂和脱硫灰的处理时间和投加量分别为 35 s、1.25 mL/100 mL 和 2 g/100 mL。

3. 2. 4　多因素最佳值实验验证

通过 Design-Expert 8.0 软件求得三元二次方程组各系数，然后在经过毛细吸水时间、污泥沉降比和污泥离心上清液浊度的方差分析后，得到 PUWU 的最佳作用时间为 35 s，高铁酸钾试剂和脱硫灰的最佳投加量分别为 1.25 mL/100 mL 和 2 g/100 mL。在此最佳条件下，仍将毛细吸水时间、污泥沉降比和污泥离心上清液浊度作为实验指标进行结果验证，并通过污泥热重分析、粒径分析和光学显微镜分析加以佐证。

1. 污泥毛细吸水时间结果验证

实验中取 5 个相同规格的烧杯，分别编号为 1、2、3、4、5，然后在每个烧杯中分别加入 100 mL 污泥样本，对编号 1 的烧杯不做处理，将其作为对照组；将编号 2 的烧杯中的污泥放入 PUWU 工作站中处理 35 s（微波功率 540 W，超声波功率 3 W，紫外线作用时间 30 s）；编号 3 的烧杯中加入 1.25 mL 的 5%的高铁酸钾试剂并搅拌均匀；编号 4 的烧杯中加入 2 g 脱硫灰并搅拌均匀；编号 5 的烧杯中的污泥先在 PUWU 作用下处理 35 s，再分别加入 1.25 mL 的 5%的高铁酸钾试剂和 2 g 脱硫灰并搅拌均匀，待各烧杯中的污泥静置足够时间后，开始进行实验并记录实验结果及数据。实验结果如图 3.40 所示。

原污泥、PUWU 处理后的污泥、加入高铁酸钾试剂后的污泥、加入脱硫灰后的污泥以及 PUWU、高铁酸钾和脱硫灰耦合调理后的污泥的 CST 分别为 45.7 s、36.8 s、30.4 s、32.6 s、26.3 s。此实验结果表明污泥的 CST 在 PUWU 作用时间、高铁酸钾试剂和脱硫灰在投加量分别为 35 s、1.25 mL/100 mL 和 2 g/100 mL 的条件下最小，即 CST 的最佳值为 26.3 s。

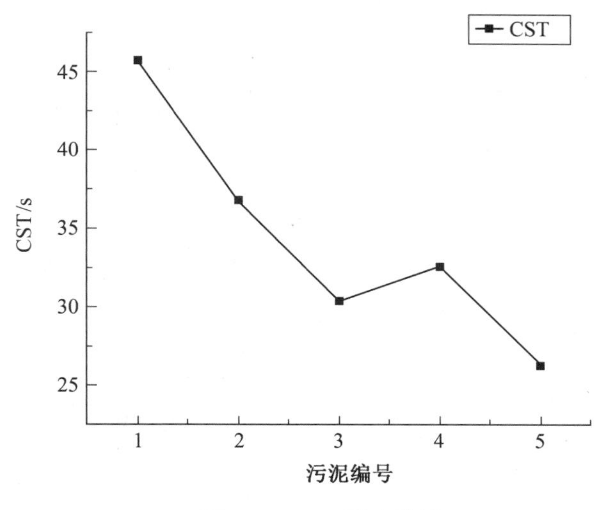

图 3.40　CST 测定结果

2. 污泥沉降比结果验证

实验中取 5 个相同规格的烧杯，分别编号为 1、2、3、4、5，然后在每个烧杯中分别加入 100 mL 污泥样本，对编号 1 的烧杯不做处理，将其作为对照组；将编号 2 的烧杯中的污泥放入 PUWU 工作站中处理 35 s（微波功率 540 W，超声波功率 3 W，紫外线作用时间 30 s）；编号 3 的烧杯中加入 1.25 mL 的 5%的高铁酸钾试剂并搅拌均匀；编号 4 的烧杯中加入 2 g 脱硫灰并搅拌均匀；编号 5 的烧杯中的污泥先在 PUWU 作用下处理 35 s，再分别加入 1.25 mL 的 5%的高铁酸钾试剂和 2 g 脱硫灰并搅拌均匀，待各烧杯中的污泥静置足够时间后，开始进行实验并记录实验结果及数据。

实验结果如图 3.41 所示。

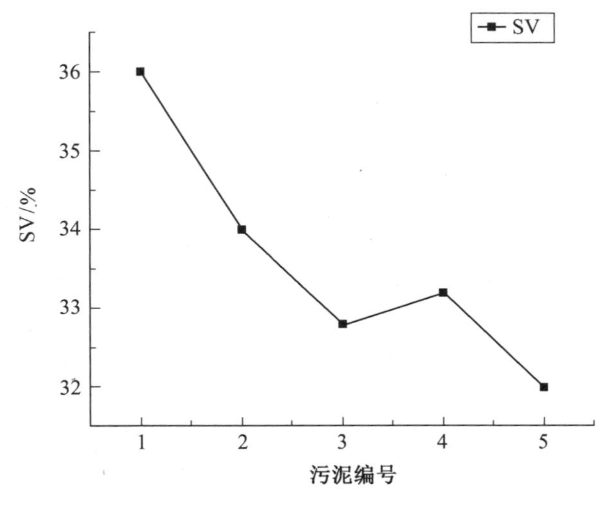

图 3.41　SV 测定结果

原污泥、PUWU 处理后的污泥、加入高铁酸钾试剂后的污泥、加入脱硫灰后的污泥以及 PUWU、高铁酸钾和脱硫灰耦合调理后的污泥的 SV 分别为 36%、34%、32.8%、33.2%、32%。此实验结果表明污泥的 SV 在 PUWU 作用时间、高铁酸钾试剂和脱硫灰在投加量分别为 35 s、1.25 mL/100 mL 和 2 g/100 mL 的条件下最小，即 SV 的最佳值为 32%。

3. 污泥离心上清液浊度结果验证

对污泥沉降比结果验证实验中编号分别为 1、2、3、4、5 的烧杯中污泥离心后的上清液进行浊度的测定并记录实验结果及数据。实验结果如图 3.42 所示。

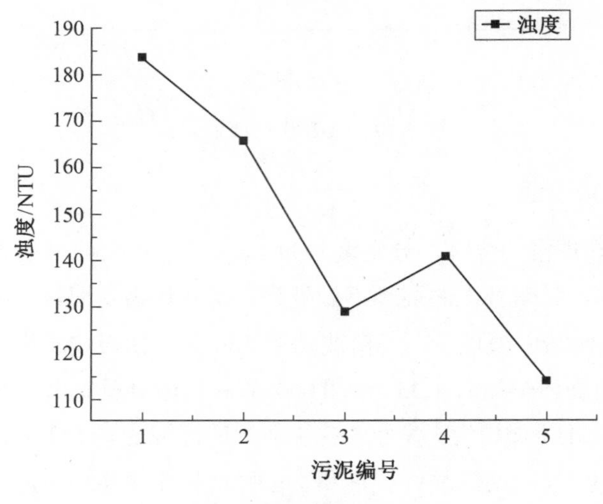

图 3.42　浊度测定结果

原污泥、PUWU 作用处理后的污泥、加入高铁酸钾试剂后的污泥、加入脱硫灰后的污泥以及 PUWU、高铁酸钾和脱硫灰耦合调理污泥离心后的上清液浊度分别为 184 NTU、166 NTU、129 NTU、141 NTU、114 NTU。结果表明污泥离心后的上清液浊度在 PUWU 作用时间、高铁酸钾试剂和脱硫灰在投加量分别为 35 s、1.25 mL/100 mL 和 2 g/100 mL 的条件下最小，即污泥离心上清液浊度的最佳值为 114 NTU。

4. 污泥光学显微镜分析

通过实验室的光学显微镜分别对原污泥和 PUWU、高铁酸钾和脱硫灰耦合调理后的污泥进行观察并对其结构变化进行分析。其变化如图 3.43 和图 3.44 所示。

可以看出，原污泥表面结合比较密实，说明其透水性较差，即原污泥的脱水性能较差。PUWU、高铁酸钾和脱硫灰耦合调理后的污泥表面比较松散，表面空隙率较高，其污泥脱水性能较好。这是因为原污泥表面的 EPS 在 PUWU 作用下被破坏，高铁酸钾又是强氧化剂，亦可对原污泥表面的 EPS 产生瓦解作用，且兼具杀灭部分微生物的作用，而脱硫灰作为骨架构建体，为泥水分离提供通道，使污泥颗粒中的水分容易滤出。PUWU、高铁酸钾和脱硫灰耦合后对原污泥的理化性质产生影响，污泥颗粒由松散到密实，从而减弱污泥表面的亲水性，易于将水分从污泥中滤出。通过光学显微镜的观察和分析，PUWU、高铁酸钾和脱硫灰耦合能显著改善污泥的脱水性能。

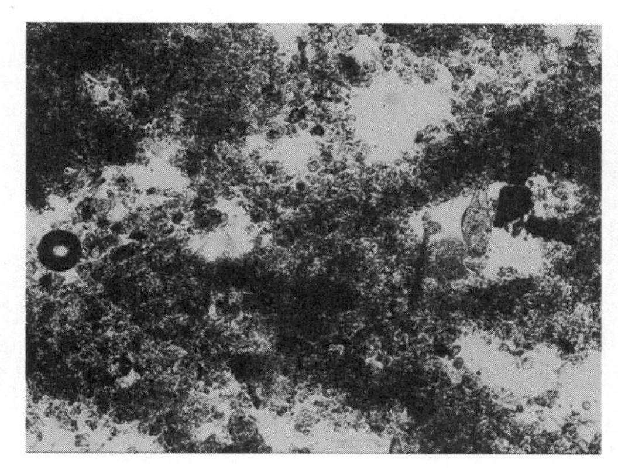

图 3.43　处理前的原污泥

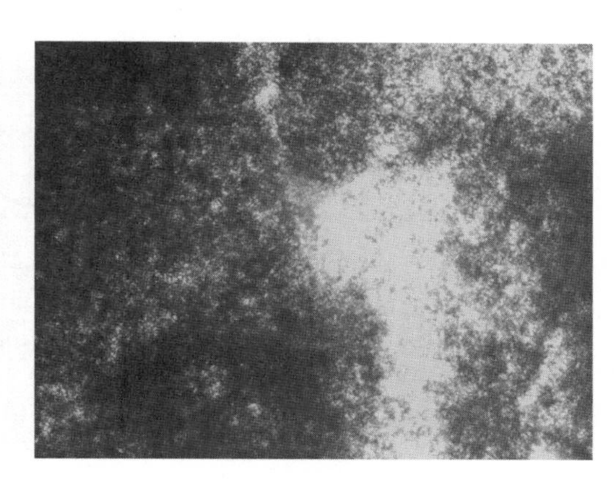

图 3.44　三因素耦合调理后的污泥

5. 污泥颗粒粒径分析

对原污泥和 PUWU、高铁酸钾和脱硫灰最佳条件耦合调理后的污泥的颗粒尺寸分布情况进行分析。结果如图 3.45 和图 3.46 所示。

实验数据显示，原污泥的表面积平均粒径是 20.197 μm，体积平均粒径是 61.933 μm，遮光度是 7.80%，一致性是 1.08，经调理后的污泥的表面积平均粒径是 19.696 μm，体积平均粒径是 52.518 μm ，遮光度是 9.62%，一致性是 0.819，原污泥经调理后各项参数均得到改善。通过综合分析可知，污泥的絮体破碎后形成众多微小的聚集体，粒径也随之变小。污泥粒径的颗粒分析结果显示出，PUWU、高铁酸钾和脱硫灰耦合调理污泥使其脱水性能得到了有效的改善。

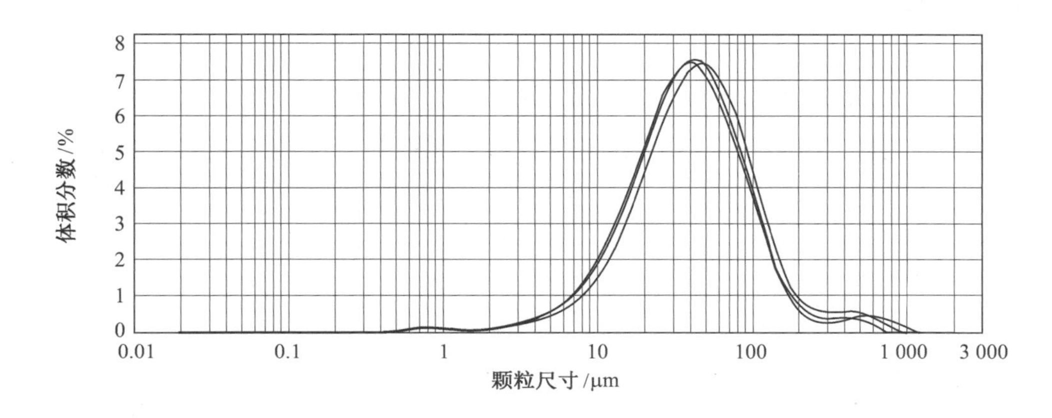

图 3.45　原污泥粒径分析

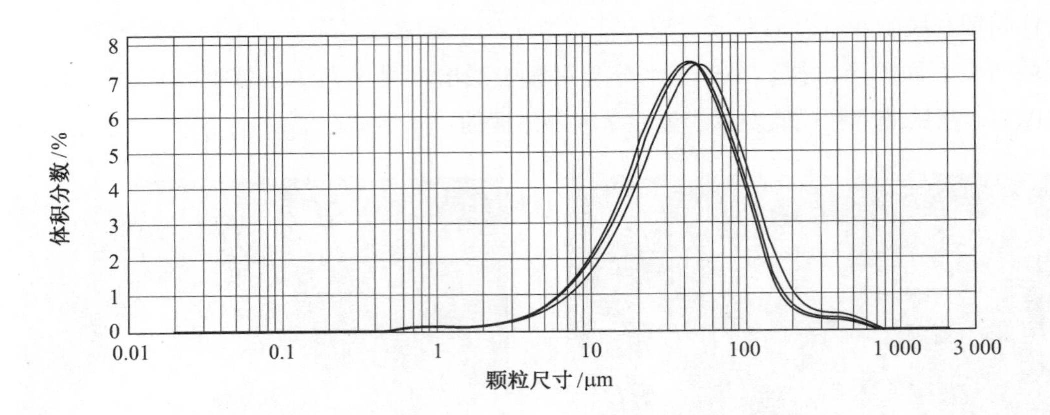

图 3.46　调理后污泥粒径分析

6. 电镜观察结果分析

原污泥和 PUWU、高铁酸钾和脱硫灰最佳条件耦合调理后的污泥通过电镜放大后的结果如图 3.47 和图 3.48 所示。

图 3.47　原污泥电镜扫描图

图 3.48　调理后污泥电镜扫描图

可以看出，原污泥的颗粒结构松散，表面不规则程度较大，空隙率较高，间隙水和吸附水聚集于其中不利于水分脱除。经 PUWU、高铁酸钾和脱硫灰的耦合调理后，污泥颗粒结构变的更加致密，形成了连续的表面，空隙率降低，固体排列紧密，有利于水分滤出。污泥电镜观察分析结果显示出，PUWU、高铁酸钾和脱硫灰耦合调理污泥使其脱水性能得到了有效的改善。

3.3　本章小结

通过各单因素实验以及 Origin 2017 软件的应用，能够得出单因素改善原污泥脱水性能的最佳范围值，又通过对 Design-Expert 8.0 软件导出的 3D 图、方差以及拟合方程进行分析，最终得到 PUWU、高铁酸钾和脱硫灰耦合调理污泥脱水性能的最优范围值，将毛细吸水时间、污泥沉降比和污泥离心上清液浊度作为验证指标，得到以下结论：

（1）PUWU（微波功率 540 W、超声波功率 3 W、紫外线处理时间 30 s）、高铁酸钾和脱硫灰耦合调理对污泥脱水性能的改善具有显著作用，且 PUWU、高铁酸钾和脱硫灰调理污泥的最佳时间、最佳投加量范围分别为 34～36 s、0.01～0.05 g/gSS、0.4～1.2 g/gSS。

（2）通过 Design-Expert 8.0 软件得到的二次响应曲面建立了毛细吸水时间、污泥沉降比和污泥离心上清液浊度的模型，通过 *F* 值和 *P* 值等各参数可以看出其拟合程度较高，该实验的误差较小，可用得到的方程模型预测不同 PUWU 处理时间和不同高铁酸钾试剂和脱硫灰投加量下的毛细吸水时间、污泥沉降比和污泥离心上清液浊度。

（3）通过系统验证实验，在 PUWU（微波功率 540 W、超声波功率 3 W、紫外线处理时间 30 s）作用时间、高铁酸钾和脱硫灰投加量分别为 35s、0.025 g/gSS、0.8 g/gSS 的条件下进行验证，实验结果：毛细吸水时间为 26.3 s，污泥沉降比为 32%，污泥离心上清液浊度为 114 NTU，脱水性能明显优于原污泥。

（4）对污泥进行光学显微镜分析，原污泥表面结合比较密实，说明其透水性较差，即原污泥的脱水性能较差。PUWU、高铁酸钾和脱硫灰耦合调理后的污泥表面比较松散，表面空隙率较高，其污泥脱水性能较好，说明污泥通过 PUWU、高铁酸钾及脱硫灰耦合调理后，污泥脱水性能得到改善。

（5）粒径分析结果显示，通过综合分析可知，污泥的絮体破碎后形成众多微小的聚集体，粒径也随之变小。污泥粒径的颗粒分析结果显示出，PUWU、高铁酸钾和脱硫灰耦合调理污泥使其脱水性能得到了有效的改善。

（6）电镜分析结果显示，原污泥的结构松散，表面不规则程度较大，空隙率较高，间隙水和吸附水聚集于其中不利于水分脱除。经 PUWU、高铁酸钾和脱硫灰的耦合调理后，污泥结构更加致密，形成了连续的表面，空隙率降低，固体排列紧密，有利于水分滤出。污泥电镜观察分析结果显示出，PUWU、高铁酸钾和脱硫灰耦合调理污泥使其脱水性能得到了有效的改善。

参考文献

[1] 戴晓虎. 城镇污水处理厂污泥稳定化处理的必要性和迫切性的思考[J]. 给水排水，2017，53(12)：1-5.

[2] EUAN W L，HOWARD A C. Reducing production of excess biomass during wastewater treatment[J]. Water Research，1999，33(5)：1119-1132.

[3] 蔺舒，白向玉，周磊，等. 低声能密度超声波破解污泥的效果研究[J]. 环境污染与防治，2015，37(02)：78-82.

[4] 曹秉帝，张伟军，王东升，等. 污泥絮凝调理对絮体理化性质的影响机制研究[J]. 环境污染与防治，2016，38(02)：29-33,39.

[5] 覃银红，易艳，王兰亭，等. 剩余污泥发酵沼渣成分分析及脱水性能研究[J]. 环境污染与防治，2016，38(08)：36-38,43.

[6] 杨安琪，杨光，张光明，等. 污泥厌氧消化中新型污染物去除的研究进展[J]. 环境污染与防治，2016，38(03)：82-89.

[7] 刘昌庚，张盼月，蒋娇娇，等. 生物沥浸耦合类 Fenton 氧化调理城市污泥[J]. 环境科学，2015，36(01)：333-337.

[8] GUO-PING S，HAN-QING Y，XIAO-YAN L. Extracellular polymeric substances (EPS) of microbial aggregates in biological wastewater treatment systems：a review[J]. Biotechnology Advances，2010，28(6)：882-894.

[9] YING QI，KHAGENDRA B T，ANDREW F A H. Application of filtration aids for improving sludge dewatering properties-a review[J]. Chemical Engineering Journal，2011，171(2)：373-384.

[10] NEYENS E，JAN B，RAF D，et al. Advanced sludge treatment affects extracellular polymeric substances to improve activated sludge dewatering[J]. Journal of Hazardous Materials，2003，106(2)：83-92.

[11] 贾艳宗，马沛生，王彦飞. 微波在酸化和水解反应中的应用[J]. 化工进展，2004，23(6)：641-645.

[12] 李延吉，李润东，冯磊，等. 基于微波辐射研究城市污水污泥脱水特性[J]. 环境科学研究，2009，22(05)：544-548.

[13] 梁波，陈海琴，关杰. 超声波预处理城市剩余污泥脱水性能研究进展[J]. 工业用水与废水，2017，48(04)：1-6.

[14] 冀海壮，叶芬霞. 高铁酸钾预处理对活性污泥脱水性能的影响[J]. 环境工程学报，2012，6(08)：2837-2840.

[15] FENXIA Y，HAIZHUANG J，YANGFANG Y. Effect of potassium ferrate on disintegration of waste activated sludge (WAS)[J]. Journal of Hazardous Materials，2012：219-220.

[16] 曹秉帝，张伟军，王东升，等. 高铁酸钾调理改善活性污泥脱水性能的反应机制研究[J]. 环境科学学报，2015，35(12)：3805-3814.

[17] WEIJUN Z，BINGDI C，DONGSHENG W，et al. Variations in distribution and composition of extracellular polymeric substances (EPS) of biological sludge under

potassium ferrate conditioning：effects of pH and ferrate dosage[J]. Biochemical Engineering Journal,2016,106:37-47.

[18] 陈巍，邢奕，陈月，等. O_3-脱硫灰-$FeCl_3$ 联合调理对污泥脱水性能的影响[J].环境工程，2016，34(03)：121-127.

第4章　PUWU+过硫酸钾+石灰破解重组污泥影响脱水性能研究

4.1　实验材料与方法

4.1.1　污泥性质、实验药品及仪器

实验样品取自南阳市污水处理厂回流污泥，样品取回后静置 48 h，然后使用吸耳球和胶管去掉上清液，摇晃均匀备用。实验药品包括石灰和过硫酸钾。原始污泥基本性质见表 4.1，实验药品见表 4.2，取样现场如图 4.1 所示。

表 4.1　实验污泥的性质

参数	数值
SRF/（$m\cdot kg^{-1}$）	4.43×10^{13}
CST/s	81.12
泥饼含水率/%	82.29
动力黏度/（Pa·s）	2.0
离心沉降比/%	43.5
上清液浊度/NTU	75.5

表 4.2　实验药品

编号	药品性质	药品名称
1	氧化剂	过硫酸钾（质量分数为 5%）
2	絮凝剂	石灰

图 4.1　污泥取样现场

4.1.2　实验的主要仪器

实验过程中使用到的主要仪器见表 4.3，部分仪器图片如图 4.2～4.4 所示。

表 4.3　实验主要仪器

序号	实验项目	仪器名称
1	PUWU 处理污泥	XO-SM100 超声波微波协同工作站
2	离心沉降比/%	80-2 电动离心机
3	污泥比阻/（$m\cdot kg^{-1}$）	污泥比阻实验装置
4	黏度/（mPa·s）	SNB-1 旋转黏度计
5	含水率/%	卤素水分测定仪
6	毛细吸水时间/s	DP123542 毛细吸水时间测定仪
7	上清液浊度/NTU	HT93703-11 便携式浊度测定仪
8	质量称量/g	FA2004B 电子天平
9	污泥光学显微镜实验	光学显微镜

图 4.2　超声波微波协同工作站

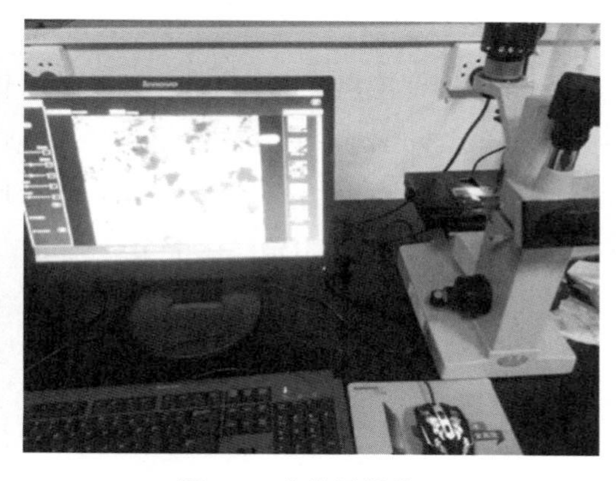

图 4.3　光学显微镜

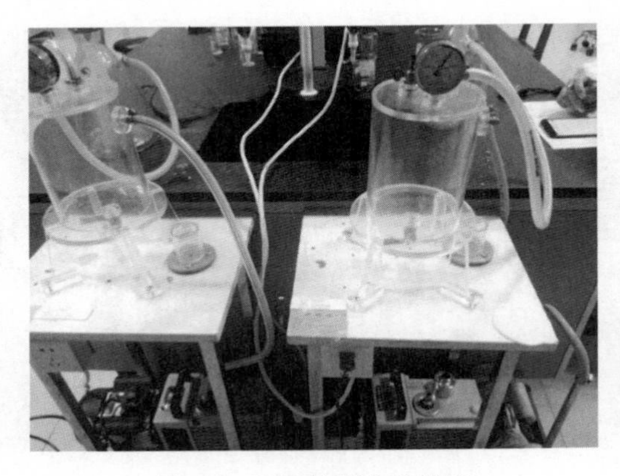

图 4.4　污泥比阻实验装置

4.1.3　实验过程

实验过程分为 4 个阶段。①实验准备阶段；②PUWU 等单因素实验阶段；③PUWU+过硫酸钾+石灰三因素耦合实验阶段；④验证实验阶段。

（1）实验准备阶段。在实验前对实验室进行参观熟悉，进行安全教育，确保实验过程的安全进行；然后查看相关文献，明确目的，进行污泥取样及药品配置，规划实验流程。实验流程如图 4.5 所示。

（2）单因素实验阶段。先查阅文献了解各因素处理污泥的最佳范围，依次对 PUWU、过硫酸钾和石灰进行实验，以 CST、离心沉降比和上清液浊度等为指标，通过 Origin 8.0 软件确定各个因素的最佳值。

（3）PUWU+过硫酸钾+石灰三因素耦合实验阶段。由单因素实验结果和 Origin 8.0 软件确定出最佳范围，通过 Design-Expert 8.0 软件及 Box-Behnken 实验设计的要求确定三因素耦合的 17 组实验内容，并按其要求分别进行实验，得出实验结果后再利用 Design-Expert 8.0 软件，以曲面响应优化的方法得出二次多项的拟合方程、方差分析及曲面响应优化结果。

（4）验证实验阶段。根据响应曲面优化结果及相应的三元二次方程模型，利用 Mathematical software 10.3 软件得到最佳耦合实验条件，在最佳耦合实验条件下进行实验，以 CST、离心沉降比作为表征指标，进行反复实验并分析，验证最佳耦合实验条件的准确性。最后进行扫描电镜、激光粒度辅助验证实验，进一步确定实验的准确性。

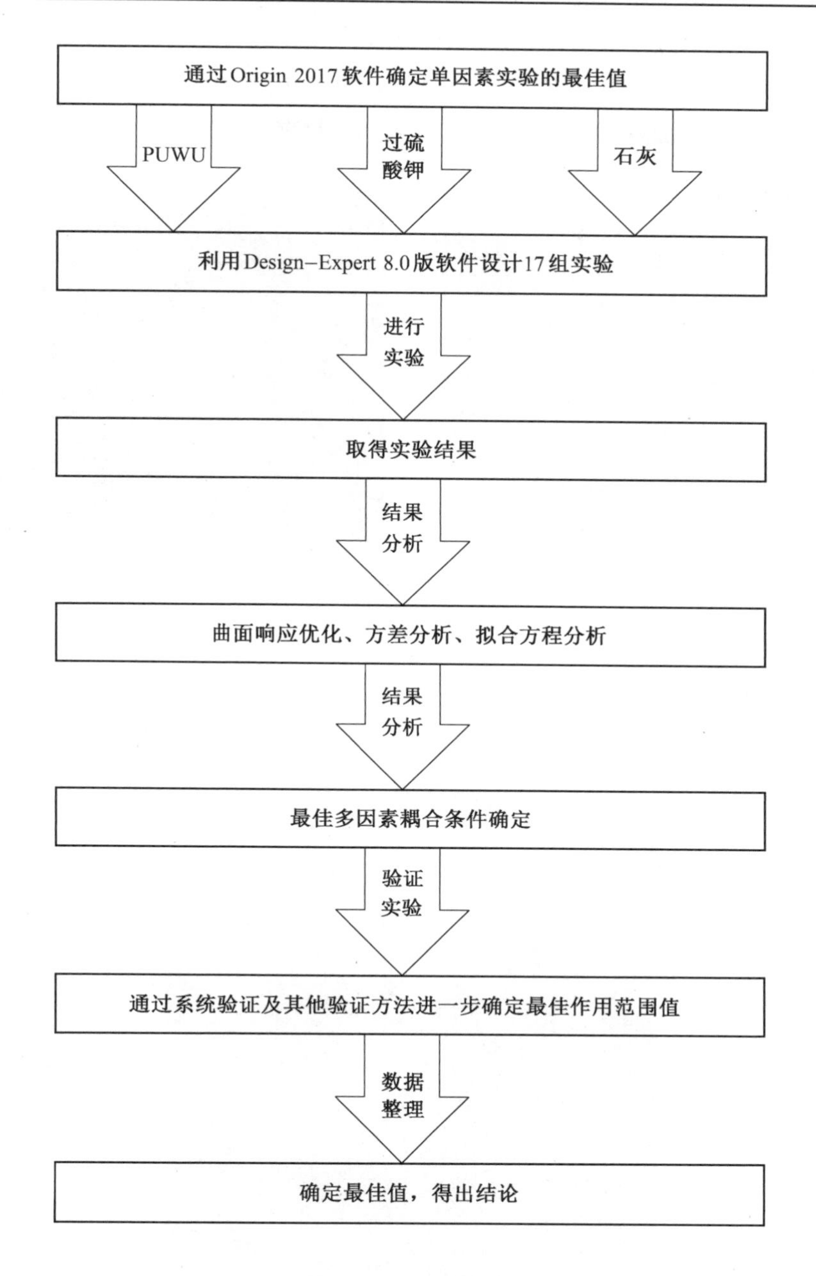

图 4.5　实验流程图

4.1.4　实验指标分析方法

1. 污泥比阻（SRF）测定

污泥比阻是反映污泥脱水性能好坏的重要指标，SRF 越大其污泥脱水性能越差。具体操作步骤如下：准备待测污泥 100 mL 于烧杯中，取一张定性滤纸，按照布氏漏斗的尺寸裁剪为一个圆形，将裁剪好的滤纸放入布氏漏斗中，将准备好的待测污泥缓缓倒入布氏漏斗中，打开真空泵，将压力值调到 0.3 MPa，观察记录实验数据。抽滤后将滤液进行动力黏度测定。抽滤实验装置如图 4.6 所示，动力黏度测定装置如图 4.7 所示。

图 4.6　污泥比阻测定

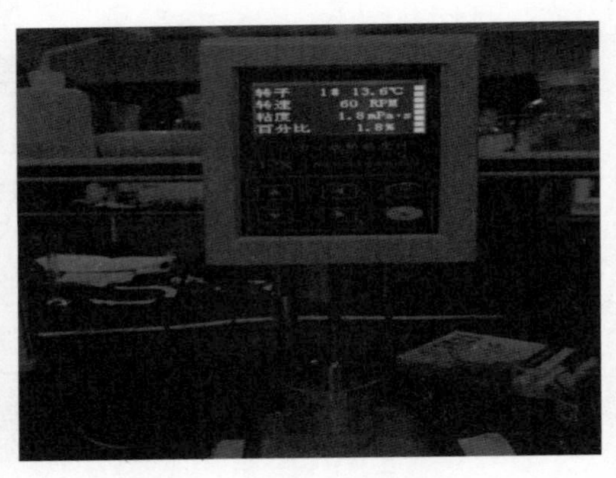

图 4.7　污泥动力黏度测定

2. 污泥毛细吸水时间（CST）的测定

取待测污泥于烧杯中，将 CST 测定仪打开，把滤纸平铺于感应器下，然后放入不锈钢套筒，打开测试按钮，将待测污泥缓缓倒入不锈钢套筒中，等污泥没过水位线时停止倒入污泥。第一次响声代表开始计数，第二次响声表示测试结束，记录实验数据即可。实验操作如图 4.8 所示。

图 4.8　污泥的 CST 测定

3. 污泥滤饼含水率（WC）的测定

将抽滤后的泥饼取 3～5 g 放入卤素水分测定仪中，打开测试按钮，等待半小时左右，即可得到测定结果。具体操作如图 4.9 所示。

图 4.9　滤饼的含水率测定

4. 污泥离心沉降比（SV）测定

取待测污泥于烧杯中，摇晃均匀后缓缓倒入离心管中，待污泥达到离心管 10 mL 刻度线时停止倒入，将离心管放入离心机进行测定。离心后取上清液于浊度仪中进行浊度测定。具体操作如图 4.10 和图 4.11 所示。

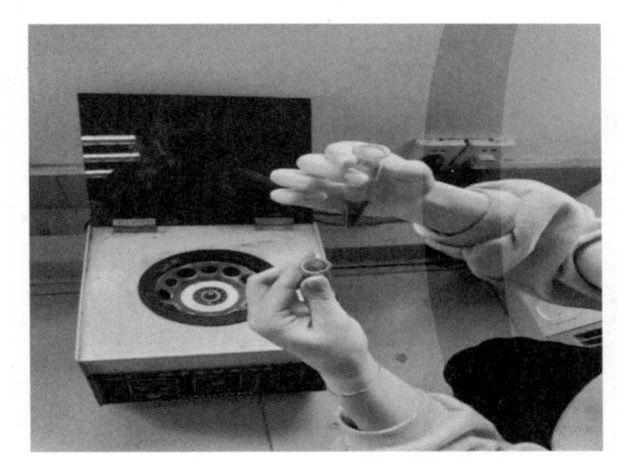

图 4.10　离心处理

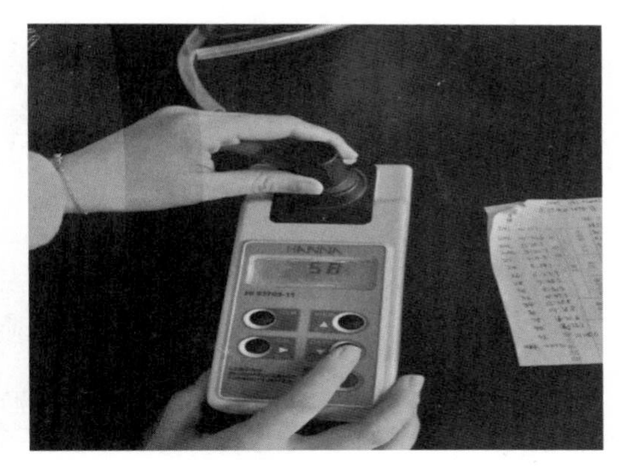

图 4.11　浊度测定

5. 污泥光学显微镜观察

取待测污泥于烧杯中，用玻璃棒蘸取一点于载玻片上，取盖玻片盖好放在光学显微镜下进行观察。具体操作如图 4.12 所示。

6. 污泥电镜分析

取两份 100 mL 污泥置于 250 mL 烧杯中，一份不做处理，另一份将污泥在 PUWU（23 s）、过硫酸钾（10 mL/100 mL 即 166.6 mg/g）协同石灰（1 g/100 mL 即 333.3 mg/g）三因素耦合条件下调理后，利用离心机将两组污泥离心后取底层污泥，取 5～10 g 污泥作为样品外送到长沙 e 测试进行 SEM 扫描分析。

图 4.12　污泥光学显微镜分析

7. 污泥粒径分析

取两份 100 mL 污泥置于 250 mL 烧杯中，一份原始污泥，另一份将污泥在 PUWU（23 s）、过硫酸钾（10 mL/100 mL 即 166.6 mg/g）协同石灰（1 g/100 mL 即 333.3 mg/g）三因素耦合条件下调理后，利用离心机将两组污泥离心后取底层污泥放入烘箱中，在 105 ℃的条件下烘干，研磨成粉，取 5～10 g 污泥外送到长沙 e 测试进行污泥粒径分析。

4.2　单因素实验及结果分析

4.2.1　单因素实验

单因素实验的目的是找到各个因素单独使用时的最佳值。先通过文献得知各个因素的最佳适用范围，然后通过实验，以 CST、上清液浊度和离心沉降比（SV）等作为评价指标，用 Origin 8.0 软件作出实验数据图，最后对结果进行分析，得出最佳值。

1. PUWU 改善污泥脱水性能

超声波实验过程：先取 5 个 250 mL 的烧杯，分别注入 100 mL 原污泥，依次编号为 1、2、3、4、5，然后放入超声波细胞破碎仪（10 W）中进行不同时间的处理，最后对处理后的污泥进行指标测定。

图 4.13 所示为超声波对污泥 CST 的影响。由图 4.13 可知，CST 随着超声波处理时间的增加快速减少，在超声波处理时间为 3 s 时取得最小值 42.78 s，随后随着超声波处理时间的增加而增加；CST 减少率的变化趋势与 CST 相反，在超声波处理时间为 3 s 时，CST 减少率取得最大值 47.3%。

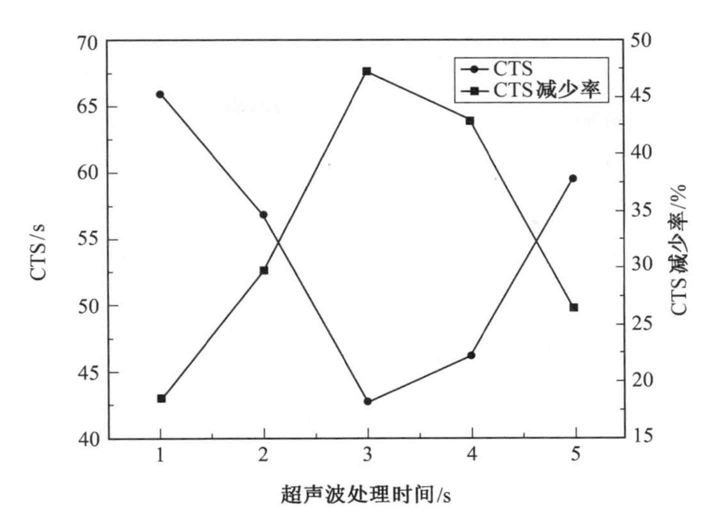

图 4.13 超声波对污泥 CST 的影响

图 4.14 所示为超声波对污泥上清液浊度的影响。

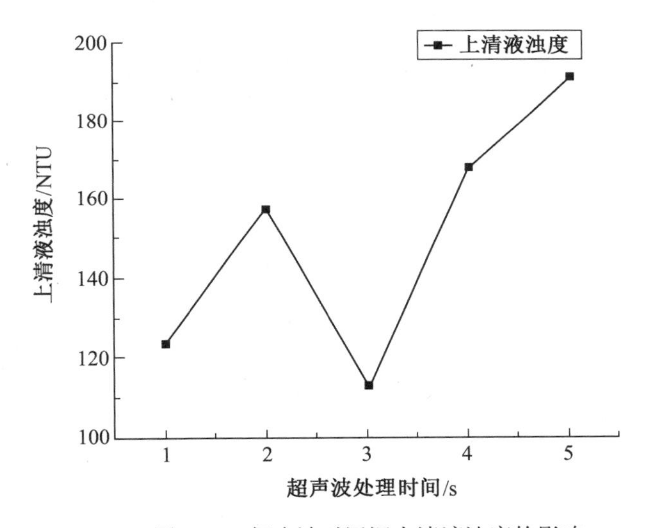

图 4.14 超声波对污泥上清液浊度的影响

由图 4.14 可知，上清液浊度随着超声波处理时间的增加先增加后减少，在超声波处理时间为 3 s 时取得最小值 113 NTU，随后随着超声波处理时间的增加而急剧增大。

图 4.15 所示为超声波对污泥离心沉降比的影响。

由图 4.15 可知，离心沉降比（SV）随着超声波处理时间的增加快速减少，在超声波处理时间为 3 s 时取得最小值 32.5%，随后随着超声波处理时间的增加而急剧增大；离心沉降比减少率的变化趋势与离心沉降比相反，在超声波处理时间为 3 s 时，离心沉降比减少率取得最大值 25.3%。

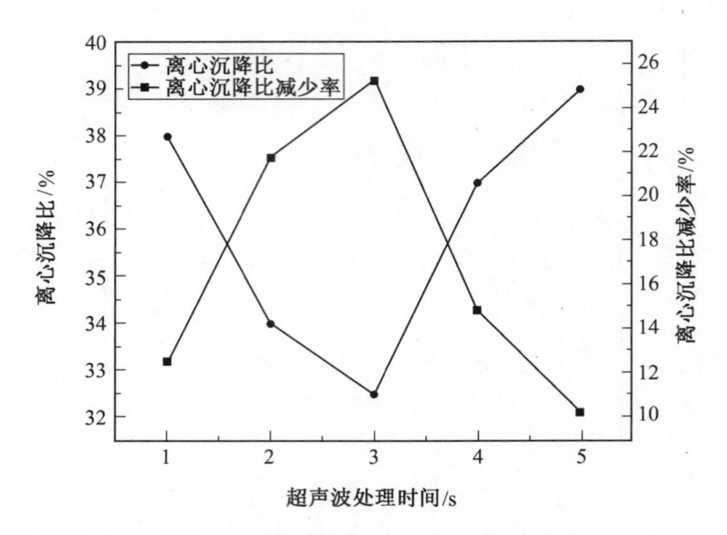

图 4.15　超声波对污泥离心沉降比的影响

综上所述，超声波的最佳作用时间为 3 s。

微波实验过程：先取 5 个 250 mL 的烧杯，分别注入 100 mL 原污泥，依次编号为 1、2、3、4、5，然后放入家用微波炉（800 W）中进行不同时间的处理，最后对处理后的污泥进行指标测定。

图 4.16 所示为微波对污泥 CST 的影响。

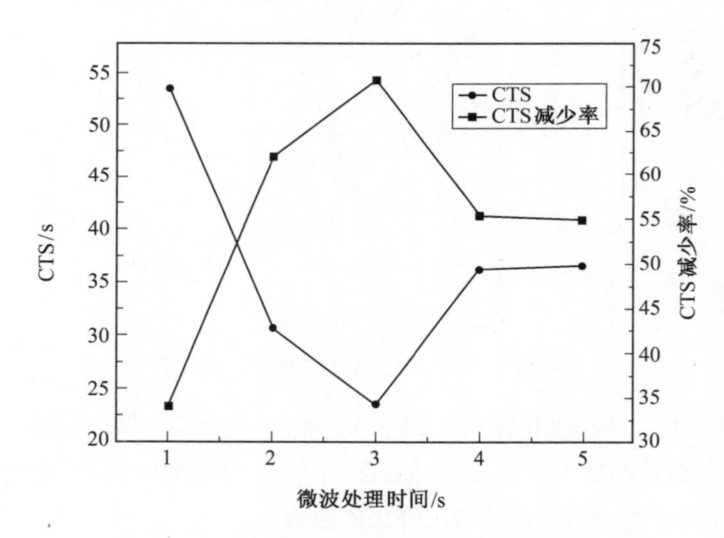

图 4.16　微波对污泥 CST 的影响

由图 4.16 可知，CST 随着微波处理时间的增加快速减少，在超声波处理时间为 30 s 时取得最小值 23.62 s，随后随着微波处理时间的增加而增加；CST 减少率的变化趋势与 CST 相反，在超声波处理时间为 30 s 时，CST 减少率取得最大值 70.8%。

图 4.17 所示为微波对污泥上清液浊度的影响。

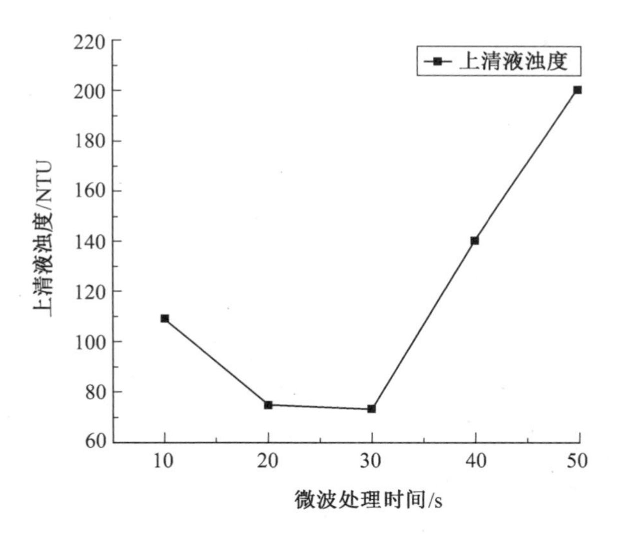

图 4.17 微波对污泥上清液浊度的影响

由图 4.17 可知，上清液浊度随着微波处理时间的增加逐渐减少，在微波处理时间为 30 s 时取得最小值 73.5 NTU，随后随着超声波处理时间的增加而急剧增大。

图 4.18 所示为微波对污泥离心沉降比的影响。

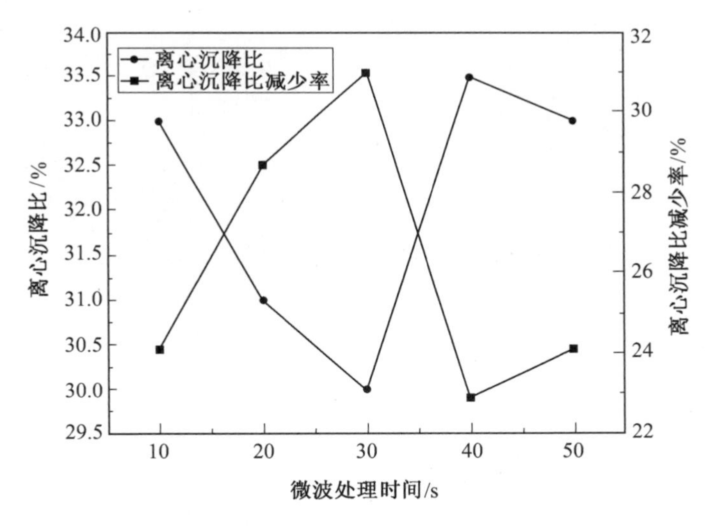

图 4.18 微波对污泥离心沉降比的影响

由图 4.18 可知，离心沉降比（SV）随着微波处理时间的增加快速减少，在微波处理时间为 30 s 时取得最小值 30%，随后随着微波处理时间的增加而急剧增大，在微波处理时间大于 40 s 时呈稍微下降趋势；离心沉降比（SV）减少率的变化趋势与离心沉降比相反，在微波处理时间为 30 s 时，离心沉降比减少率取得最大值 31%。

综上所述，微波的最佳作用时间为 30 s。

紫外线实验过程：先取 3 个 250 mL 的烧杯，分别注入 100 mL 原污泥，依次编号为 1、2、3，然后放入超声微波协同工作站中，单独进行紫外线的处理，最后对处理后的污泥进行指标测定。

图 4.19 和图 4.20 所示为紫外线对污泥的影响。

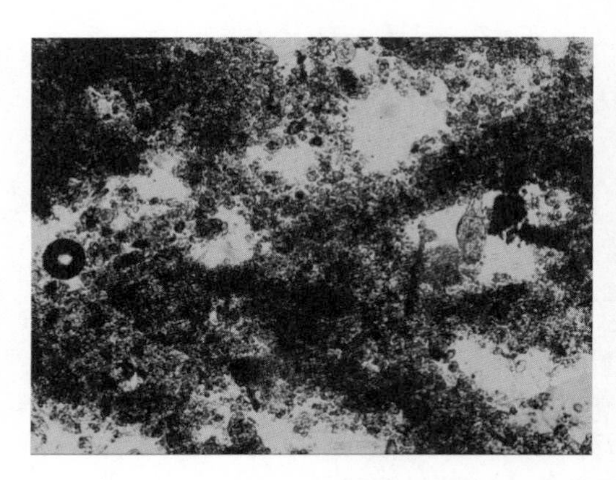

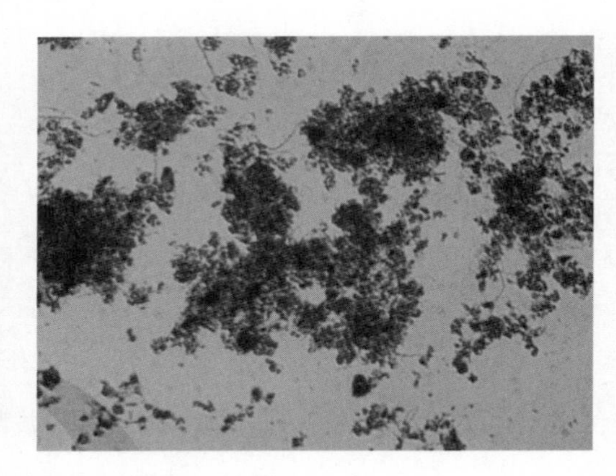

图 4.19　原污泥（左图）和紫外线照射 20 s（右图）

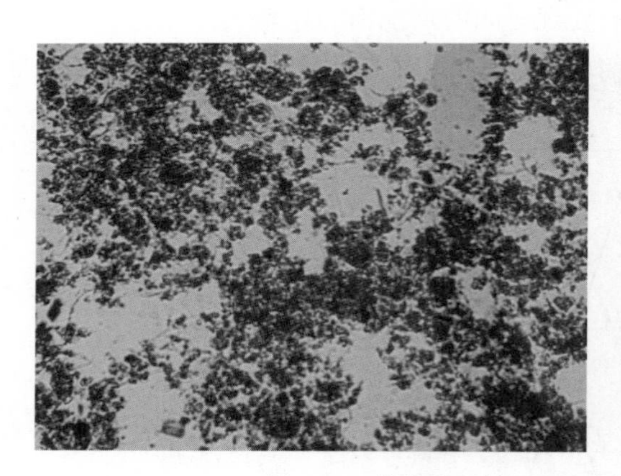

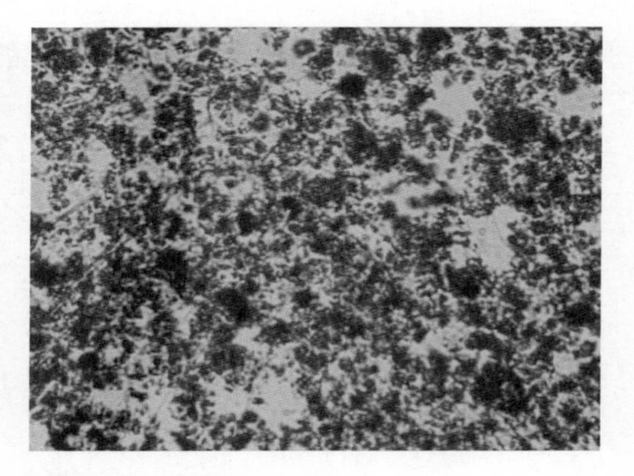

图 4.20　紫外线照射 40 s（左图）和紫外线照射 60 s（右图）

紫外线对污泥的作用主要为损害微生物的生存，由图可知，随着紫外线处理时间的增加，微生物的活性逐渐减少，在紫外线处理时间为 40 s 时达到最佳效果，随着紫外线处理时间的继续增加，将会损害除磷菌属的生存，因此，紫外线的最佳处理时间为 40 s。

PUWU 实验过程：PUWU 处理为超声波、微波和紫外线按照 1∶5∶6 的比例在超声微波协同工作站中进行实验。取 4 个 250 mL 的烧杯，分别注入 100 mL 原污泥，依次编号为 1、2、3、4，然后放入超声微波协同工作站中进行不同条件下的处理，最后对处理后的污泥进行指标测定。

图 4.21 所示为 PUWU 对污泥 CST 的影响。

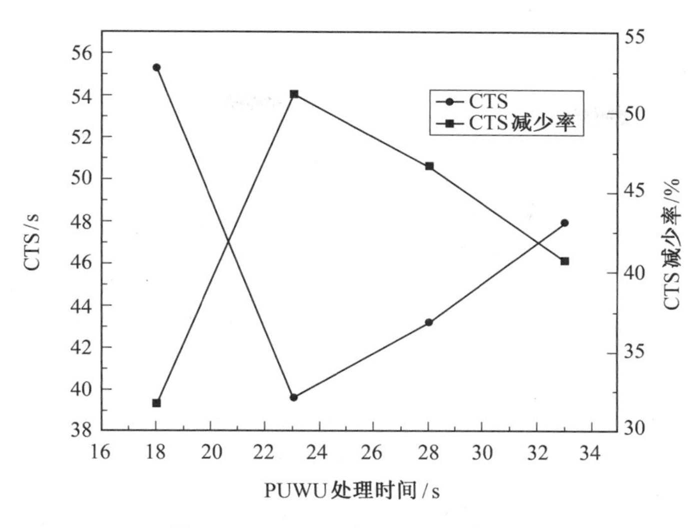

图 4.21　PUWU 对污泥 CST 的影响

由图 4.21 可知，CST 随着 PUWU 处理时间的增加快速减少，在 PUWU 处理时间为 23 s 时取得最小值 39.62 s，随后随着 PUWU 处理时间的增加而逐渐增加；CST 减少率的变化趋势与 CST 相反，在 PUWU 处理时间为 23 s 时，CST 减少率取得最大值 51.2%。

图 4.22 所示为 PUWU 对污泥上清液浊度的影响。

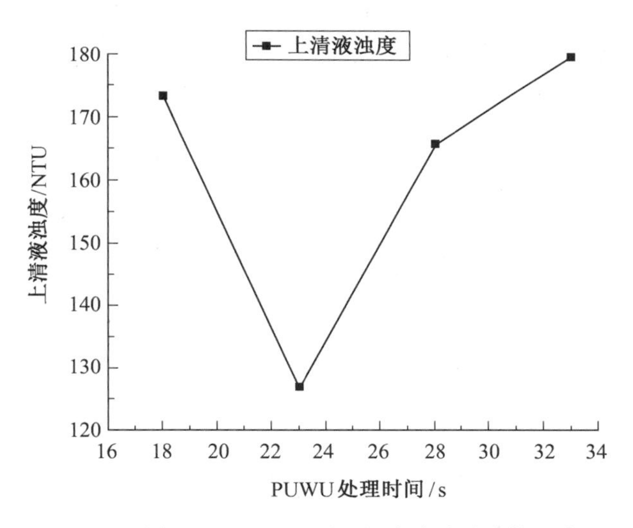

图 4.22　PUWU 对污泥上清液浊度的影响

由图 4.22 可知，上清液浊度随着 PUWU 处理时间的增加快速减少，在 PUWU 处理时间为 23 s 时取得最小值 127 NTU，随后随着 PUWU 处理时间的增加而急剧增大。

图 4.23 所示为 PUWU 对污泥离心沉降比的影响。

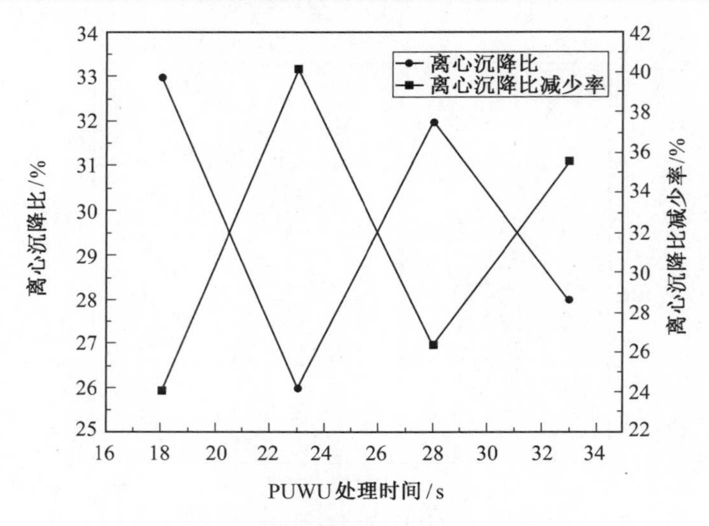

图 4.23　PUWU 对污泥离心沉降比的影响

由图 4.23 可知，离心沉降比随着 PUWU 处理时间的增加快速减少，在 PUWU 处理时间为 23 s 时取得最小值 26%，随后随着 PUWU 处理时间的增加而快速增大，在微波处理时间大于 28 s 时又呈下降趋势；离心沉降比减少率的变化趋势与离心沉降比相反，在微波处理时间为 23 s 时，离心沉降比减少率取得最大值 40.2%。

综上所述，PUWU 的最佳作用时间为 23 s。

2. 过硫酸钾试剂对污泥脱水性能的作用

过硫酸钾实验过程：先取 5 个 250 mL 的烧杯，分别注入 100 mL 原污泥，依次编号为 1、2、3、4、5，然后依次加入不同剂量的过硫酸钾，搅拌均匀后静置 40 min，最后对处理后的污泥进行指标测定。

图 4.24 所示为过硫酸钾对污泥 CST 的影响。

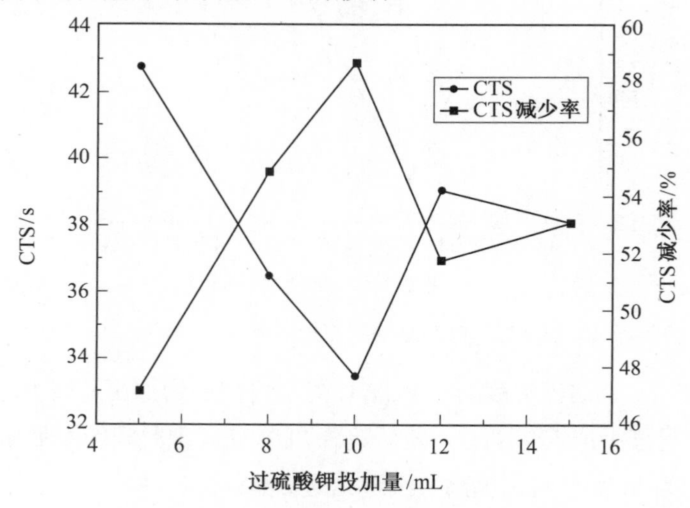

图 4.24　过硫酸钾对污泥 CST 的影响

由图 4.24 可知，CST 随着过硫酸钾投加量的增加快速减少，在过硫酸钾投加量为 10 mL 时取得最小值 33.48 s，随后随着过硫酸钾投加量的增加而逐渐增加，在过硫酸钾投加量大于 12 mL 时，CST 又有轻微下降的趋势；CST 减少率的变化趋势与 CST 相反，在过硫酸钾投加量为 10 mL 时，CST 减少率取得最大值 58.7%。

图 4.25 所示为过硫酸钾对污泥上清液浊度的影响。

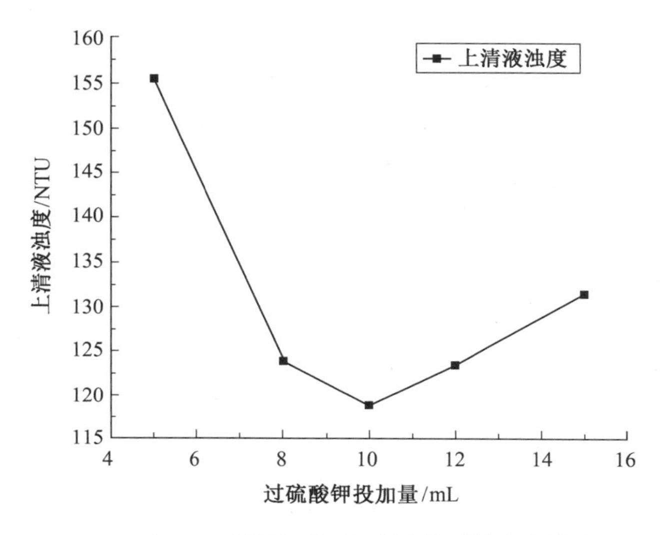

图 4.25　过硫酸钾对污泥上清液浊度的影响

由图 4.25 可知，上清液浊度随着过硫酸钾投加量的增加快速减少，在过硫酸钾投加量为 10 mL 时取得最小值 119 NTU，随后随着过硫酸钾投加量的增加而逐渐增大。

图 4.26 所示为过硫酸钾对污泥离心沉降比的影响。

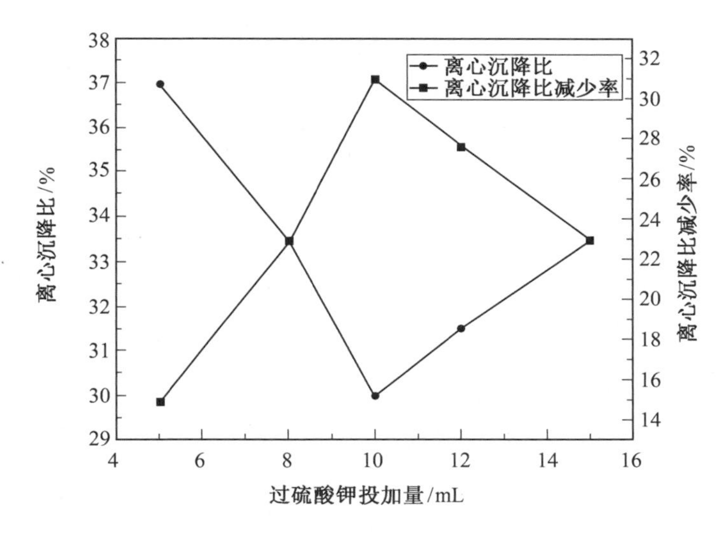

图 4.26　过硫酸钾对污泥离心沉降比的影响

由图 4.26 可知，离心沉降比随着过硫酸钾投加量的增加快速减少，在过硫酸钾投加量为 10 mL 时取得最小值 30%，随后随着过硫酸钾投加量的增加而逐渐增大；离心沉降比减少率的变化趋势与离心沉降比相反，在过硫酸钾投加量为 10 mL 时，离心沉降比减少率取得最大值 31.0%。

综上所述，过硫酸钾的最佳投加量为 10 mL/100 mL（166.6 mg/g）。

3. 石灰改善污泥脱水性能

石灰实验过程：先取 6 个 250 mL 的烧杯，分别注入 100 mL 原污泥，依次编号为 1、2、3、4、5、6，然后依次加入不同剂量的石灰，搅拌均匀后静置 40 min，最后对处理后的污泥进行指标测定。

图 4.27 所示为石灰对污泥 CST 的影响。

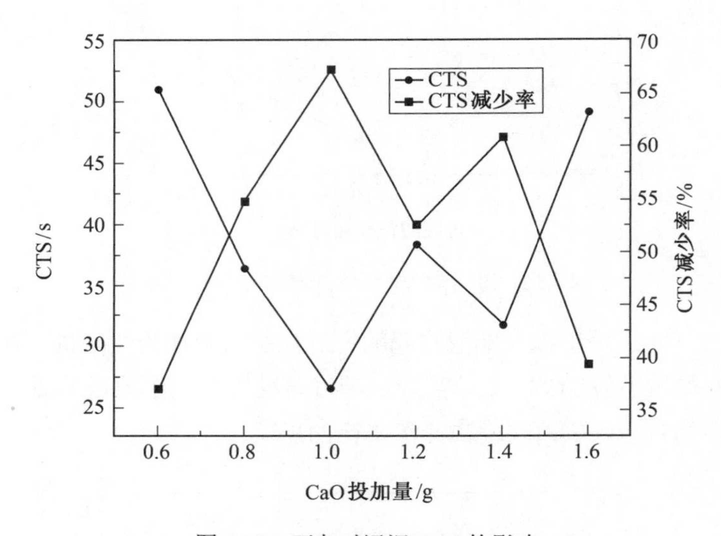

图 4.27　石灰对污泥 CST 的影响

由图 4.27 可知，CST 随着石灰投加量的增加快速减少，在石灰投加量为 1 g 时取得最小值 26.54 s，随后随着石灰投加量的增加而逐渐增加，在石灰投加量大于 1.2 g 时，CST 又有轻微下降的趋势，随后又继续上升；CST 减少率的变化趋势与 CST 相反，在石灰投加量为 1 g 时，CST 减少率取得最大值 67.3%。

图 4.28 所示为石灰对污泥上清液浊度的影响。

由图 4.28 可知，上清液浊度随着石灰投加量的增加而逐渐减少，在石灰投加量为 1 g 时取得最小值 288.5 NTU，随后随着石灰投加量的增加而急剧增大，当石灰投加量大于 1.2 g 时，上清液浊度呈下降趋势，随后又缓慢上升。

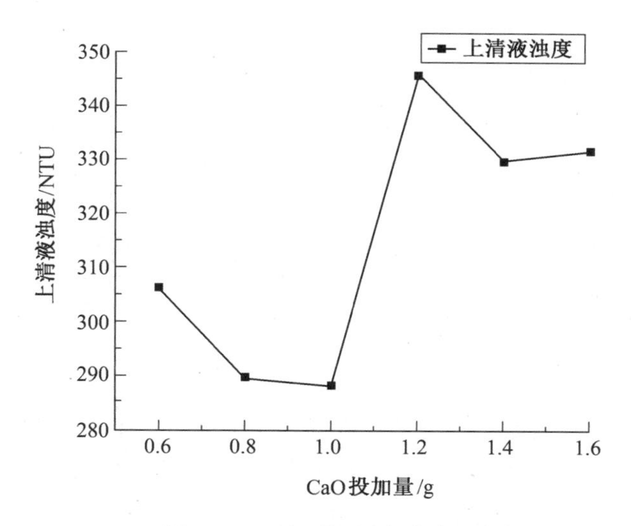

图 4.28 石灰对污泥上清液浊度的影响

图 4.29 所示为石灰对污泥离心沉降比的影响。

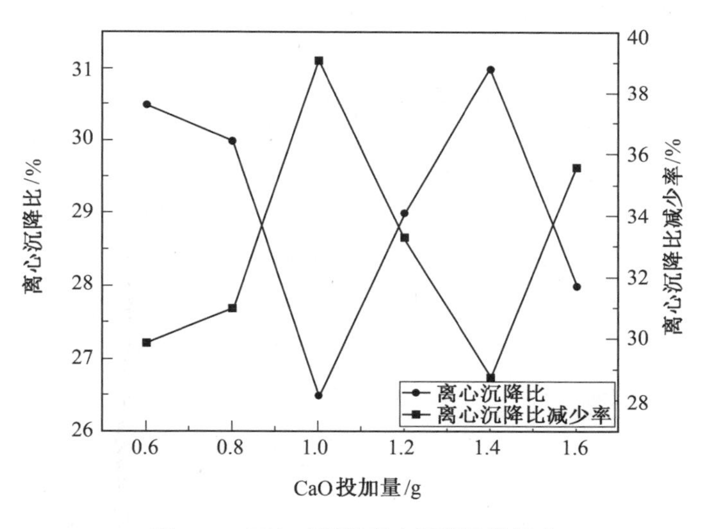

图 4.29 石灰对污泥离心沉降比的影响

由图 4.29 可知，离心沉降比（SV）随着石灰投加量的增加快速减少，在石灰投加量为 1 g 时取得最小值 26.5%，随后随着石灰投加量的增加而快速增大，在石灰投加量大于 1.4 g 时又呈下降趋势；离心沉降比减少率的变化趋势与离心沉降比相反，在石灰投加量为 1 g 时，离心沉降比减少率取得最大值 39.1%。

综上所述，石灰的最佳投加量为 1 g/100 mL（333.3 mg/g）。

4.3 多因素实验及结果分析

4.3.1 多因素实验

先取 17 个 250 mL 的烧杯，分别注入 100 mL 原污泥，依次编号为 1～17，然后按照实验要求，依次进行 PUWU 处理、投加过硫酸钾和投加石灰，搅拌均匀后静置 40 min，最后对处理后的污泥进行指标测定。

4.3.2 多因素模型方差分析

确定 PUWU+过硫酸钾+石灰三因素耦合的最优范围区间：①对各个单因素的最优范围值进行编码，PUWU、过硫酸钾、石灰各个因素相对应的实测值、编码值、变量的范围和水平见表 4.4；②根据单因素实验结果及 Origin 8.0 软件确定出的各个因素的最佳范围，通过 Design-Expert 8.0 软件及 Box-Behnken 实验设计的要求确定三因素耦合的 17 组实验内容，并按其要求分别进行实验；③得出实验结果后再利用 Design-Expert 8.0 软件，采用曲面响应优化的方法得出二次多项的拟合方程、方差分析及曲面响应优化结果，响应曲面实验设计及结果见表 4.5。

表 4.4 实测值和对应编码变量的范围和水平

因素	代 码		编码水平		
	实测值	编码值	-1	0	1
PUWU/s	ε_1	X_1	18	23	28
石灰投加量/g	ε_2	X_2	0.8	1.0	1.2
过硫酸钾投加量/mL	ε_3	X_3	8	10	12

该模型的二次多项式方程为

$$Y = \beta_0 + \sum_{i=0}^{3} \beta_i X_i + \sum_{i=1}^{3} \beta_{ii} X_i^2 + \sum \sum_{i<j=2}^{3} \beta_{ij} X_i X_j \tag{4.1}$$

式中 Y——本次实验的因变量预测响应值（因变量有：SV——离心沉降比/%、CST——毛细吸水时间/s 和上清液浊度/NTU）；

X_i、X_j——PUWU 等因素自变量代码值；

β_0——影响 PUWU 等因素的常数项；

β_i——影响 PUWU 等因素的线性系数；

β_{ii}——影响 PUWU 等因素的二次项系数；

β_{ij}——影响 PUWU 等因素的交互项系数。

表 4.5　响应曲面实验设计及结果

编号	编码值			CST/s		离心沉降比/%		上清液浊度/NTU	
	X_1	X_2	X_3	实测值	预测值	实测值	预测值	实测值	预测值
1	0.000	−1.000	1.000	26.8	27.86	24	25.00	248.5	288.12
2	0.000	0.000	0.000	22.96	28.31	21.5	25.75	211	259.38
3	1.000	0.000	−1.000	28.26	28.51	24.5	25.75	259	292.63
4	−1.000	0.000	−1.000	29.64	26.86	26	24.50	278	309.38
5	−1.000	−1.000	0.000	27.42	29.30	24.5	25.88	290	290.38
6	0.000	1.000	−1.000	27.12	28.65	24.5	24.63	297.5	269.63
7	0.000	0.000	0.000	25.62	28.43	20.5	23.38	216	278.88
8	−1.000	1.000	0.000	28.22	27.89	26	24.13	292.5	287.63
9	0.000	1.000	1.000	27.58	28.90	25	27.13	283	263.00
10	0.000	0.000	0.000	25.52	27.17	22	24.88	229	285.00
11	0.000	0.000	0.000	25.96	26.75	20.5	23.63	239	261.00
12	0.000	−1.000	−1.000	29	27.68	27.5	25.38	273.5	293.50
13	0.000	0.000	0.000	24.88	24.99	22	21.30	206.5	220.30
14	1.000	−1.000	0.000	28.6	24.99	25.5	21.30	259.5	220.30
15	1.000	1.000	0.000	27.3	24.99	25	21.30	307.5	220.30
16	1.000	0.000	1.000	27.56	24.99	24	21.30	300	220.30
17	−1.000	0.000	1.000	28.82	24.99	23.5	21.30	289.5	220.30

1. 污泥毛细吸水时间方差分析

PUWU+过硫酸钾+石灰处理后污泥毛细吸水时间的三元二次回归方程模型为

$$\begin{aligned}\mathrm{CST} = 24.99 - 0.30X_1 - 0.20X_2 - 0.41X_3 + 0.53X_1X_2 + 0.03X_1X_3 - \\ 0.66X_2X_3 + 1.92X_1^2 + 0.98X_2^2 + 1.66X_3^2\end{aligned} \tag{4.2}$$

在式（4.2）中，X_2、X_3 变量的负系数表明，此变量的负向变化能引起响应值的降低；正的二次项系数表明，此方程的抛物面开口向上，具有最小值点，因此，可以对其进行最优分析。对此模型进行方差分析及显著性检验，结果见表 4.6，从表中可以看出，模型中的 SS 值为 39.73，DF 值为 9，MS 值为 4.41，F 值为 4.51，P 值为 0.029 9，表明此方程模型具有显著性。模型回归相关系数 R^2 是 0.852 9，其校正决定系数 R^2_{adj} 为 0.663 7，表明模型可以解释约 67%的响应值变化，总变异的 33%不能解释。此方程模型回归系数 R^2 为 0.852 9，回归系数偏向于 1 拟合度较好，说明毛细吸水时间方程能够表达真实数据。因此，可以利用 Design-Expert 8.0 软件形成的模型对 PUWU、过硫酸钾试剂和石灰试剂的不同处理时间和投加量的条件下，对 CST 进行预测。图 4.30 所示为 CST 的实测值和预测值对比的回归线，由图 4.30 可知，PUWU+过硫酸钾+石灰三因素耦合实验的实测值在回归线上下波动幅度小，因此可以利用该模型的预测值代替实测值对 PUWU+过硫酸钾+石灰三因素耦合实验结果进行方差分析。

表 4.6　CST 回归方程模型的方差分析

来源	平方和 SS	自由度 DF	均方 MS	F	P(Prob>F)
模型	39.73	9	4.41	4.51	0.029 9
X_1	0.71	1	0.71	0.72	0.423 2
X_2	0.32	1	0.32	0.33	0.585 4
X_3	1.33	1	1.33	1.36	0.282 3
X_1X_2	1.10	1	1.10	1.13	0.323 9
X_1X_3	3.600×10^{-3}	1	3.600×10^{-3}	3.677×10^{-3}	0.953 3
X_2X_3	1.77	1	1.77	1.81	0.220 8
X_1^2	15.54	1	15.54	15.87	0.005 3
X_2^2	4.01	1	4.01	4.10	0.082 6
X_3^2	11.62	1	11.62	11.86	0.010 8
残差	6.85	7	0.98		
拟合不足	1.10	3	0.37	0.26	0.854 3
误差	5.75	4	1.44		
总误差	46.58	16			

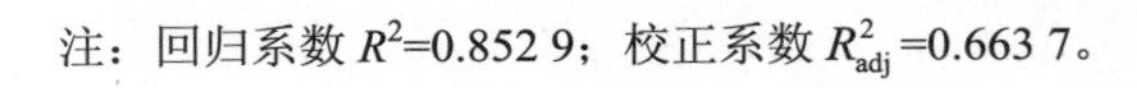
注：回归系数 R^2=0.852 9；校正系数 R_{adj}^2 =0.663 7。

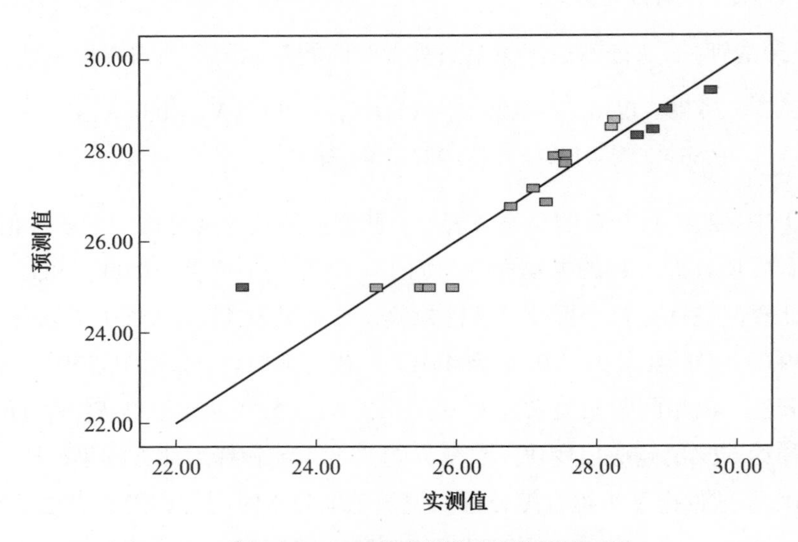

图 4.30　CST 的实测值和预测值的对比

2. 离心沉降比方差分析

PUWU+过硫酸钾+石灰处理后污泥离心沉降比的三元二次回归方程模型为

$$\begin{aligned}\mathrm{SV} = 21.30 - 0.12X_1 - 0.12X_2 - 0.75X_3 - 0.50X_1X_2 + 0.50X_1X_3 + \\ 1.00X_2X_3 + 1.60X_1^2 + 2.35X_2^2 + 1.60X_3^2\end{aligned} \tag{4.3}$$

在式（4.3）中，X_2、X_3变量的负系数表明，此变量的负向变化能引起响应值的降低；正的二次项系数表明，此方程的抛物面开口向上，具有最小值点，因此，可以对其进行最优分析。

对此模型进行方差分析及显著性检验，结果见表 4.7，从表中可以看出，模型中的 SS 值为 60.57，DF 值为 9，MS 值为 6.73，F 值为 13.27，P 值为 0.001 3，表明此方程模型具有显著性。模型回归相关系数 R^2 是 0.944 6，其校正决定系数 R_{adj}^2 为 0.873 4，表明模型可以解释约 88%的响应值变化，总变异的 12%不能解释。此方程模型回归系数 R^2 为 0.944 6，回归系数接近于 1 拟合度很好，说明毛细吸水时间方程能够表达真实数据。

表 4.7　离心沉降比回归方程模型的方差分析

来源	平方和 SS	自由度 DF	均方 MS	F	P(Prob>F)
模型	60.57	9	6.73	13.27	0.001 3
X_1	0.13	1	0.13	0.25	0.634 8
X_2	0.13	1	0.13	0.25	0.634 8
X_3	4.50	1	4.50	8.87	0.020 5
X_1X_2	1.00	1	1.00	1.97	0.203 0
X_1X_3	1.00	1	1.00	1.97	0.203 0
X_2X_3	4.00	1	4.00	7.89	0.026 2
X_1^2	10.78	1	10.78	21.25	0.002 5
X_2^2	23.25	1	23.25	45.85	0.000 3
X_3^2	10.78	1	10.78	21.25	0.002 5
残差	3.55	7	0.51		
拟合不足	1.25	3	0.42	0.72	0.588 0
误差	2.30	4	0.58		
总误差	64.12	16			

注：回归系数 R^2=0.944 6；校正系数 R_{adj}^2=0.873 4。

因此，可以利用 Design-Expert 8.0 软件形成的模型对 PUWU、过硫酸钾试剂和石灰试剂的不同处理时间和投加量的条件下，对离心沉降比进行预测。如图 4.31 是离心沉降比的实测值和预测值对比的回归线，由图可知，PUWU+过硫酸钾+石灰三因素耦合实验的实测值在回归线上下波动幅度小，因此可以利用该模型的预测值代替实测值对 PUWU+过硫酸钾+石灰三因素耦合实验结果进行方差分析。

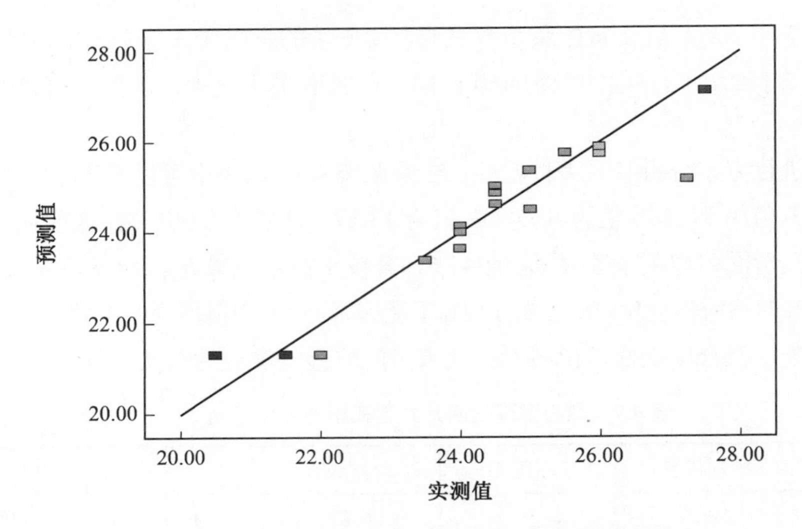

图 4.31　离心沉降比的实测值和预测值的对比

3. 上清液浊度方差分析

PUWU+过硫酸钾+石灰处理后污泥上清液浊度的三元二次回归方程模型为

$$\begin{aligned} \text{NTU} = {} & 220.30 - 3.00X_1 + 13.63X_2 + 1.63X_3 + 11.37X_1X_2 + 7.38X_1X_3 + \\ & 2.63X_2X_3 + 36.54X_1^2 + 30.54X_2^2 + 24.79X_3^2 \end{aligned} \tag{4.4}$$

在式（4.4）中，X_2、X_3 变量的正系数表明，此变量的正向变化能引起响应值的增加；正的二次项系数表明，此方程的抛物面开口向上，具有最小值点，因此，可以对其进行最优分析。对此模型进行方差分析及显著性检验，结果见表 4.8，从表中可以看出，模型中的 SS 值为 15 854.31，DF 值为 9，MS 值为 1 761.59，F 值为 6.88，P 值为 0.009 4，表明此方程模型具有显著性。模型回归相关系数 R^2 是 0.8984，其校正决定系数 R_{adj}^2 为 0.767 8，表明模型可以解释约 77%的响应值变化，总变异的 23%不能解释。

此方程模型回归系数 R^2 为 0.898 4，回归系数接近于 1 拟合度较好，说明毛细吸水时间方程能够表达真实数据。因此，可以利用 Design-Expert 8.0 软件形成的模型对 PUWU、过硫酸钾试剂和石灰试剂的不同处理时间和投加量的条件下，对上清液浊度进行预测。

表 4.8　上清液浊度回归方程模型的方差分析

来源	平方和 SS	自由度 DF	均方 MS	F	P(Prob>F)
模型	15 854.31	9	1 761.59	6.88	0.009 4
X_1	72.00	1	72.00	0.28	0.612 4
X_2	1 485.13	1	1 485.13	5.80	0.046 9
X_3	21.13	1	21.13	0.082	0.782 3
X_1X_2	517.56	1	517.56	2.02	0.198 2
X_1X_3	217.56	1	217.56	0.85	0.387 4
X_2X_3	27.56	1	27.56	0.11	0.752 5
X_1^2	5 621.01	1	5 621.01	21.95	0.002 2
X_2^2	3 926.48	1	3 926.48	15.33	0.005 8
X_3^2	2 587.03	1	2 587.03	10.10	0.015 5
残差	1 792.92	7	256.13		
拟合不足	1 072.12	3	357.37	1.98	0.258 7
误差	720.80	4	180.20		
总误差	17 647.24	16			

注：回归系数 R^2=0.898 4；校正系数 R_{adj}^2=0.767 8。

图 4.32 所示为离心沉降比的实测值和预测值对比的回归线，由图可知，PUWU+过硫酸钾+石灰三因素耦合实验的实测值在回归线上下波动幅度小，因此可以利用该模型的预测值代替实测值对 PUWU+过硫酸钾+石灰三因素耦合实验结果进行方差分析。

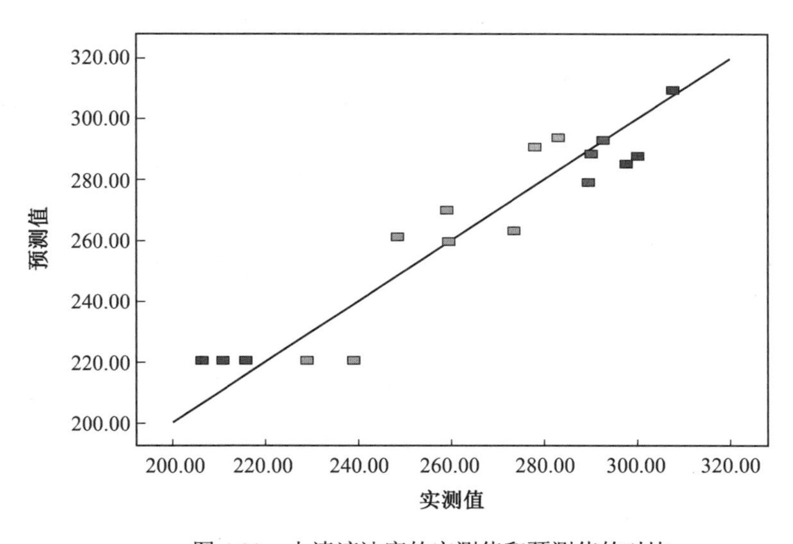

图 4.32　上清液浊度的实测值和预测值的对比

4.3.3 响应曲面图与参数优化

为了直观地说明PUWU+过硫酸钾+石灰联合调理对污泥CST和离心沉降比的影响以及表征响应曲面函数的性状，利用软件 Design-Expert 8.0 模拟实验数据作出等高线图和3D 图，如图 4.33、图 4.34 所示。

1. 毛细吸水时间（CST）响应曲面图与参数优化

图 4.33 所示为 PUWU+过硫酸钾+石灰处理后污泥 CST 等高线图，图 4.34 所示为PUWU+过硫酸钾+石灰处理后污泥 CST 响应曲面。

图 4.33（a）和 4.34（a）所示为 PUWU 处理时间为 23 s 时，过硫酸钾和石灰投加量对 CST 指标的影响。由图可知，在投加量范围内 CST 随过硫酸钾投加量的增加而呈现减小趋势，在过硫酸钾达到最佳值 10 mL/100 mL（166.6 mg/g）时， CST 不再随过硫酸钾的继续投加而减小，反而随过硫酸钾投加量的增加而呈现增大趋势。同理，CST 在一定范围内随石灰投加量的增加而呈减小趋势，超过一定范围后 CST 将会回升。

图 4.33（b）和 4.34（b）所示为石灰投加量为 1 g/100 mL（333.3 mg/g）时，过硫酸钾投加量和 PUWU 处理时间对 CST 的影响。由图可知，投加量范围内 CST 随过硫酸钾投加量的增加而呈现减小趋势，在过硫酸钾达到最佳值 10 mL/100 mL（166.6 mg/g）时，CST 不再随过硫酸钾的继续投加而减小，反而随过硫酸钾投加量的增加而呈现增大趋势。同理，CST 在一定范围内随 PUWU 处理时间的增加而呈减小趋势，超过一定范围后 CST将会回升。

图 4.33（c）和 4.34（c）所示为过硫酸钾投加量为 10 mL/100 mL（166.6 mg/g）时，石灰投加量和 PUWU 处理时间对 CST 的影响。由图可知，投加量范围内 CST 随石灰投加量的增加而呈现减小趋势，在石灰试剂达到最佳值 1 g/100 mL（333.3 mg/g）时， CST不再随石灰的继续投加而减少，反而随石灰投加量的增加而呈现增大趋势。同理，CST在一定范围内随 PUWU 处理时间的增加而呈减小趋势，超过一定范围后 CST 将会回升。

综上所述，PUWU 处理时间、过硫酸钾投加量和石灰投加量均存在使 CST 达到最小值的最佳点。

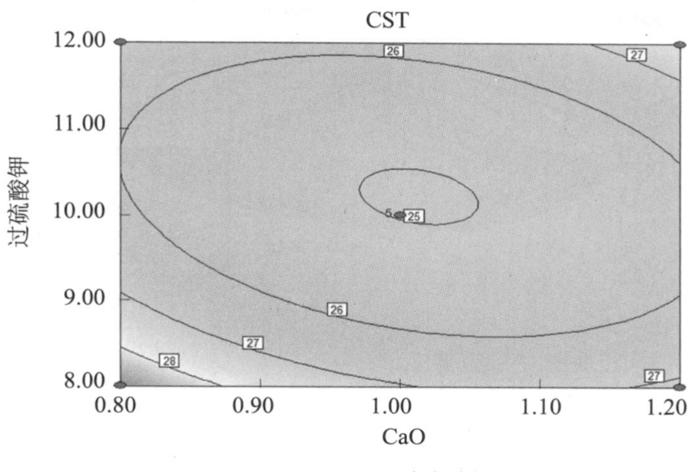

（a）CaO-过硫酸钾

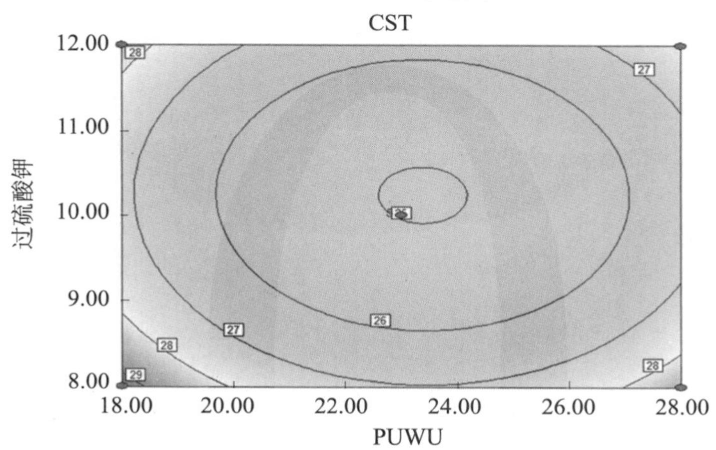

（b）PUWU-过硫酸钾

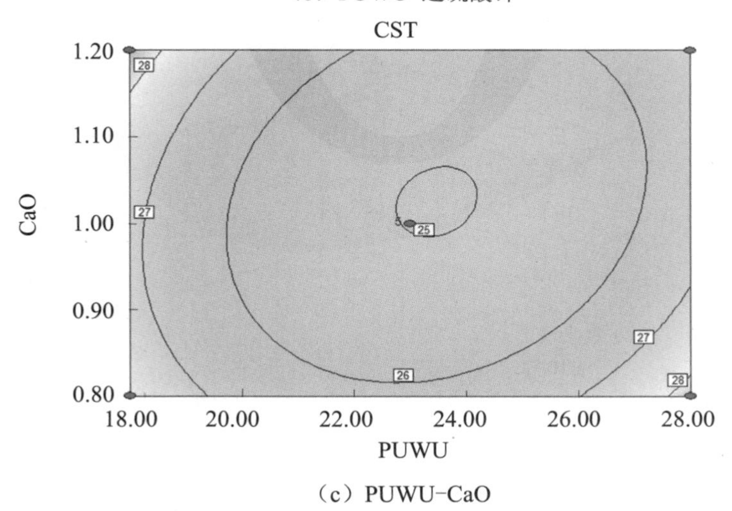

（c）PUWU-CaO

图 4.33　CST 等高线图

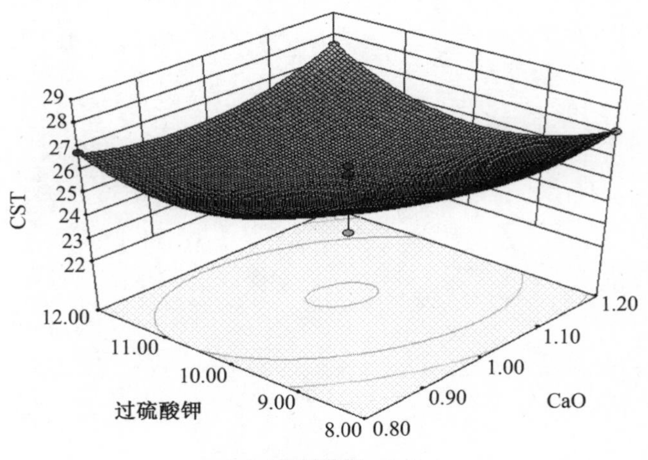

（a）过硫酸钾-CaO

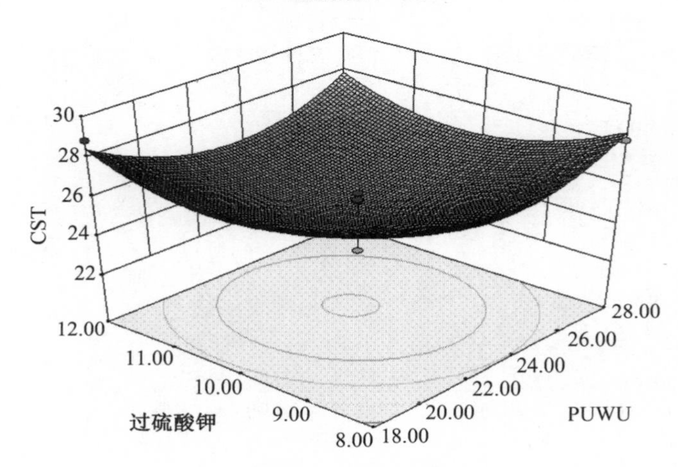

（b）PUWU-过硫酸钾

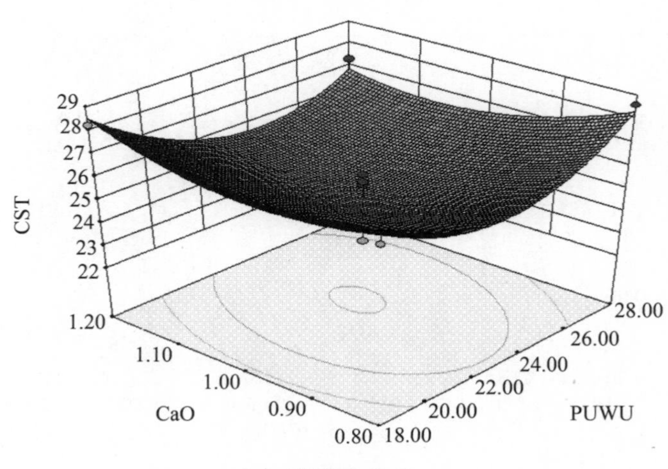

（c）PUWU-CaO

图 4.34　CST 响应曲面

2. 离心沉降比（SV）响应曲面图与参数优化

图 4.35 所示为 PUWU+过硫酸钾+石灰处理后污泥 SV 等高线图，图 4.36 所示为 PUWU+过硫酸钾+石灰处理后污泥 SV 响应曲面。

图 4.35（a）和 4.36（a）所示为 PUWU 处理时间为 23 s 时，过硫酸钾和石灰投加量对 SV 指标的影响。由图可知，在投加量范围内 CST 随过硫酸钾投加量的增加而呈现减小趋势，在过硫酸钾达到最佳值 10 mL/100 mL（166.6 mg/g）时，SV 不再随过硫酸钾的继续投加而减小，反而随过硫酸钾投加量的增加而呈现增大趋势。同理，SV 在一定范围内随石灰投加量的增加而呈减小趋势，超过一定范围后 SV 将会回升。

图 4.35（b）和 4.36（b）所示为石灰投加量为 1 g/100 mL（333.3 mg/g）时，过硫酸钾投加量和 PUWU 处理时间对 SV 的影响。由图可知，投加量范围内 SV 随过硫酸钾投加量的增加而呈现减小趋势，在过硫酸钾达到最佳值 10 mL/100 mL（166.6 mg/g）时， SV 不再随过硫酸钾的继续投加而减小，反而随过硫酸钾投加量的增加而呈现增大趋势。同理，SV 在一定范围内随 PUWU 处理时间的增加而呈减小趋势，超过一定范围后 SV 将会回升。

图 4.35（c）和 4.36（c）所示为过硫酸钾投加量为 10 mL/100 mL（166.6 mg/g）时，石灰投加量和 PUWU 处理时间对 SV 的影响。由图可知，投加量范围内 SV 随石灰投加量的增加而呈现减小趋势，在石灰试剂达到最佳值 1g/100 mL（333.3 mg/g）时， SV 不再随石灰的继续投加而减少，反而随石灰投加量的增加而呈现增大趋势。同理，SV 在一定范围内随 PUWU 处理时间的增加而呈减小趋势，超过一定范围后 SV 将会回升。

综上所述，PUWU 处理时间、过硫酸钾投加量和石灰投加量均存在使 SV 达到最小值的最佳点。

利用软件 Mathematical software 10.3 结合上清液浊度的三元二次方程模型，求得在变量 X_1=72.00、X_2=1 485.13、X_3=21.13 时取得模型最小值，然后将上清液浊度模型变量 X_1、X_2、X_3 的对应的值代入上清液浊度的回归方程模型，得出上清液浊度为 218.539 NTU。在此最佳条件下得到相应的三因素即 PUWU 作用时间、石灰和过硫酸钾的值分别为 23.405 9 s、0.952 6 g/100 mL 和 9.935 3 mL/100 mL。再次利用软件 Mathematical software 10.3 结合离心沉降比的三元二次方程模型，求得在变量 X_1= 0.12、X_2=0.12、X_3=4.50 时取得最小值，然后将离心沉降比模型变量 X_1、X_2、X_3 的值代入污泥离心沉降比的回归方程中，得出离心沉降比为 21.21%。

在此最佳条件下得到相应的三因素即 PUWU 作用时间、石灰和过硫酸钾的值分别为 22.985 9 s、0.994 9 g/100 mL 和 10.485 5 mL/100 mL。再次利用软件 Mathematical software 10.3 结合毛细吸水时间的三元二次方程模型，求得在变量 X_1= 0.71、X_2=0.32、X_3=1.33 时取得最小值，然后将毛细吸水时间模型变量 X_1、X_2、X_3 的对应的代入上清液浊度的回归方程模型，得出毛细吸水时间为 24.944 5 s。

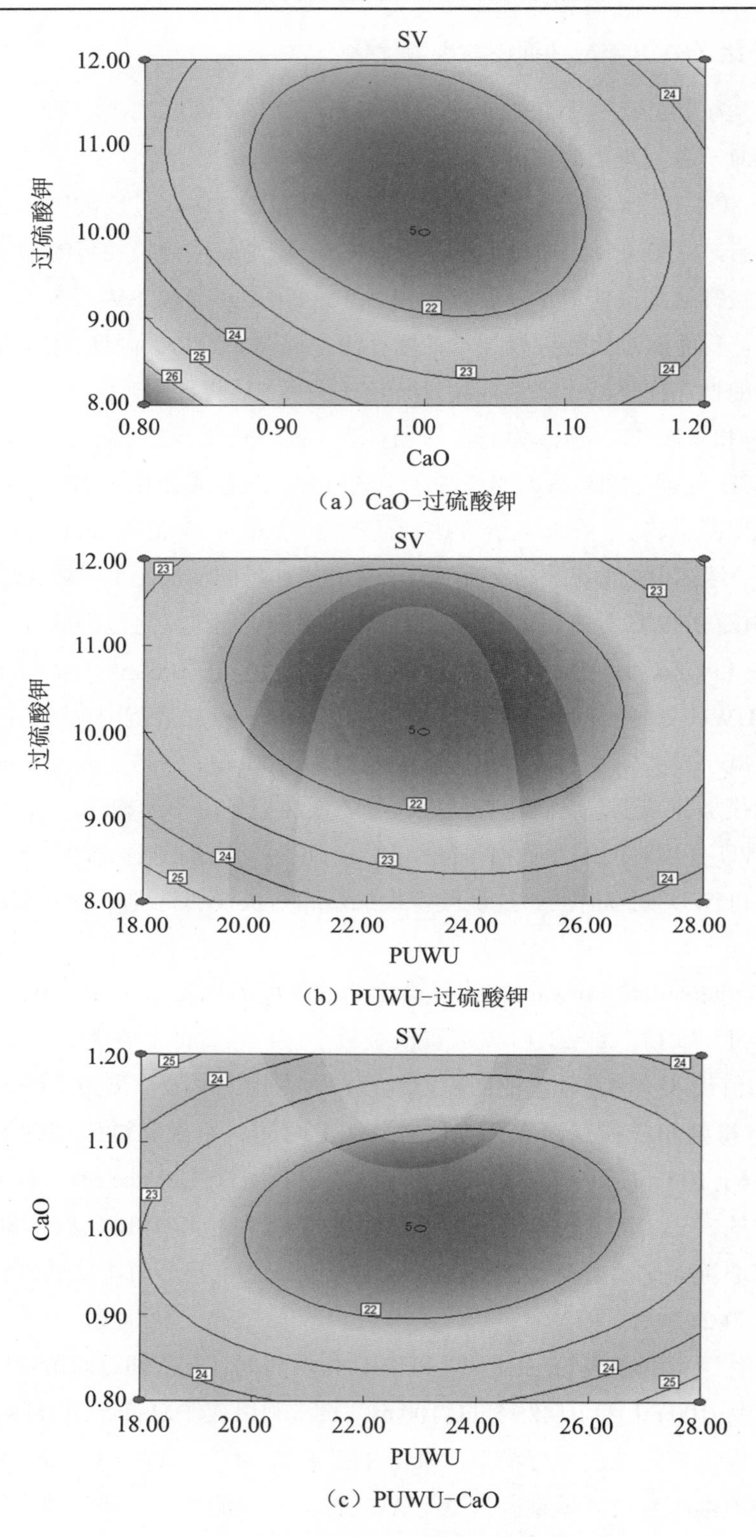

（a）CaO-过硫酸钾

（b）PUWU-过硫酸钾

（c）PUWU-CaO

图 4.35　离心沉降比等高线图

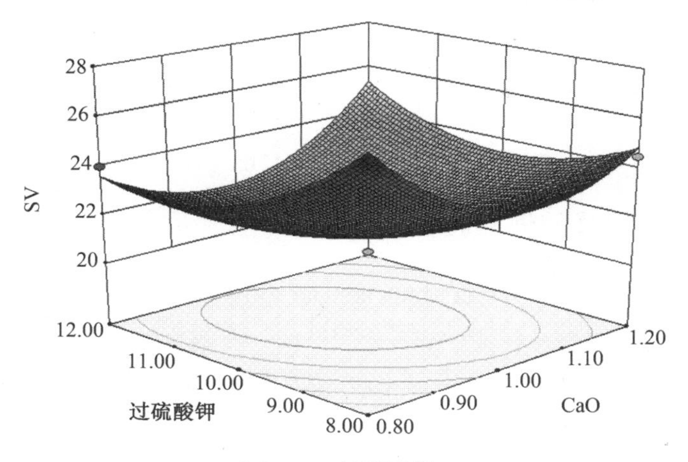

（a）CaO-过硫酸钾

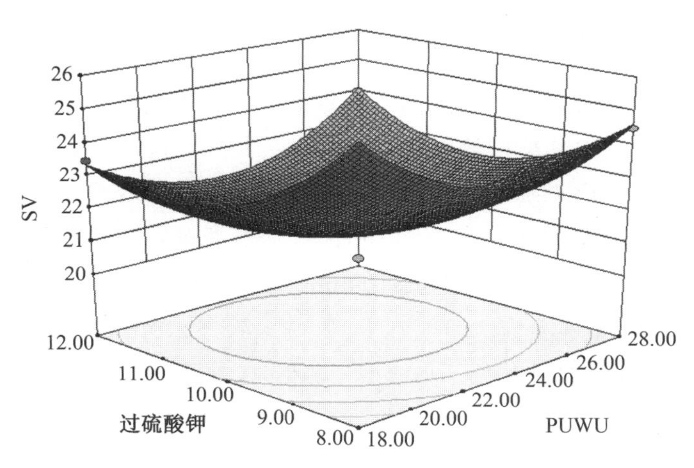

（b）PUWU-过硫酸钾

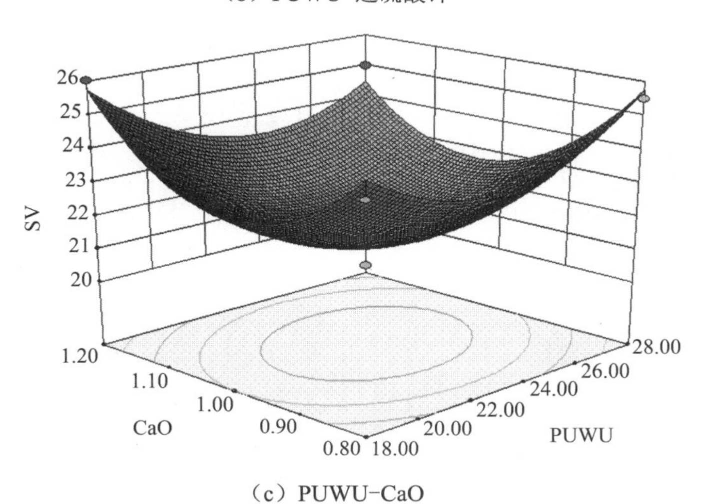

（c）PUWU-CaO

图 4.36　离心沉降比响应曲面

在此最佳条件下得到相应的三因素即 PUWU 作用时间、石灰和过硫酸钾的值分别为 23.445 4 s、1.018 2 g/100 mL 和 10.207 2 mL/100 mL。

综上所述，最终选取 PUWU 作用时间、石灰和过硫酸钾的最佳值分别为 23.27 s、0.98 g/100 mL（326.6 mg/g）、10.2 mL/100 mL（170 mg/g）。

4.3.4 多因素最佳值实验验证

为了检验 Design-Expert 8.0 及 Mathematical software 10.3 导出的响应曲面模型方程最优条件的可靠性和实用性，在 PUWU 处理时间、石灰投加量和过硫酸钾投加量分别为 23.27 s、0.98 g/100 mL（326.6 mg/g）、10.2 mL/100 mL（170 mg/g）时，以离心沉降比和毛细吸水时间作为验证指标，且以光学显微镜扫描分析、电镜扫描分析和激光粒度分析作为辅助验证实验。

1. 离心沉降比（SV）结果验证

由单因素实验及多因素实验可知，原污泥的 SV 为 43.5%；PUWU 单独处理的最佳点为 23 s，SV 为 26%；过硫酸钾单独处理的最佳点为 10 mL/100 mL（166.6 mg/g），SV 为 30%；石灰单独处理的最佳点为 1 g/100 mL（333.3 mg/g），SV 为 26.5%；PUWU+过硫酸钾+石灰联合调理的最佳点为 PUWU 作用时间、石灰和过硫酸钾的最佳值分别为 23.27 s、0.98 g/100 mL（326.6 mg/g）、10.2 mL/100 mL（170 mg/g），SV 为 21.21%。将原污泥、各单因素实验和多因素实验依次编号为 1、2、3、4、5。由图 4.37 可知，三因素耦合处理后的污泥 SV 最小，为 21.21%，与模型预测值 21.3%基本吻合。

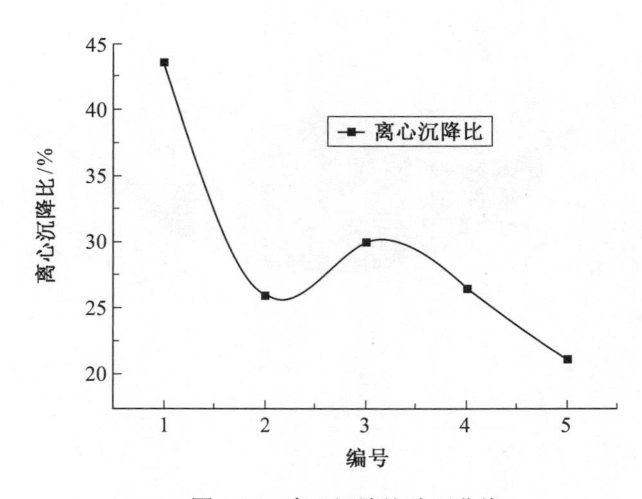

图 4.37 离心沉降比验证曲线

2. 污泥毛细吸水时间（CST）结果验证

由单因素实验及多因素实验可知，原污泥的 CST 为 81.12 s，PUWU 单独处理的最佳点为 23 s，CST 为 39.62 s；过硫酸钾单独处理的最佳点为 10 mL/100 mL（166.6 mg/g），CST 为 33.48 s；石灰单独处理的最佳点为 1 g/100 mL（333.3 mg/g），CST 为 26.54 s；PUWU+过硫酸钾+石灰联合调理的最佳点为 PUWU 作用时间、石灰和过硫酸钾的最佳值分别为 23.27 s、0.98 g/100 mL（326.6 mg/g）、10.2 mL/100 mL（170 mg/g），CST 为 24.94 s。将原污泥、各单因素实验和多因素实验依次编号为 1、2、3、4、5。由图 4.38 可知，三因素耦合处理后的污泥 CST 最小，为 24.94 s，与模型预测值 24.99 s 基本吻合。

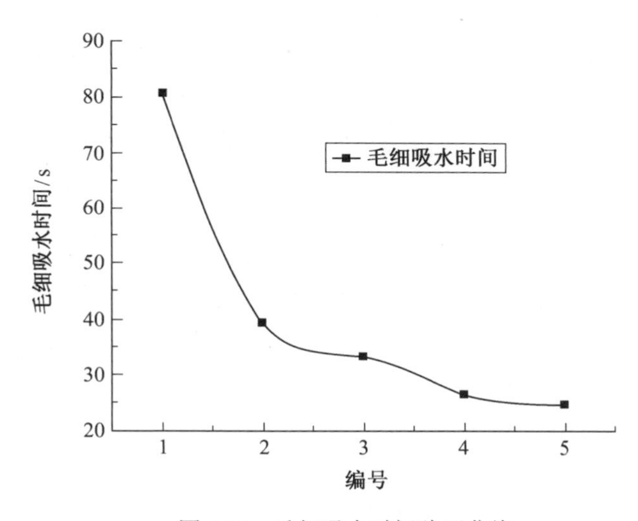

图 4.38　毛细吸水时间验证曲线

3. 光学显微镜分析

将原污泥、各单因素最佳点处理后的污泥和多因素联合调理后的污泥放在光学显微镜下进行扫描分析，如图 4.39、图 4.40 所示。由图可知，原污泥颗粒表面连续，孔隙较少，具有较好的完整性，污泥颗粒中的水无法轻易滤出，导致污泥脱水性能较差；PUWU 处理后明显改变了污泥的微观组成，降低了污泥颗粒间的分离距离，如图 4.39 所示（右图）；过硫酸钾氧化污泥中的有机质，使污泥分解，如图 4.40 所示（左图）；石灰破坏污泥胶体颗粒的稳定，使分散的小颗粒之间相互聚集形成大颗粒，从而改变污泥的脱水性能，如图 4.40 所示（右图）。三因素联合调理可以使各个因素的发挥各自的主要功能，明显改善污泥的脱水性能，如图 4.41 所示。

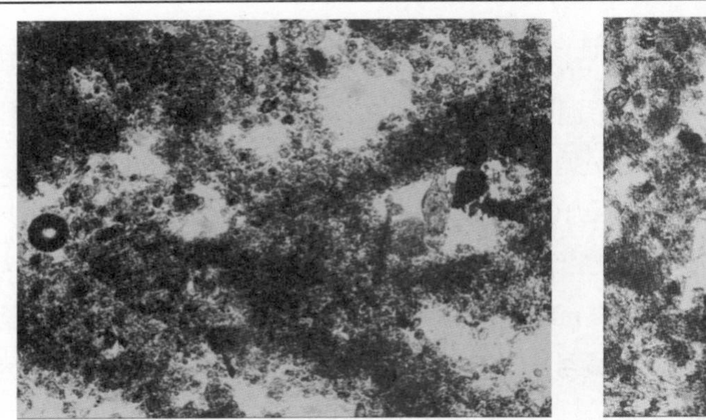
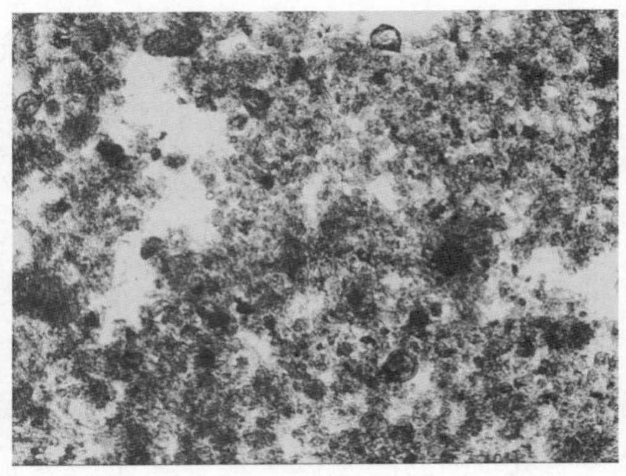

图 4.39　原污泥（左图）和 PUWU 处理 23 s（右图）

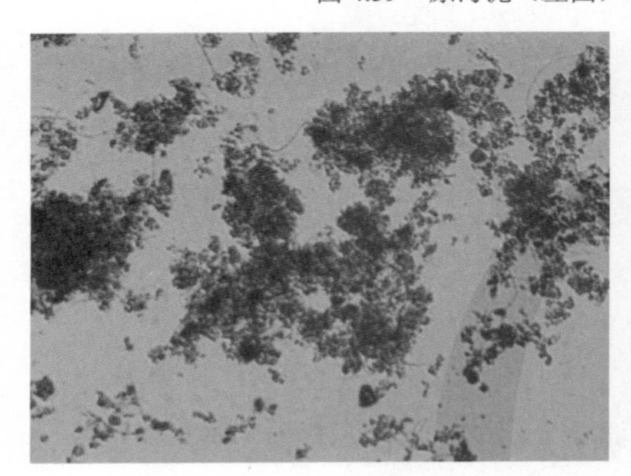
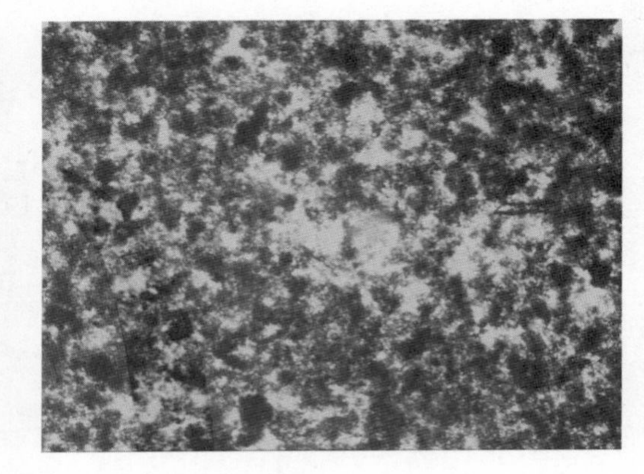

图 4.40　过硫酸钾 10 mL（左图）和石灰 1 g（右图）

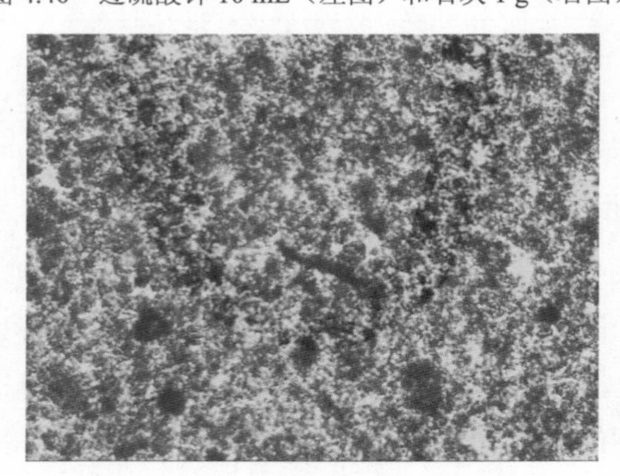

图 4.41　三因素联合调理污泥

4. 电镜扫描分析

在电镜倍数为 50.00k×的条件下，由图 4.42 可知，原污泥较为松散，表面光滑，有许多孔隙，形成毛细水吸附在污泥表面和孔隙中，不易脱水；由图 4.43 可知，PUWU+过硫酸钾+石灰调理污泥可以发挥各个因素的主要功能，明显改善了污泥的结构，使污泥絮体增大，污泥更加密实。

图 4.42　原污泥的电镜结果

图 4.43　PUWU+过硫酸钾+石灰调理污泥的电镜结果

5. 污泥粒径分析

由图 4.44 可知，污泥的粒径分布服从类似正态分布，最小粒径为 0.448 μm，最大粒径为 1 124.683 μm，且主要分布在 10～110 μm 之间，达到 83.44%。未加处理的原污泥中污泥的颗粒浓度为 0.023 4%，比表面积为 0.297 m^2/kg，颗粒间距为 2.512，一致性系数为 1.08。图 4.45 中，联合调理后的污泥粒径中最小粒径为 0.448 μm，最大粒径为 632.456 μm，且主要分布在 3～100 μm 之间，达到 88.62%。三因素联合调理污泥后，污泥的颗粒浓度为 0.011 9%，比表面积为 0.689 m^2/kg，颗粒间距为 3.658，一致性系数为 1.36，一系列的数据说明调理后的污泥颗粒粒径减小，且从图中可以看出曲线稍向左移动，粒径大小有所减小。分析原因，可能是 PUWU、过硫酸钾、石灰的联合作用导致污泥粒径变小，颗粒间距增大，增加水通路，从而改善污泥脱水性能。

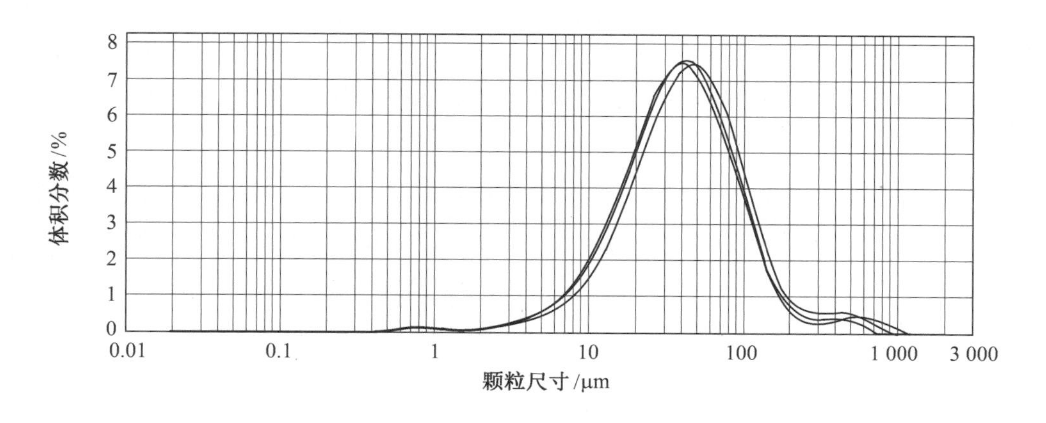

图 4.44　原始污泥的粒径分析曲线

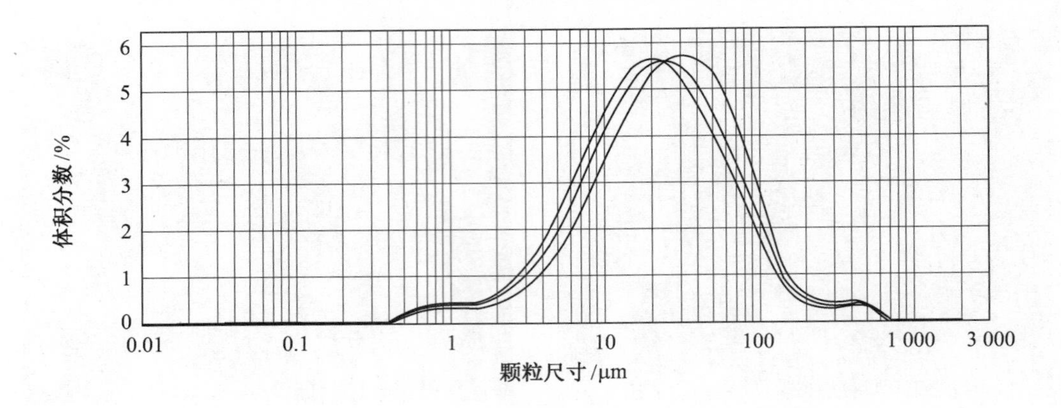

图 4.45　PUWU+过硫酸钾+石灰调理污泥的粒径分析曲线

4.4　本章小结

通过单因素实验并利用 Origin 8.0 软件找到单因素调理南阳市污水处理厂回流污泥的最佳值范围，然后利用 Design-Expert 8.0 软件作出 3D 图和等高线图，经过分析和计算得出 PUWU+过硫酸钾+石灰三因素联合调理的最佳的值，通过毛细吸水时间和离心沉降比等指标验证实验，得到如下结论：

（1）PUWU+过硫酸钾+石灰三因素联合调理能够明显改善城市剩余污泥的脱水性能，且 PUWU、过硫酸钾和石灰调理污泥的最佳范围分别为 18～28 s、0.08～0.12 mL/mL、8～12 mg/mL。

（2）利用 Design-Expert 8.0 软件做出二次响应曲面建立的污泥的离心沉降比和毛细吸水时间模型，且各自相关系数分别为 0.944 6 和 0.852 9 都接近于 1。因此，响应曲面的拟合程度较高，实验值与预测值误差较小，可以用设计专家给出的方程模型在不同的 PUWU 处理时间、过硫酸钾投加量和石灰投加量下对污泥离心沉降比和毛细吸水时间进行预测。

（3）通过实验数据和图形可以知道，PUWU 作用时间、石灰和过硫酸钾的最佳值分别为 23.27 s、0.98 g/100 mL（326.6 mg/g）、10.2 mL/100 mL（170 mg/g）。经过此处理的剩余污泥的 CST 由 81.12 s 减少到 24.94 s，离心沉降比由 43.5%减少到 21.21%，与利用回归方程模型进行预测的预测值 24.99 s 和 21.23%基本一致。

（4）电镜分析结果表明，经 PUWU+过硫酸钾+石灰处理过的污泥，污泥颗粒更加密实，污泥絮体更大，说明 PUWU+过硫酸钾+石灰处理污泥具有很好的改善污泥脱水性能的作用。

（5）粒径分析结果显示，与原污泥相比，经 PUWU+过硫酸钾+石灰处理过的污泥，粒径分布曲线明显左移，污泥粒径变小，小粒径絮体增多，大粒径絮体减少，使污泥脱水性能得到明显改善。所以 PUWU+过硫酸钾+石灰处理污泥具有很好的改善污泥脱水性能的作用。

参考文献

[1] 丁绍兰，曹凯，董凌霄. 石灰调理对污泥脱水性能的影响[J]. 陕西科技大学学报（自然科学版），2015，33(04)：23-27，36.

[2] ZHANG G M，ZHANG P Y，CHEN Y M. Ultrasonic enhancement of industrial sludge settling ability and dewatering ability[J]. Tsinghua Science and Technology，2006(3)：374-378.

[3] 周翠红，常俊英，陈家庆，等. 微波对污水污泥脱水特性及形态影响[J]. 土木建筑与环境工程，2013，35(1)：135-139.

[4] 申晓娟，邱珊，李光明，等. 超声波对污泥脱水的影响研究[J]. 中国给水排水，2018，34(3)：122-124，128.

[5] 谢敏，施周，刘小波，等. 微波辐射对净水厂污泥脱水性能及分形结构的影响[J]. 环境化学，2009，28(3)：418-421.

[6] 毕培，宋秀兰，刘美琴，等. 过硫酸钾对剩余污泥厌氧发酵过程的影响[J]. 工业水处理，2018，38(10)：58-62.

[7] 冯凯，黄鸥. 石灰调质与石灰干化工艺在污泥脱水中的应用[J]. 给水排水，2011，47(05)：7-10.

[8] 吕景花，王建信，鲍林林，等. 响应面法优化污泥厌氧消化液的化学除磷研究[J]. 应用化工，2017，46(9)：1747-1751.

[9] 台明青，付赛赛，胡炜，等. 基于 RSM 模型对厌氧消化污泥脱水性能改善研究[J].环境科学与技术，2018，41(9)：61-65，73.

[10] 邢奕，王志强，洪晨，等. 基于 RSM 模型对污泥联合调理的参数优化[J]. 中国环境科学，2014，34(11)：2866-2873.

第5章　PUWU+过硫酸钾+脱硫灰破解污泥影响污泥脱水性能研究

5.1　实验材料及方法

5.1.1　污泥取样及样品性质

此次实验研究取样于邓市第二污水处理厂二沉池回流段污泥（图 5.1），样品取回后置于实验室静置沉降 48 h，待稳定后抽取出上层分离液体，剩余即为实验用污泥样品。对污泥进行抽滤，并进行各项指标测定，得出原始污泥样品参数见表 5.1。

图 5.1　污水厂污泥取样

表 5.1　污泥样品性质参数

参数	数值
SRF/（$10^{13}m\cdot kg^{-1}$）	1.326
CST/s	42.1
离心沉降比/%	36.2
滤饼含水率/%	83.64
黏度/（mPa·s）	162

5.1.2 实验药品与仪器

实验所用药品（图 5.2）包括鸭河电厂所取的经高雾化除硫处理的脱硫石膏，过硫酸钾试剂（现配现用，按照质量分数为 5%进行配置）。

实验所用主要仪器见表 5.2。

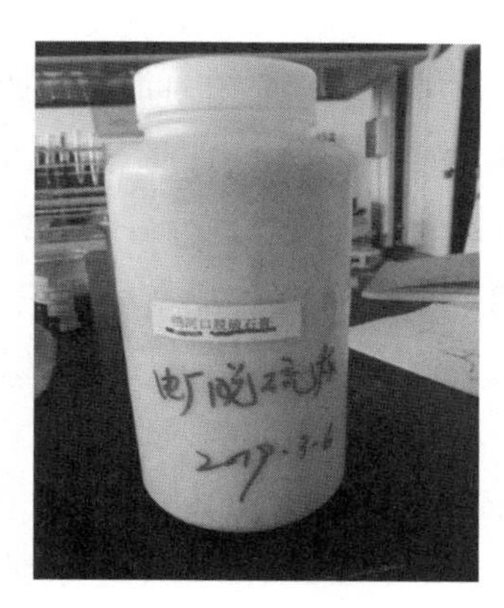

图 5.2 实验试剂

表 5.2 实验仪器

序号	实验类型	仪器名称
1	污泥浊度测定	浊度测定仪
2	污泥光学显微镜检视	光学显微镜
3	热重分析实验	热重分析仪
4	污泥离心沉降比/%	电动离心机
5	含水率测定/%	卤素水分测定仪
6	PUWU 调理	超声微波协同工作站
7	污泥比阻测定/（$m\cdot kg^{-1}$）	CBP347 比阻（SRF）实验装置
8	污泥黏度测定/（mPa·s）	SNB-1 旋转黏度计
9	毛细吸水时间/s	CST 测定仪
10	污泥颗粒粒径分析	粒度分析仪
11	扫描电镜分析	电子显微镜

5.1.3 实验步骤

实验共四个步骤：①准备阶段；②单因素实验阶段；③PUWU、脱硫灰联合 $K_2S_2O_8$ 实验阶段；④验证实验阶段。

（1）准备阶段。通过查阅大量文献，对实验操作方法及相关基础原理进行初步了解。结合任务书及开题报告，对实验整体过程进行时间规划并确定本次实验所需的材料仪器清单。在导师指导下，熟练掌握相关仪器的操作使用方法。

（4）单因素实验阶段。阅读文献，初步确定污泥调理参数最佳值的区间范围。然后分别以过硫酸钾剂量、脱硫灰剂量和 PUWU 处理时间为控制因素进行实验，以 SRF、泥饼含水率、污泥黏度等作为污泥脱水性能的指标得出实验结果。使用 Origin 9.0 软件对实验结果进行作图分析，进而得出单因素调理的最佳范围。

（3）PUWU、脱硫灰联合 $K_2S_2O_8$ 实验阶段。以单因素阶段得到的最佳参数范围为基础，对单因素最佳范围值进行编码运算。再利用 Design-Expert 8.0 软件 BBD 实验设计的统计学功能，得到 17 组多因素耦合实验组数据，根据得到的实验组条件进行相应实验，记录实验结果，再输入 Design-Expert 8.0 软件中，进行模型构建，求得拟合方程，并进行各项分析，以及得出曲面响应优化方案。

（4）验证实验阶段。根据响应曲面及对应的多元方程模型，得到多组优化方案，利用 Mathematical software 11.0 软件进行数值验证模型合理性。利用求得最佳实验条件数据进行调理，并以原污泥及单因素最佳条件调理后的污泥样品为对照组，分别测定各实验组毛细吸水时间（CST）、沉降比（离心率）等实验指标，进行比较分析，验证最佳实验条件组的准确性。

分别取 100 mL 原污泥样品、单因素 PUWU 最佳参数值调理后样品、过硫酸钾最佳投加量调理后样品以及耦合最佳条件下调理后污泥样品。离心脱水后取 3～7 g 泥饼密封保存并编号，进行电镜扫描和粒径测定，观察电镜扫描图片和粒径测定曲线，作为佐证验证最佳实验组的准确性。

5.1.4 实验操作及指标分析方法

1. PUWU 预处理操作过程

PUWU 处理是超声波、微波和紫外线协同作用以改善污泥脱水性能的一种物理处理过程。本次实验利用超声波微波协同反应工作站（图 5.3）进行此耦合处理过程。在已有研究的基础上，确定超声波处理功率为 3 W，微波处理功率为 540 W，以处理时间为控制变量进行操作。取 100 mL 污泥样品于 300 mL 烧杯当中，放入工作站处理间，关闭站门，首先调整微波功率 540 W，超声功率 3 W，打开微波处理开始按钮，待功率稳定至 540 W 后开始倒计时，并立即打开超声波及紫外线开始按钮。待倒计时时间到再依次关闭微波、超声波、紫外线开关，即完成一组 PUWU 处理过程。

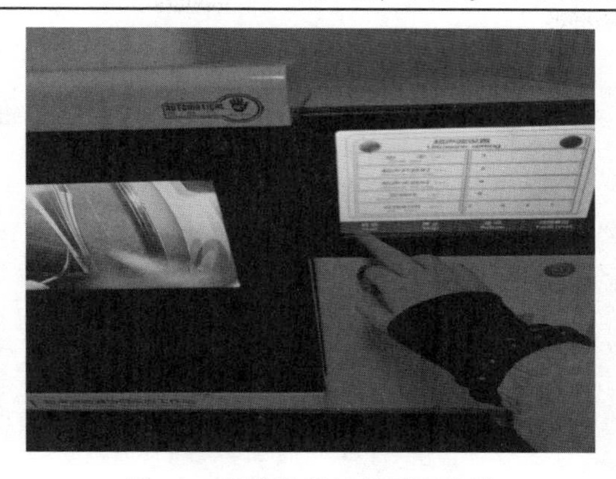

图 5.3　超声波微波协同工作站

2. 污泥比阻测定

污泥比阻（SRF）可作为污泥脱水性能指标。SRF 值愈小则脱水性能愈好。本次实验中作为污泥脱水性能指标的辅助指标。实验过程：加入 100 mL 待测样品，开动真空泵，调节真空压力于 0.25 MPa。在该压力下进行定压抽滤，并开动秒表，记录时间 t 和滤液量 V。t 与 V 呈线性关系，有以下关系：

$$\frac{t}{V}=\frac{\mu\omega \mathrm{SRF}}{2pA^2}V+\frac{\mu R_{\mathrm{f}}}{pA} \tag{5.1}$$

式中　V——PUWU 处理样品滤液体积，m^3；

t——PUWU 处理样品过滤时间，s；

p——PUWU 处理样品过滤压力，Pa；

A——PUWU 处理样品过滤面积，m^2；

μ——PUWU 处理样品滤液动力黏度，Pa·s。

$$\mathrm{SRF}=\frac{2pA^2b}{\mu\omega} \tag{5.2}$$

式中　SRF——PUWU 处理样品污泥比阻，$m\cdot kg^{-1}$；

p——PUWU 处理样品真空抽滤压力，Pa；

A——PUWU 处理样品过滤面积，m^2；

b——PUWU 处理样品过滤量曲线斜率；

μ——PUWU 处理样品滤液动力黏度，Pa·s。

利用式（5.1），借助 Origin 9.0 进行线性拟合，得出斜率 b，将 b 代入式（5.2）中，即得到污泥样品比阻抗值 SRF。污泥比阻测定装置如图 5.4 所示。黏度测定装置如图 5.5 所示。

图 5.4　污泥比阻测定装置

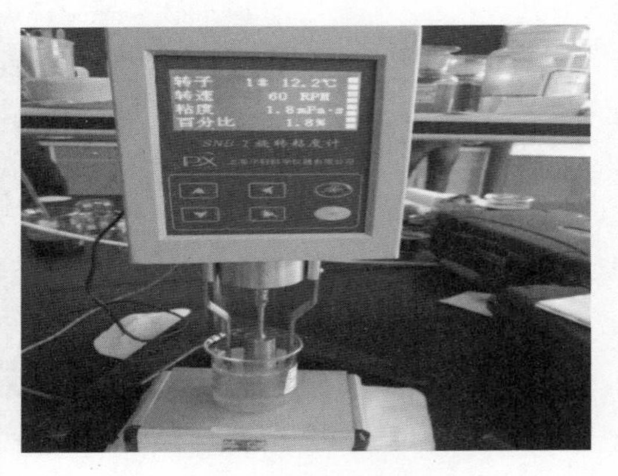

图 5.5　黏度测定装置

3. 毛细吸水时间（CST）的测定

毛细吸水时间是表示污泥脱水性能的指标。CST 值愈小则脱水性能愈好，反之脱水性能越差。操作步骤如下：打开测定仪的开关（图 5.6），在测定容器里放入吸水滤纸，注意放置平整并将套管立放在滤纸上。按动测定按钮，可观察到显示屏上显示 C5 字样，即表示可以开始测定。取适量污泥均匀倒入套筒内，水分开始在滤纸上扩散，报警声响起一声起测定仪开始显示数据，随后当报警器第二次蜂鸣声响起时，计时结束。此时显示屏上方显示 00 字样，表示测定结束，下方读数时间即为本次 CST 测定值。

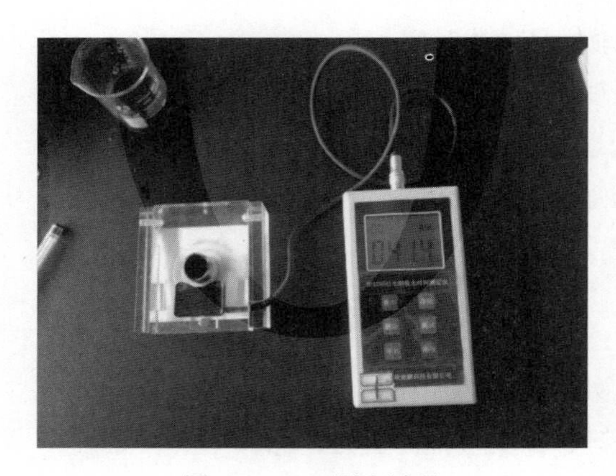

图 5.6　CST 测定过程

4. 离心沉降比的测定

将配置好的待测定污泥分别置于 100 mL 离心管当中，加保护套，放置于离心机中，控制转速，打开开关，计时 90 s 以后关闭离心机（注：离心管务必要对称放入）。取出离心管，对上清液体积及污泥体积进行测量，并检测上清液浊度，记录实验数据用于后续计算。浊度测定如图 5.7 所示。离心处理操作如图 5.8 所示。

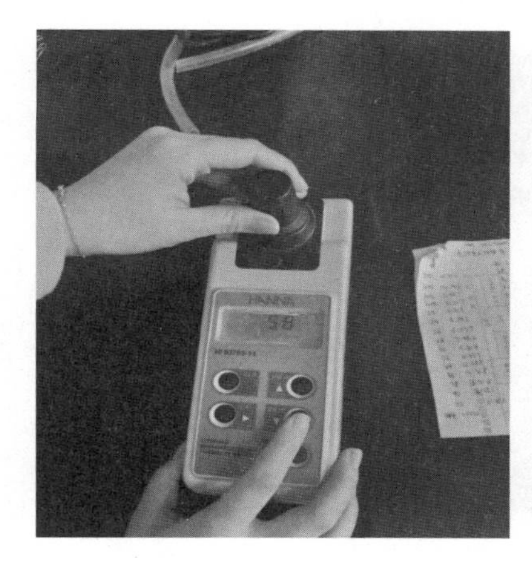

图 5.7　浊度测定

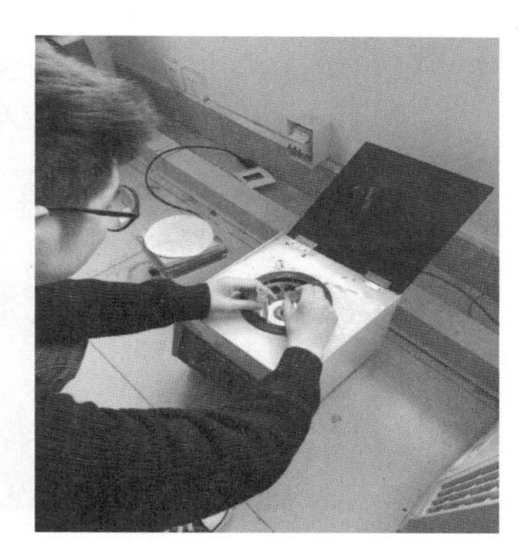

图 5.8　离心处理操作

5. 滤饼含水率（WC）的测定

抽滤完成后，取出污泥滤饼并称重，取 3～5 g 滤饼放入卤素水分测定仪，调节温度至 120 ℃，设定模式及强度，按开始按钮，待仪器提示音响起显示屏读数不再变化，记下读数即可。滤饼含水率测定如图 5.9 所示。

图 5.9　滤饼含水率测定

6. 污泥样品光学显微镜观察

将原始污泥样品及各类单因素或耦合因素调理后的污泥样品，用玻璃棒挑取适量置于干净载玻片上，盖好盖玻片，放置于载物台上，调节玻片位置，调整镜头，曝光率以及对比度等设置项，在显微镜下得到清晰的污泥样品图像，并在计算机系统上将图片截图记录，以用作观察对比。污泥光学显微镜分析如图 5.10 所示。

图 5.10　污泥光学显微镜分析

7. 粒径分析

分别取 100 mL 原污泥样品、单因素 PUWU 最佳处理值调理后样品、过硫酸钾最佳投加量调理后样品以及耦合最佳条件下调理后污泥样品，离心脱水并干燥后取 3～7 g 泥饼密封保存并编号，当天送外进行污泥粒径分析。

8. 电镜扫描

分别取 100 mL 原污泥样品、单因素 PUWU 最佳参数值调理后样品、过硫酸钾最佳投加量调理后样品以及耦合最佳条件下调理后污泥样品，离心脱水并干燥后取 3～7 g 泥饼密封保存并编号，进行电镜扫描。

5.2　结果与讨论

5.2.1　单因素实验结果与讨论

1. $K_2S_2O_8$ 调理对污泥脱水性能指标的影响

取 5 个烧杯，各放入 100 mL 待测污泥样品，分别投加不同体积的 $K_2S_2O_8$ 溶液（体积分数为 5%）后进行编号，充分搅拌，然后放置 1 h。观察发现投加 $K_2S_2O_8$ 溶液的污泥样品逐渐呈棕黄色。随过硫酸钾投加量增加，污泥颜色逐渐变浅，且很快出现明显的泥水分层现象（水层在下，泥层在上），具体现象如图 5.11～5.13 所示。待样品与药剂充分反应之后，分别测定样品的比阻抗值（SRF）、泥饼含水率（WC）与污泥黏度。

经过实验测定及数据处理，得出投加量最佳范围为 0.85～1.0 mmol/gSS。处理效果变化情况如图 5.14、图 5.15 所示。在 $K_2S_2O_8$ 试剂投加量为 0.92 mmol/gSS 时，污泥脱水性能最好，SRF（污泥比阻抗值）、滤饼含水率以及污泥黏度均达到最小值。比阻抗值降低为 $0.131\,5\times10^{13}\ \mathrm{m\cdot kg^{-1}}$，减小率为 90.08%。滤饼含水率降低为 80.77%，减少率为 3.44%。

污泥黏度降低为 56 mPa·s，减小率为 65.43%。在投加量达到最佳值以后，再继续增加药剂量，污泥脱水性能改善效果变差，具体表现为比阻抗值与滤饼含水率指标均出现明显增长。由以上分析得出，$K_2S_2O_8$ 试剂在一定投加量范围内能够起到优化污泥脱水性能的作用，且单因素最佳处理剂量为 0.92 mmol/gSS。

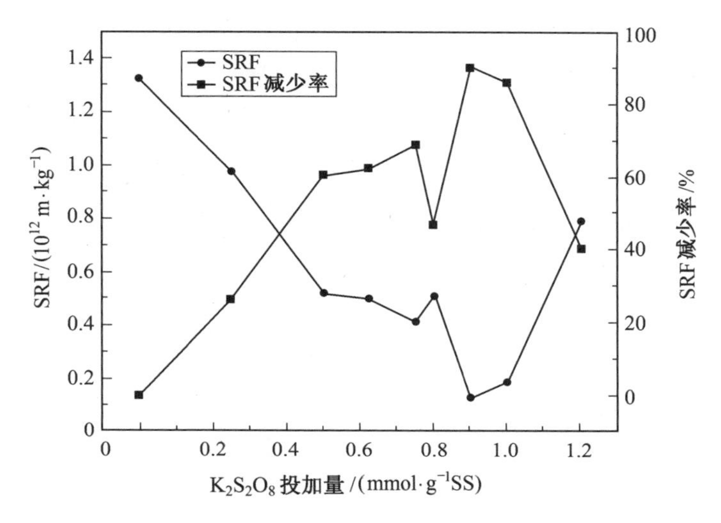

图 5.11 $K_2S_2O_8$ 试剂处理对 SRF 的影响

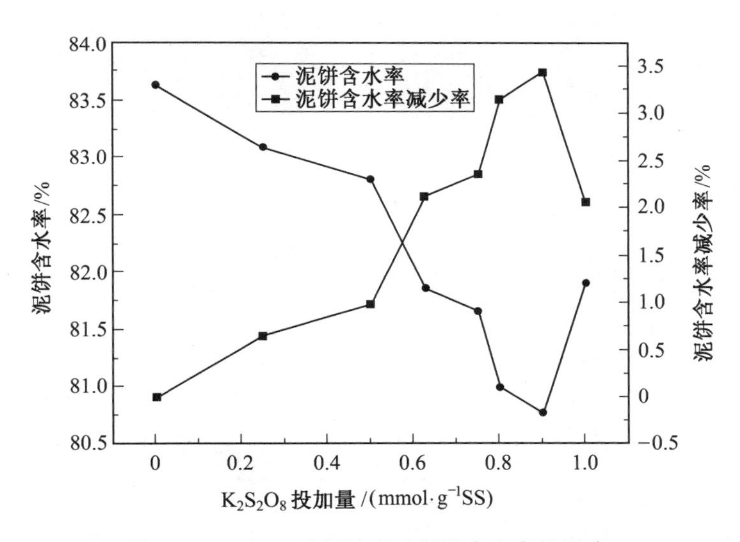

图 5.12 $K_2S_2O_8$ 试剂处理对泥饼含水率的影响

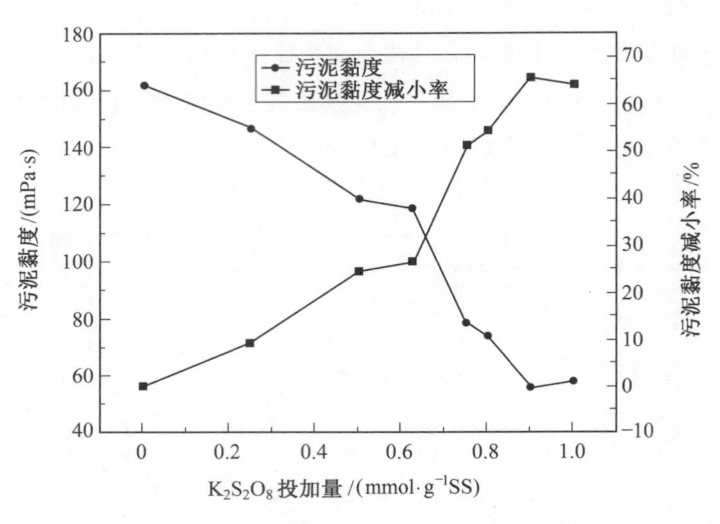

图 5.13　$K_2S_2O_8$试剂处理对污泥黏度的影响

图 5.14　污泥样品性状变化观察

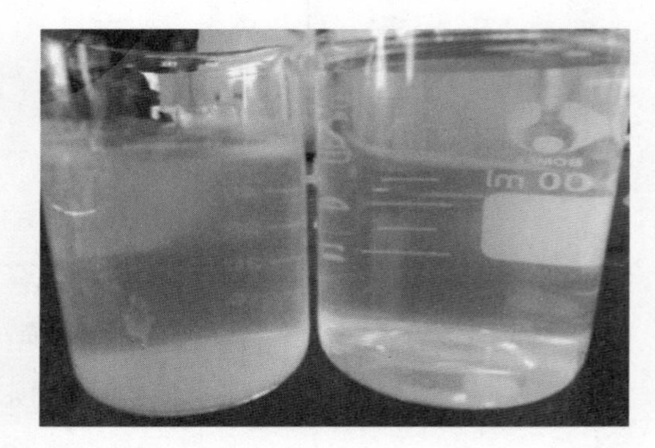

图 5.15　污泥抽滤液性状变化

2. 脱硫灰调理对污泥脱水性能指标的影响

取五份 100 mL 待测污泥样品置于烧杯中，分别投加 1 g、2 g、2.5 g、3 g、4 g 脱硫灰并编号，充分搅拌后放置 1 h。待样品与药剂充分反应之后，分别测定样品的比阻抗值（SRF）、泥饼含水率（WC）与污泥黏度。

通过参数指标实验，得出投加量最佳范围为 0.9～1.1 g/gSS。处理效果变化情况如图 5.16～5.18 所示。

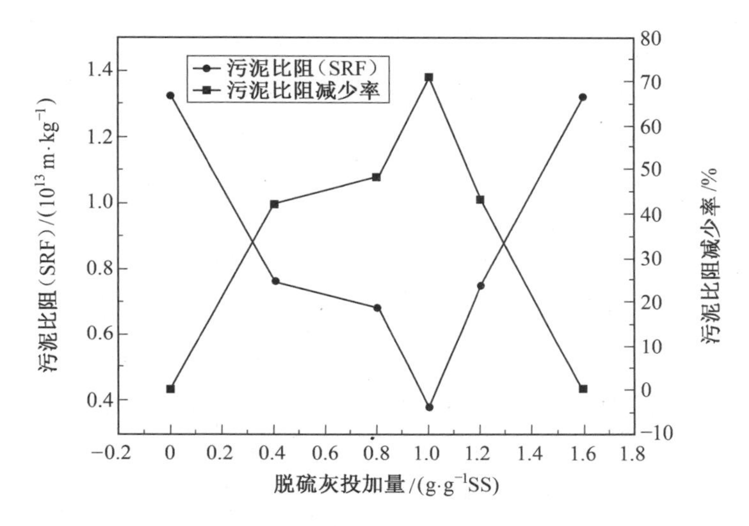

图 5.16　脱硫灰处理对 SRF 的影响

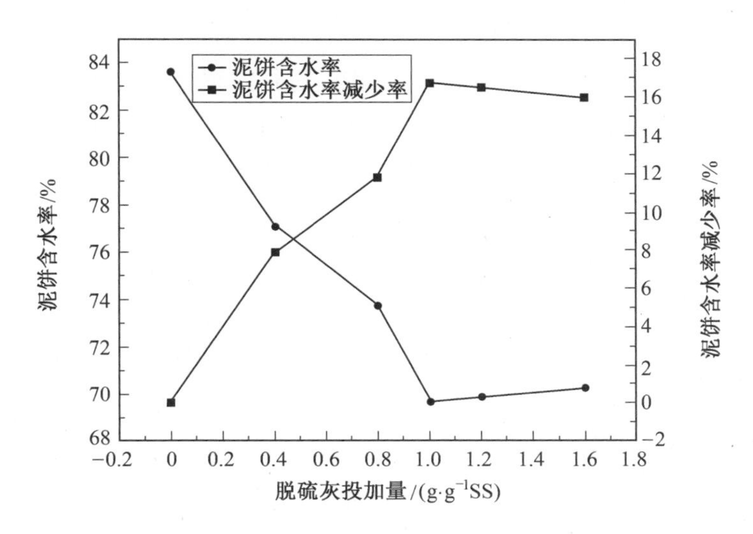

图 5.17　脱硫灰处理对含水率的影响

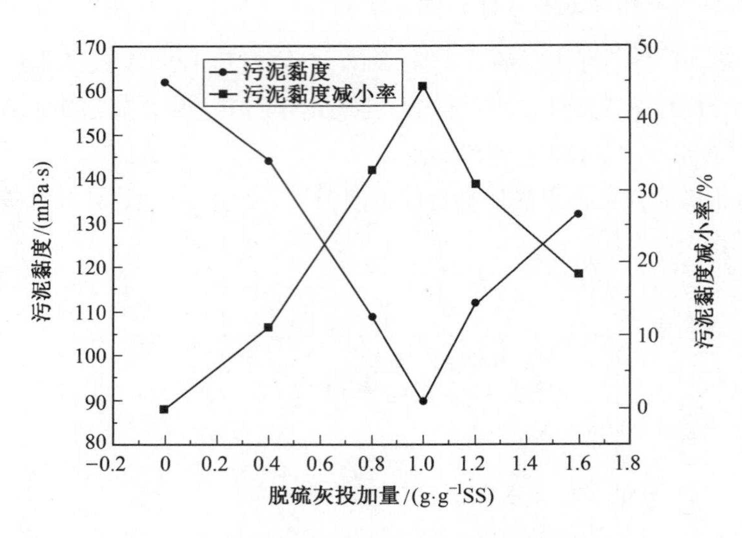

图 5.18　脱硫灰处理对污泥黏度的影响

在脱硫灰投加量为 1 g/gSS 时，污泥脱水性能最好，SRF（污泥比阻抗值）、滤饼含水率以及污泥黏度均达到最小值，比阻抗值降低为 $0.131\,5\times10^{13}\ \mathrm{m\cdot kg^{-1}}$，减少率为 90.08%；滤饼含水率降低为 80.77%，减少率为 3.44%；污泥黏度降低为 56 mPa·s，减少率为 65.43%。在投加量达到最佳值以后，再继续增加药剂量，污泥脱水性能改善效果变差，具体表现为比阻抗值与滤饼含水率指标均出现明显增长。由以上分析得出，脱硫灰试剂在一定投加量范围内能够起到优化污泥脱水性能的作用，且单因素最佳处理剂量为 1 g/gSS。

3. PUWU 处理时间对污泥脱水性能指标的影响

PUWU 处理是超声波、微波和紫外线协同作用以改善污泥脱水性能的一种物理处理过程。本次实验利用超声波微波协同反应工作站进行此耦合处理过程。在已有研究的基础上，确定超声波处理功率为 3 W，微波处理功率为 540 W，以处理时间为控制变量进行操作。取 100 mL 污泥样品于 300 mL 烧杯当中，放入工作站处理间，关闭站门，首先调整微波功率为 540 W，超声功率为 3 W，打开微波处理开始按钮，待功率稳定至 540 W 后开始倒计时，并立即打开超声波及紫外线开始按钮。待倒计时时间到再依次关闭微波、超声波、紫外线开关，即完成一组 PUWU 处理过程。控制脉冲时间分别为 10 s、20 s、30 s、40 s、50 s、60 s 进行上述处理过程，充分搅拌均匀后放置 1 h，分别测定样品的比阻抗值（SRF）、泥饼含水率（WC）与污泥黏度。

经 PUWU 处理后的污泥样品，5 min 内即出现明显的泥水分离现象（水层在上，泥层在下），且出现明显的团聚现象。通过参数指标实验，得出最佳处理时间为 30 s，处理效果变化情况如图 5.19～5.21 所示。各项指标当中污泥黏度的变化最为显著，30 s 时为最小值，降至 98 mPa·s，减小率为 39.51%。其他两项指标值在 30 s 前均呈减小趋势，30 s

后呈增加趋势，且处理时间过短或过长均会出现脱水性能恶化的情况。处理时间过长将污泥打碎，结构过于松散化，不利于团聚形成疏水通道，亲水性仍然较高。故在以 30 s 为中心值的区间范围内，加长处理时间能够改善污泥脱水性能。本实验得出 PUWU 最佳处理时间为 30 s。

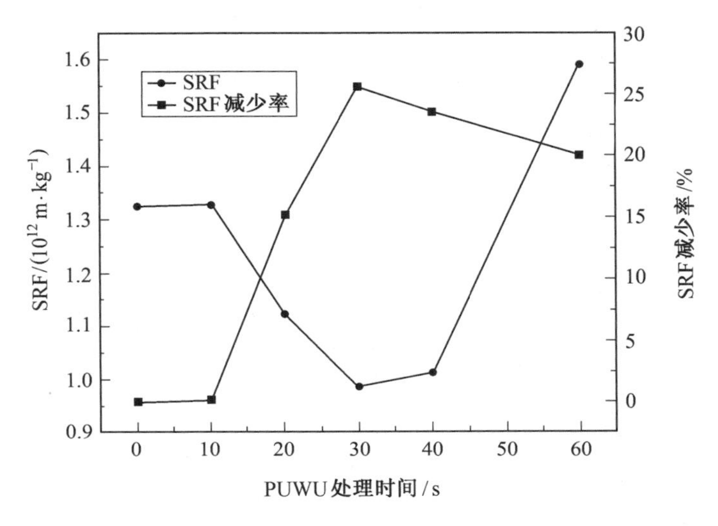

图 5.19　PUWU 处理对 SRF 的影响

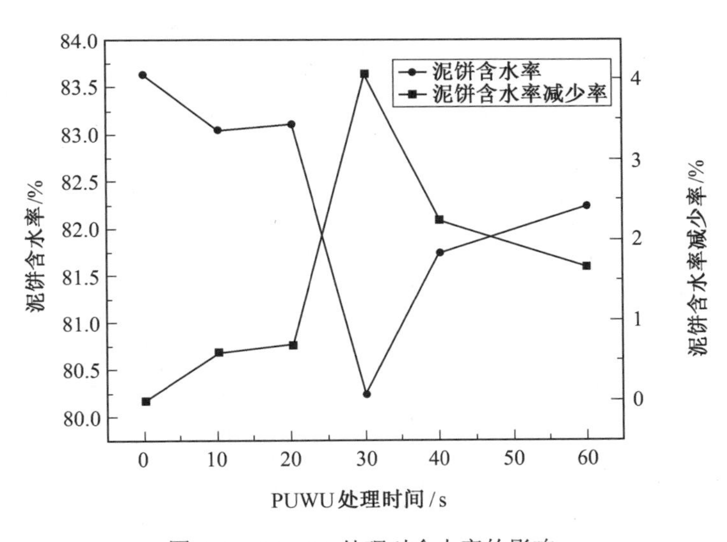

图 5.20　PUWU 处理对含水率的影响

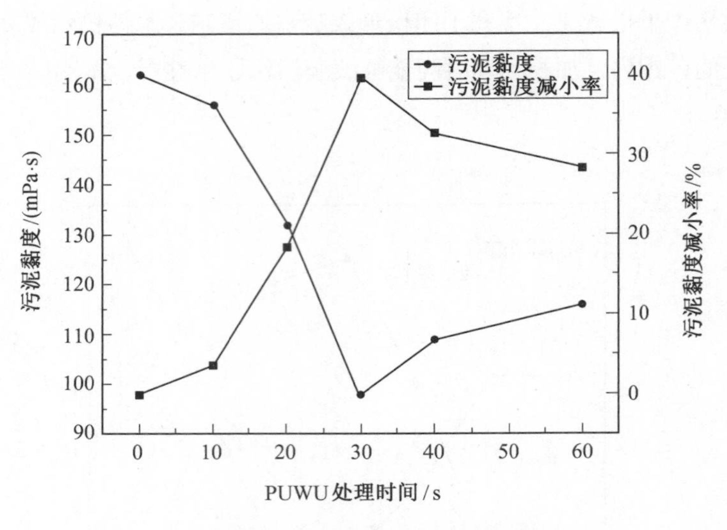

图 5.21　PUWU 处理对污泥黏度的影响

5.2.2　多因素模型生成及参数分析

以单因素阶段得到的最佳参数范围为基础，对单因素最佳范围值进行编码运算。具体的实测值和编码变量及其分布水平水平见表 5.3。

表 5.3　实测值和编码变量

因素	代码		分布水平		
	实测值	编码值	−1	0	1
过硫酸钾投加量/（$mmol \cdot g^{-1}SS$）	ε_1	X_1	0.92	0.95	0.98
脱硫灰投加量/（$g \cdot g^{-1}SS$）	ε_2	X_2	0.6	1	1.4
PUWU 处理时间/s	ε_3	X_3	20	30	40

在单因素实验结果基础上，应用 BBD 实验功能，以过硫酸钾投加量 X_1、脱硫灰投加量 X_2、PUWU 处理时间 X_3 为变量，毛细吸水时间（CST）、离心沉降比为响应值进行响应分析实验。通过 17 组耦合实验，得到设计参数以及实验结果见表 5.4。通过模型构建，对表中数据进行 ANOVO 方差分析，并拟合得出硫酸钾投加量 X_1、脱硫灰投加量 X_2、PUWU 处理时间 X_3 的回归方程。

表 5.4　响应曲面实验及结果

编号	编码值			CST/s		离心沉降比/%	
	X_1	X_2	X_3	实测值	预测值	实测值	预测值
1	−1	−1	0	37.24	37.03	34	33.82
2	1	−1	0	38.66	39.17	34.85	35.19
3	−1	1	0	36.46	35.95	34.55	34.21
4	1	1	0	36.9	37.11	33.25	33.43
5	−1	0	−1	37.88	38.34	34.75	34.72
6	1	0	−1	39.54	39.28	35.85	35.29
7	−1	0	1	35.68	35.94	34.2	34.76
8	1	0	1	38.76	38.30	34.75	34.78
9	0	−1	−1	40.3	40.05	37.85	38.06
10	0	1	−1	37.1	37.14	33	33.37
11	0	−1	1	37.06	37.02	34.2	33.82
12	0	1	1	36.54	36.79	37.35	37.14
13	0	0	0	29.52	28.63	30.45	30.23
14	0	0	0	28.5	28.63	30.6	30.23
15	0	0	0	27.8	28.63	29.85	30.23
16	0	0	0	28.73	28.63	30.25	30.23
17	0	0	0	28.62	28.63	30	30.23

5.2.3　毛细吸水时间方差分析

式（5.3）为 PUWU 调理以 CST 为响应值建立的回归方程，即

$$\begin{aligned}\mathrm{CST} = 28.63 + 0.83X_1 - 0.78X_2 - 0.85X_3 - 0.25X_1X_2 + 0.35X_1X_3 + \\ 0.67X_2X_3 + 4.45X_1^2 + 4.23X_2^2 + 4.88X_3^2\end{aligned} \tag{5.3}$$

式（5.3）中系数为 Design-Expert 8.0 软件进行模型拟合得出，在该多元二次方程当中，三个参数（过硫酸钾投加量 X_1、脱硫灰投加量 X_2、PUWU 处理时间 X_3）二次平方项系数均大于零，说明方程曲面开口向上，具有极小值，满足本实验进行最优分析的条件。对该模型进行方差分析和显著性检验，结果见表 5.5。从结果我们可以得出：模型中的 F 值为 85.35，由于噪声，模型可能会出现这种大的“模型 F 值”的概率仅为 0.01%。

同时 $P<0.000\,1$，说明该模型真实度高，显著性良好，经过该模型处理设计出的预测方案具有较高的置信度。“Adeq Precision”测定 S/N（信噪比）为 23.502，远大于 4，表明信号足够，可用于预测模型实验。$R^2=0.991\,0$，$R_{adj}^2=0.979\,4$，均较接近于 1。仅有 2%的变异响应值不能用式（5.3）解释。

二者具有大小相关性，说明毛细吸水时间方程能够显著地拟合过硫酸钾投加量、脱硫灰投加量、PUWU 处理时间对响应指标毛细吸水时间（CST）的影响，1.15 的拟合不足 F 值也说明拟合不足性不明显，模型拟合性显著。

综上，可以利用该模型设计实验点代替实际的实验点，对毛细吸水时间指标值进行预测，得出实验结果。图 5.22 所示为毛细吸水时间的实测值和预测值对比的回归曲线，图中实测值和预测值在直线附近分布，实测值在回归线附近产生小幅度偏离，回归线的斜率接近 1。因此利用该模型的预测值代替实测值对多因素耦合实验结果进行预测分析是合理的。

表 5.5　毛细吸水时间回归方程模型的方差分析

来源	平方和 SS	自由度 DF	均方 MS	F	P(Prob>F)
模型	308.07	9	34.23	85.35	<0.000 1
X_1	5.45	1	5.45	13.60	0.007 8
X_2	4.90	1	4.90	12.21	0.010 1
X_3	5.74	1	5.74	14.31	0.006 9
X_1X_2	0.24	1	0.24	0.60	0.464 4
X_1X_3	0.50	1	0.50	1.25	0.300 8
X_2X_3	1.80	1	1.80	4.48	0.072 2
X_1^2	83.28	1	83.28	207.65	<0.000 1
X_2^2	75.47	1	75.47	188.17	<0.000 1
X_3^2	100.37	1	100.37	250.26	<0.000 1
残差	2.81	7	0.40		
拟合不足	1.30	3	0.43	1.15	0.431 3
误差	1.51	4	0.38		
总误差	310.88	16			

注：回归系数 $R^2=0.991\,0$；校正系数 $R_{adj}^2=0.979\,4$；信噪比（23.502）大于 4。

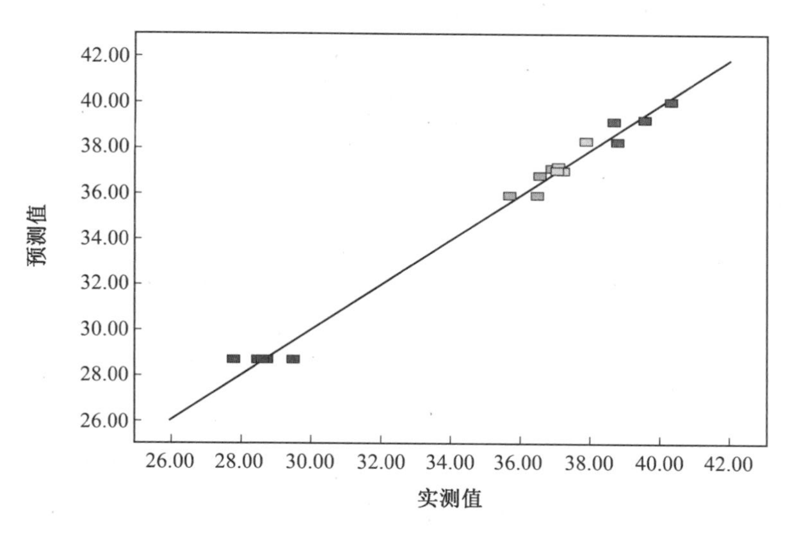

图 5.22　毛细吸水时间的实测值和预测值的对比

5. 2. 4　离心沉降比方差分析

式（5.4）为 PUWU 调理以离心沉降比为响应值建立的回归方程，即

$$\begin{aligned}离心率 = 20.23 + 0.15X_1 - 0.34X_2 - 0.12X_3 - 0.54X_1X_2 - 0.14X_1X_3 + \\ 3.0X_2X_3 + 1.61X_1^2 + 2.32X_2^2 + 3.05X_3^2\end{aligned} \tag{5.4}$$

式（5.4）中系数为 Design-Expert 8.0 软件进行模型拟合得出，在该多元二次方程当中，三个参数（过硫酸钾投加量 X_1、脱硫灰投加量 X_2、PUWU 处理时间 X_3）二次平方项系数均大于零，说明方程曲面开口向上，具有极小值，满足本实验进行最优分析的条件。对该模型进行方差分析和显著性检验，结果见表 5.6，从结果可以得出，模型中的 F 值为 45.92，由于噪声，模型可能会出现这种大的“模型 F 值”的概率仅为 0.01%。同时 $P<0.0001$，说明该模型真实度高，显著性良好，经过该模型处理设计出的预测方案具有较高的置信度。“Adeq Precision”测定 S/N（信噪比）为 20.862，远大于 4，表明信号足够，可用于预测模型实验。$R^2=0.9833$，$R_{adj}^2=0.9616$, 均较接近于 1。仅有 3%的变异响应值不能用方程（5.4）解释。二者具有大小相关性，说明离心沉降比方程能够显著地拟合过硫酸钾投加量、脱硫灰投加量、PUWU 处理时间对响应指标离心沉降比的影响，4.51 的拟合不足 F 值也说明拟合不足性不明显，模型拟合性能显著。

综上，可以利用该模型设计实验点代替真实的实验点，对离心沉降比变化进行预测得出实验结果。图 5.23 所示为离心沉降比的实测值和预测值对比的回归曲线，图中实测值和预测值在直线附近分布，实测值在回归线附近产生小幅度偏离，回归线的斜率接近 1，因此利用该模型的预测值代替实测值对多因素耦合实验结果进行预测分析是合理的。

表 5.6　离心沉降比回归方程模型的方差分析

来源	平方和 SS	自由度 DF	均方 MS	F	P(Prob>F)
模型	99.03	9	11.00	45.92	<0.000 1
X_1	0.18	1	0.18	0.75	0.414 8
X_2	0.95	1	0.95	3.94	0.087 4
X_3	0.11	1	0.11	0.47	0.514 7
X_1X_2	1.16	1	1.16	4.82	0.064 1
X_1X_3	0.076	1	0.076	0.32	0.591 8
X_2X_3	16.00	1	16.00	66.77	<0.000 1
X_1^2	10.91	1	10.91	45.55	0.000 3
X_2^2	22.71	1	22.71	94.78	<0.000 1
X_3^2	39.10	1	39.10	163.19	<0.000 1
残差	1.68	7	0.24		
拟合不足	1.29	3	0.43	4.51	0.090 0
误差	0.38	4	0.096		
总误差	100.70	16			

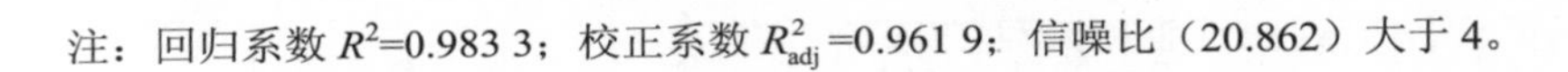
注：回归系数 R^2=0.983 3；校正系数 R_{adj}^2=0.961 9；信噪比（20.862）大于 4。

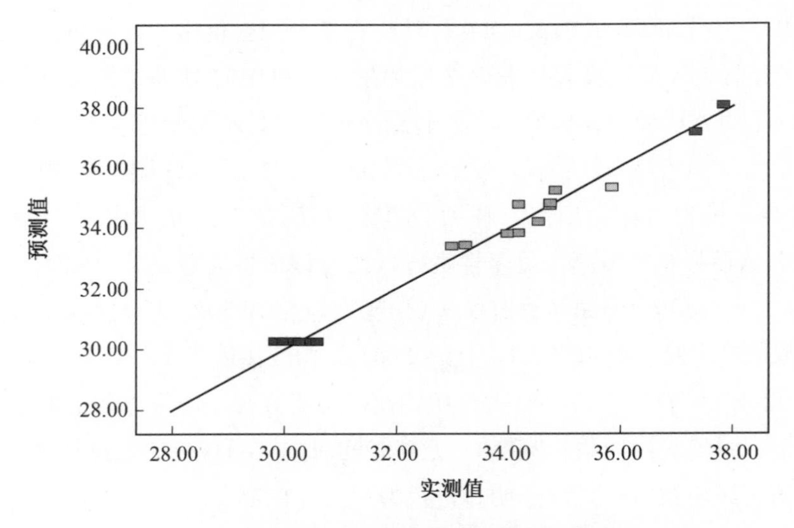

图 5.23　离心沉降比的实测值和预测值的对比

5. 2. 5　响应曲面图与参数优化

图 5.24～5.26，图 5.27～5.29 所示为对两个不同响应值的实验数据进行模型拟合得出

的响应曲面图和等高线图。各耦合因素对污泥脱水性能指标（响应值）的影响能够从响应曲面图和等高线图中直观看出。其中等高线形状可体现各因素耦合性能，椭圆体现耦合作用强，圆体现耦合作用弱；各因素影响强烈程度以及变化走势可通过响应曲面陡峭程度以及曲面走势直观分析得出。

1. 毛细吸水时间响应曲面图与参数优化

图 5.24～5.26 所示为不同中心值下，耦合因素变化对毛细吸水时间的影响情况。三个等高线图均为椭圆形，说明几组因素的交互影响作用均处于较强水平，其中过硫酸钾投加量与 PUWU 处理时间的等高线图明显最为密集，椭圆曲率也较小，说明二者的交互作用最佳。

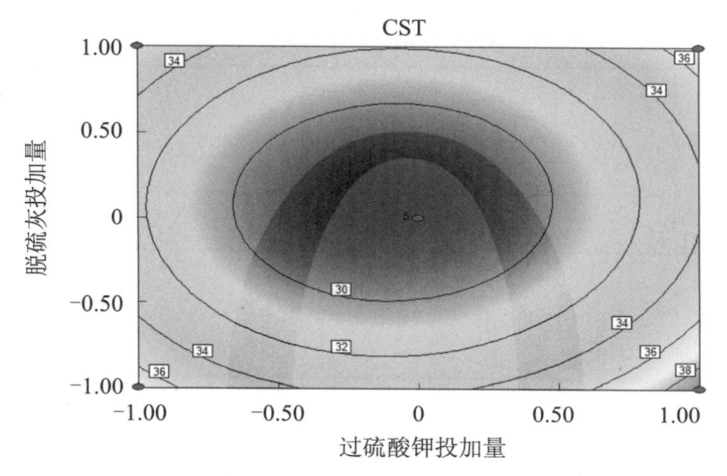

（a）毛细吸水时间等高线图

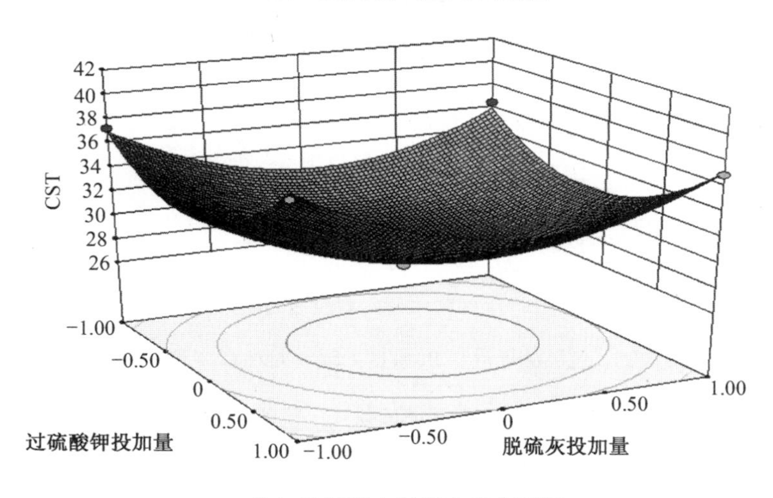

（b）毛细吸水时间响应曲面图

图 5.24　过硫酸钾和脱硫灰投加量对 CST 的影响

图 5.24 所示为以 PUWU 处理时间为中心值时，过硫酸钾投加量和脱硫灰投加量对 CST 指标的影响。中心值为 30 s 时，保持脱硫灰投加量恒定，随过硫酸钾投加量增加，毛细吸水时间显著减小，达到极小值后不再减小，甚至随过硫酸钾投加量增加有明显增加趋势；同理，在此中心值下保过硫酸钾投加量不变，随脱硫灰投加量增加，毛细吸水时间呈相同趋势变化，但坡度较缓，说明影响程度相对较弱。

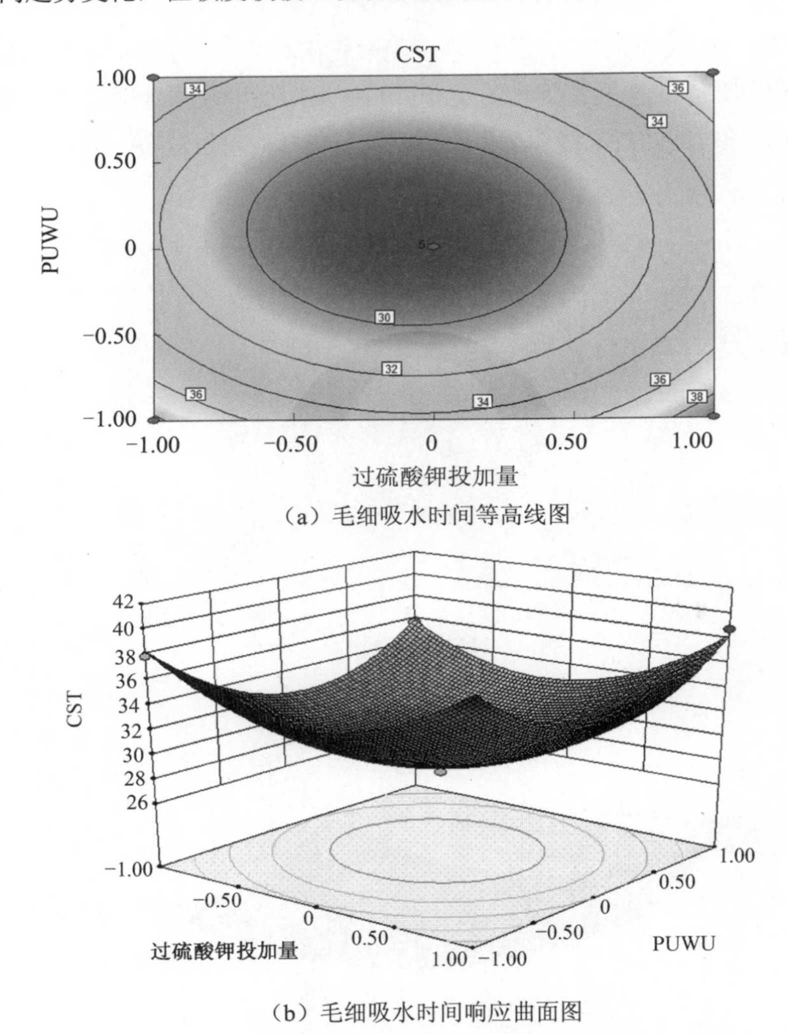

（a）毛细吸水时间等高线图

（b）毛细吸水时间响应曲面图

图 5.25　过硫酸钾量和 PUWU 处理时间对 CST 的影响

图 5.25 所示为以脱硫灰投加量为中心值时，过硫酸钾投加量和 PUWU 处理时间对 CST 指标的影响。中心值为 1 g/gSS 时，保持过硫酸钾投加量恒定，随 PUWU 处理时间增加，毛细吸水时间有减小趋势，达到极小值后不再减小，甚至随处理时间增加有明显的增加趋势；同理，在此中心值下保持 PUWU 处理时间不变，随过硫酸钾投加量增加，毛细吸水时间呈类似趋势变化，但坡度较陡，说明影响程度相对较强。

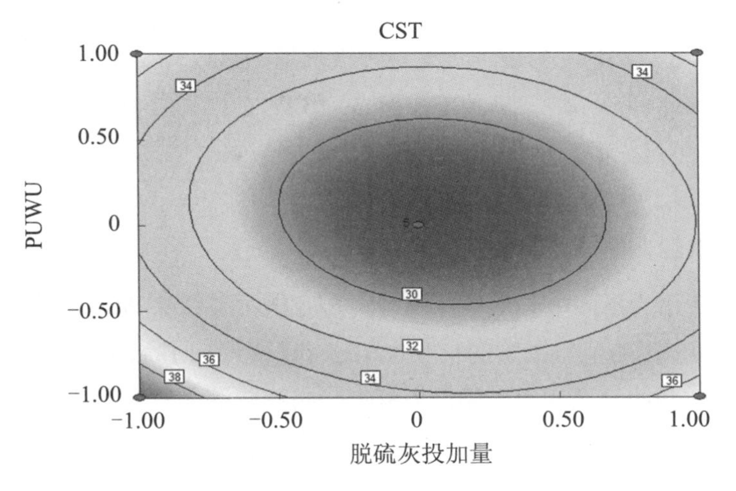

（a）毛细吸水时间等高线图

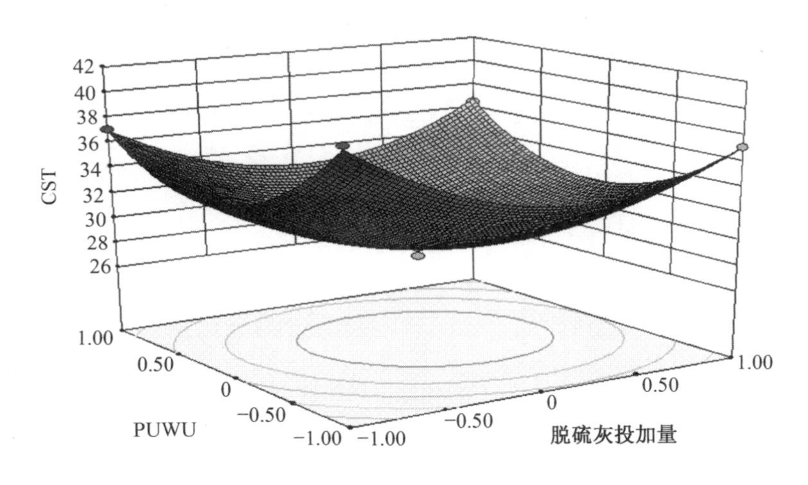

（b）毛细吸水时间响应曲面图

图 5.26　脱硫灰和 PUWU 处理时间对 CST 的影响

图 5.26 所示为以过硫酸钾投加量为中心值时，脱硫灰投加量和 PUWU 处理时间对 CST 指标的影响。中心值为 1 mmol/gSS 时，保持脱硫灰投加量恒定，随 PUWU 处理时间增加，毛细吸水时间有减小趋势，达到极小值后不再减小，甚至随处理时间增加有明显的恶化情况出现；同理，在此中心值下保持 PUWU 处理时间不变，随过脱硫灰投加量增加，毛细吸水时间呈类似趋势变化，但坡度较陡，说明影响程度相对较强。

所以，PUWU 处理时间、过硫酸钾投加量和脱硫灰投加量都存在使毛细吸水时间达到最小值的最佳值。故由此通过 Design-Expert 8.0 软件的数值优化功能控制响应因素（毛细吸水时间），以最小值为最优条件得出优化选择为：过硫酸钾投加量 0.95 mmol/gSS，脱硫灰投加量 1.03 g/gSS，PUWU 处理时间 30.85 s；预期指标值为：CST 值 28.527 s，离心率 30.25%。将毛细吸水时间的三元二次方程输入 Mathematical software1 1.0，运算得出方程最小值点（CST 取最小值）对应的过硫酸钾投加量、脱硫灰投加量和 PUWU 处理时间的值分别为 0.947 mmol/gSS、1.033 g/gSS 和 30.86 s，CST 最小值为 28.499 s。与优化结果进行对比分析，可见模型模拟分析给出的优化方案与数值运算分析结果一致性较高，说明此模型给出的优化结果置信度高，可以取用。

2. 离心沉降比响应曲面图与参数优化

图 5.27～5.29 所示为不同中心值下，耦合因素变化对离心沉降比的影响情况。三个等高线图均为椭圆形，说明几组因素的交互影响作用均处于较强水平，其中过硫酸钾投加量与 PUWU 处理时间的等高线图明显最为密集，椭圆曲率也最小，说明二者的交互作用最佳。

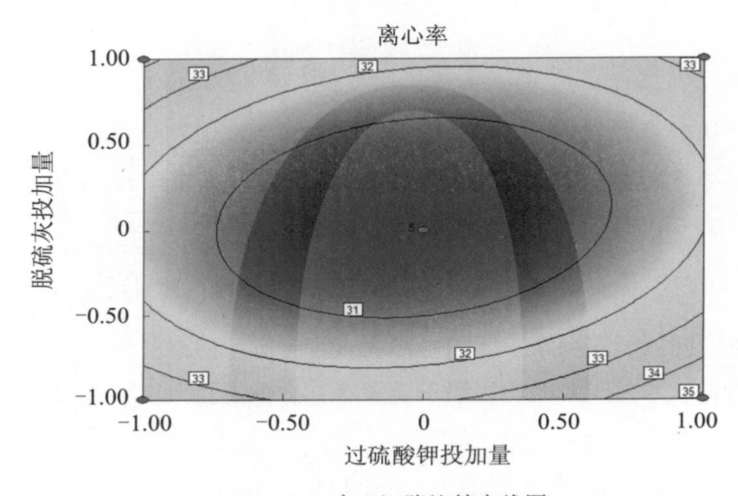

（a）离心沉降比等高线图

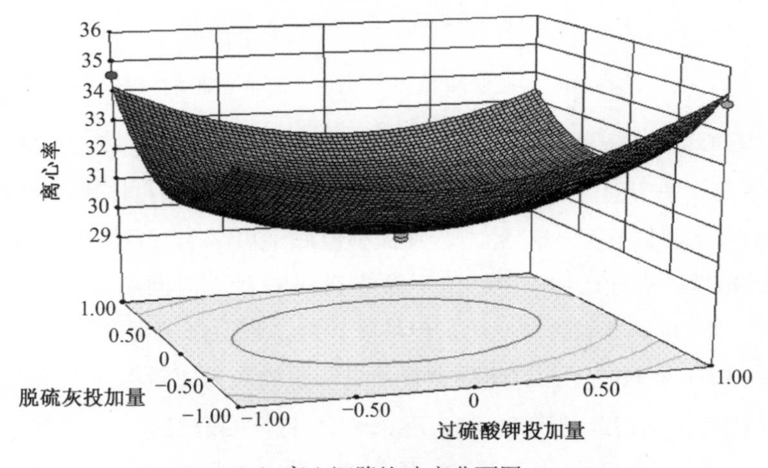

（b）离心沉降比响应曲面图

图 5.27　过硫酸钾和脱硫灰投加量对离心沉降比的影响

图 5.27 所示为以 PUWU 处理时间为中心值时，过硫酸钾投加量和脱硫灰投加量对 CST 指标的影响。中心值为 30 s 时，保持脱硫灰投加量恒定，随过硫酸钾投加量增加，离心沉降比显著减小，达到极小值后不再减小，甚至随过硫酸钾投加量增加有明显增加趋势；同理，在此中心值下保持过硫酸钾投加量不变，离心沉降比随过脱硫灰用量增多呈类似走势，但坡度较缓，说明影响程度相对较弱。

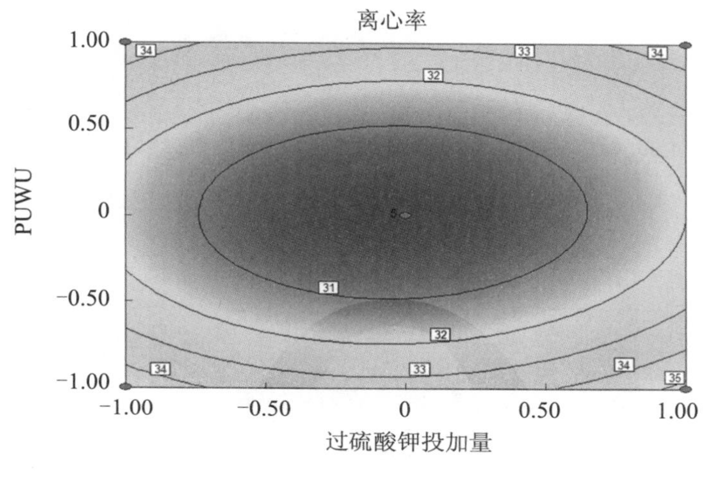

（a）离心沉降比等高线图

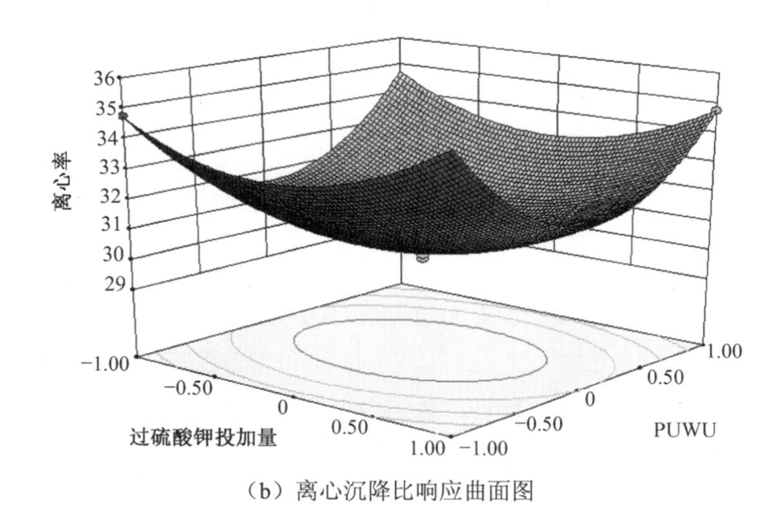

（b）离心沉降比响应曲面图

图 5.28　过硫酸钾量和 PUWU 处理时间对离心沉降比的影响

图 5.28 所示为以脱硫灰投加量为中心值时，过硫酸钾投加量和 PUWU 处理时间对离心沉降比指标的影响。中心值为 1 g/gSS 时，保持过硫酸钾投加量恒定，随 PUWU 处理时间增加，离心沉降比有减小趋势，达到极小值后不再减小，甚至随处理时间增加有明显的增加趋势；同理，在此中心值下保持 PUWU 处理时间不变，离心沉降比随过硫酸钾用量增多呈类似走势，但坡度较陡，说明影响程度相对较强。

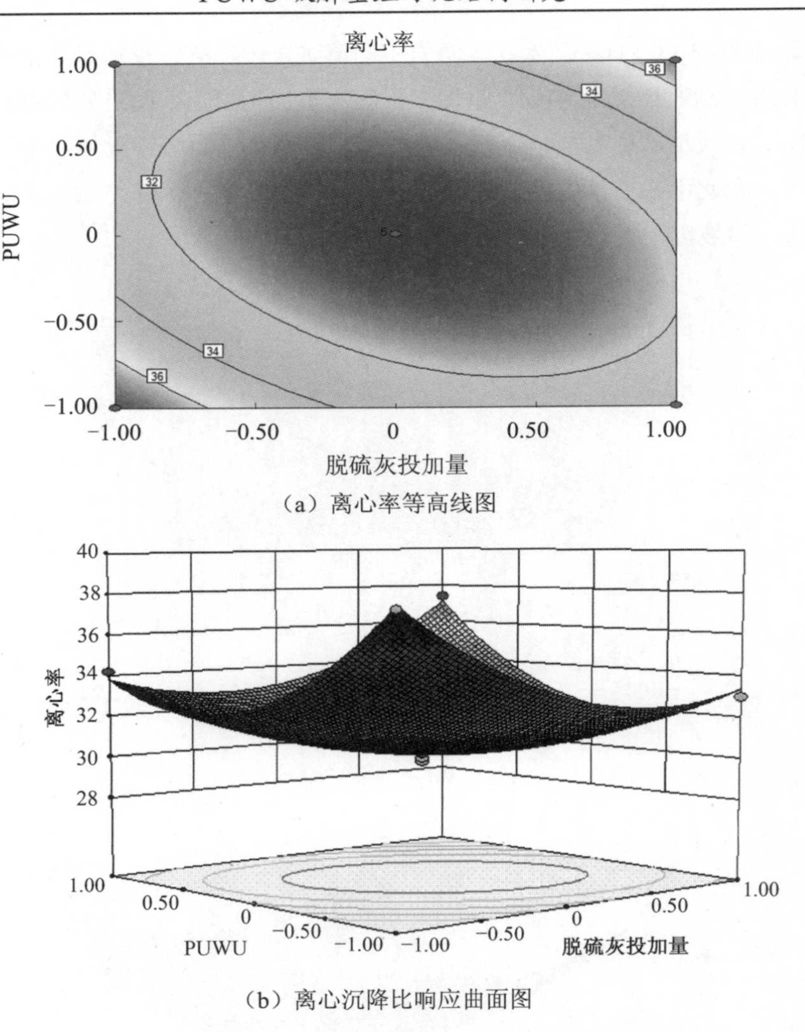

（a）离心率等高线图

（b）离心沉降比响应曲面图

图 5.29　脱硫灰和 PUWU 处理时间对离心沉降比的影响

图 5.29 所示为以过硫酸钾投加量为中心值时，脱硫灰投加量和 PUWU 处理时间对离心沉降比指标的影响。中心值为 1 mmol/gSS 时，保持脱硫灰投加量恒定，随 PUWU 处理时间增加，离心沉降比有减小趋势，达到极小值后不再减小，甚至随处理时间增加有明显的恶化情况出现；同理，在此中心值下保持 PUWU 处理时间不变，离心沉降比随脱硫灰用量增多呈类似走势，但坡度较陡，说明影响程度相对较强。

所以，PUWU 处理时间、过硫酸钾投加量和脱硫灰投加量都存在使离心沉降比达到最小值的最佳值。故可由此通过 Design-Expert 8.0 软件的数值优化功能控制响应因素（毛细吸水时间），以最小值为最优条件得出优化选择为：过硫酸钾投加量 0.96 mmol/gSS，脱硫灰投加量 1.02 g/gSS，PUWU 处理时间 28.85 s；预期指标值为：CST 值为 28.58 s，离心率为 30.21%。将离心沉降比的三元二次方程输入 Mathematical software 11.0，运算得出方程最小值点（离心率取最小值）对应的过硫酸钾投加量、脱硫灰投加量和 PUWU 处理时间的值分别为 0.949 mmol/gSS、1.028 g/gSS 和 29.92 s，离心率最小值为 30.25%。与优化结果进行对比分析，可见模型模拟分析给出的优化方案与数值运算分析结果一致性较高，说明此模型给出的优化结果置信度高，可以取用。

在以上所得到两组优化结果基础之上，出于经济化考虑，控制两个响应值（毛细吸水时间和离心沉降比）以及过硫酸钾投加量均为最小值时为最优条件，得出优化方案如下：过硫酸钾投加量、脱硫灰投加量和 PUWU 处理时间的值分别为 0.93 mmol/gSS、1.01 g/gSS 和 30.52 s。预期处理效果：CST 值为 29.56 s，离心沉降比为 30.68%。

5.2.6　多因素最佳值实验验证

通过对三元二次方程组形成的三维响应曲面进行分析，通过优化方案比选，得出最佳优化方案，最终得到过硫酸钾投加量、脱硫灰投加量和 PUWU 处理时间的最佳值分别为：0.93 mmol/gSS、1.01 g/gSS 和 30.52 s。在最佳条件下，设计对照实验，以原污泥及单因素最佳条件调理后的污泥样品为对照组，分别测定其毛细吸水时间及离心沉降比，并与最佳条件调理后的污泥样品测定值进行比较；另外以光镜观察、粒径分析、电镜扫描进行辅助验证。

1. 离心沉降比结果验证

通过设置对照实验，分别以原污泥、各单因素最佳条件调理后污泥为对照组，分别编号为 1、2、3、4，将其实验结果（离心率值）与最佳处理条件调理后的污泥样品（编号为 5）离心率结果进行对比，其测定结果如图 5.30 所示。说明在过硫酸钾投加量、脱硫灰投加量和 PUWU 处理时间分别为 0.93 mmol/gSS、1.01 g/gSS 和 30.52 s 时其离心率指标达到最佳值，最佳值为 30.56%，与模型优化方案给出的预测效果十分接近，说明模型优化结果合理可靠且具有较强的可操作性。

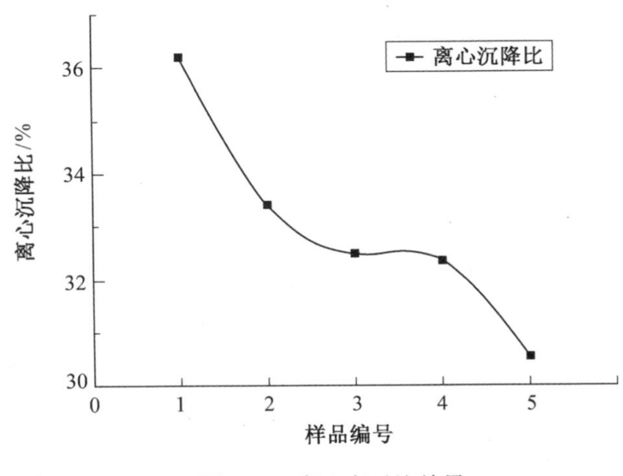

图 5.30　离心率对比结果

2. 毛细吸水时间结果验证

通过设置对照实验，分别以原污泥、各单因素最佳条件调理后污泥为对照组，分别编号为 1、2、3、4，将其实验结果（CST 值）与最佳处理条件调理后的污泥样品（编号为 5）CST 值进行对比，其测定结果如图 5.31 所示。说明在过硫酸钾投加量、脱硫灰投加量和 PUWU 处理时间分别为 0.93 mmol/gSS、1.01 g/gSS 和 30.52 s 时其毛细吸水时间（CST）指标达到最佳值，最佳值为 29.4 s，与模型优化方案给出的预测效果十分接近，说明模型优化结果合理可靠且具有较强的可操作性，具有很强的现实意义。

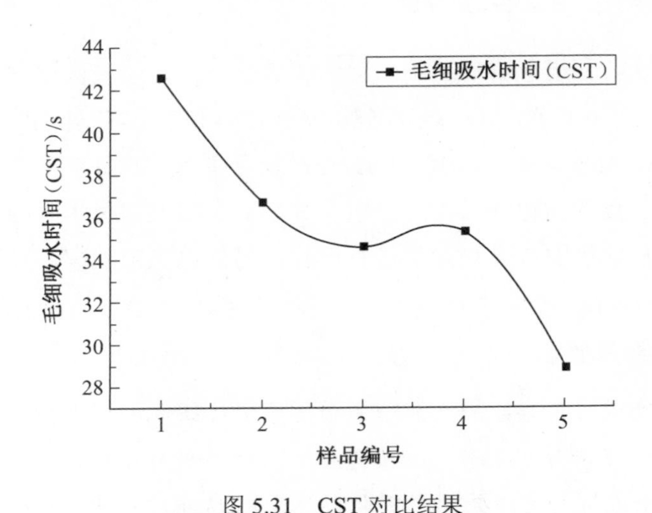

图 5.31　CST 对比结果

3. 污泥样品光镜对比分析

将原始污泥样品及耦合因素调理后的污泥样品取出，用玻璃棒挑取适量置于干净载玻片上，盖好盖玻片，放置于载物台上，调节玻片位置，调整镜头，曝光率以及对比度等设置项，在显微镜下得到清晰的污泥样品图像，并在计算机系统上将图片截图记录，进行观察对比分析。结果如图 5.32、图 5.33 所示。

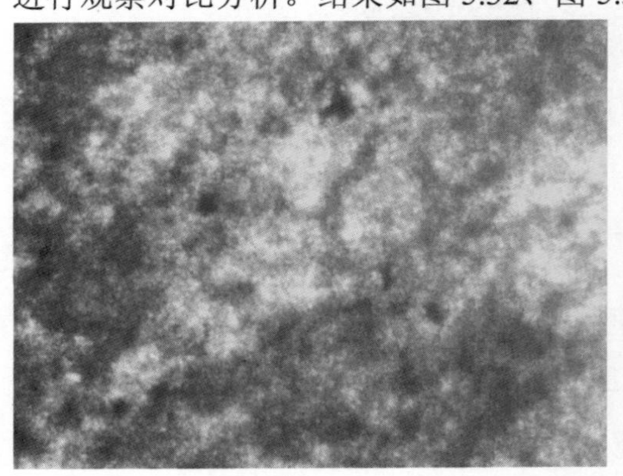 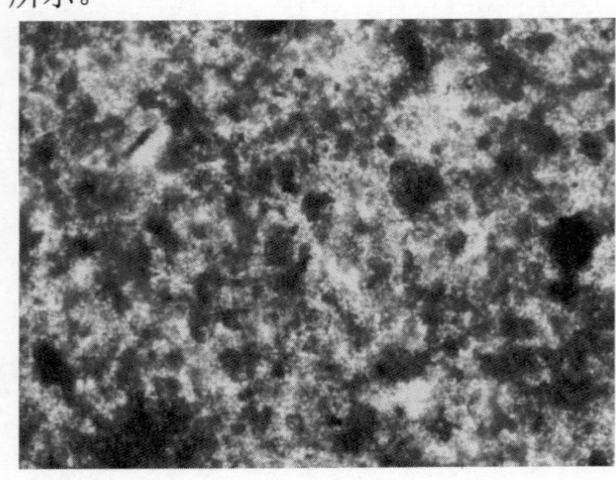

图 5.32　光学显微镜分析（原污泥）

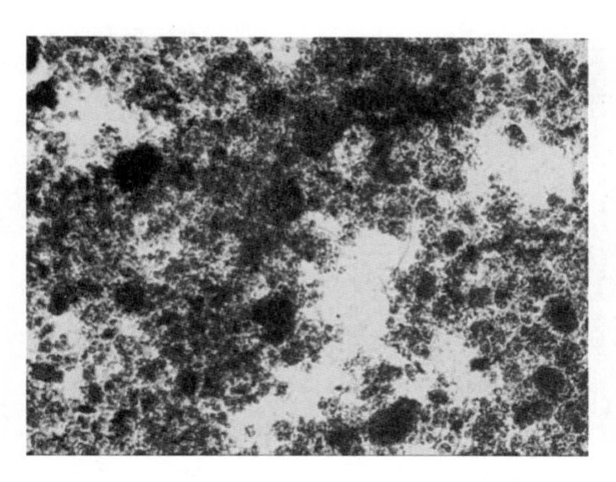
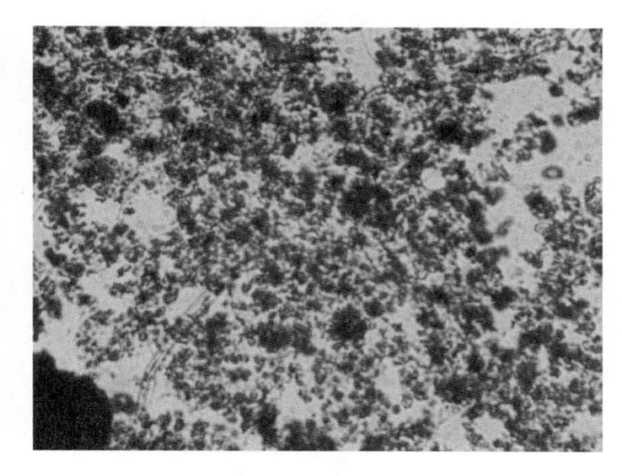

图 5.33　光学显微镜分析（调理后污泥）

对比原始污泥样品与最佳调理条件处理后的污泥样品光镜照片，易观察出：原始污泥样品松散团聚性差，具有较少的导出水分通道。微生物结构完整，仍能进行正常的生命活动，与絮体结构形成亲水体系，导致内部结合水难以脱除。经过硫酸钾、脱硫灰联合 PUWU 调理后的污泥样品具有明显的团聚现象，微生物结构及污泥整体性遭到破坏，并且形成较多疏水通道。总之，多因素最佳条件联合调理后的污泥样品，稳定性下降，有机质及絮体结构遭到破坏，亲水性减弱，脱水性能得以改善。

4. 电镜扫描结果及分析

图 5.34 中，(a)、(b)、(c)、(d) 分别是原始污泥样品、单因素 PUWU 最佳参数值调理后样品、过硫酸钾最佳剂量调理后样品以及耦合最佳条件调理后污泥样品的电镜分析图片。对比发现，不同处理条件下污泥结构有显著变化。

图 5.34 (a) 显示，原始污泥结构松散均匀。此类结构易形成亲水集团，不利于水分脱除。这种情况下，表面水被吸附，内部水难以疏出，故脱水性能差。

图 5.34 (b) 显示，单因素 PUWU 最佳值调理后的样品，具有明显的板结状结构。在超声及微波脉冲作用下，絮体表面变得平整，是良好的疏水结构，说明 PUWU 调理能够降低污泥亲水性。

图 5.34 (c) 显示，过硫酸钾最佳剂量调理后的污泥絮体周围悬有大量微小颗粒。可见过硫酸根破坏了有机质，使水分析出。

图 5.34 (d) 显示，耦合最佳条件调理后污泥样品的结构为紧密的团块结构，微小有机颗粒被吸附在表面。这说明耦合条件下，PUWU 的脉冲作用能够与过硫酸钾的氧化破坏作用，脱硫灰的构架作用进行良性交互，达到更好的处理效果。

（a）原污泥电镜扫描

（b）PUWU 调理后污泥电镜扫描

（c）过硫酸钾调理后污泥电镜扫描

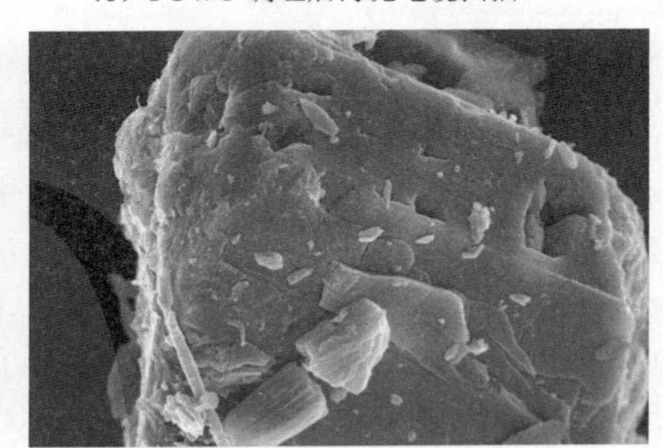

（d）最优条件调理后污泥电镜扫描

图 5.34　电镜扫描结果

5. 粒径分析结果

图 5.35 和图 5.36 分别为原始污泥样品及 PUWU 耦合最佳条件调理后污泥样品的粒径分析结果。

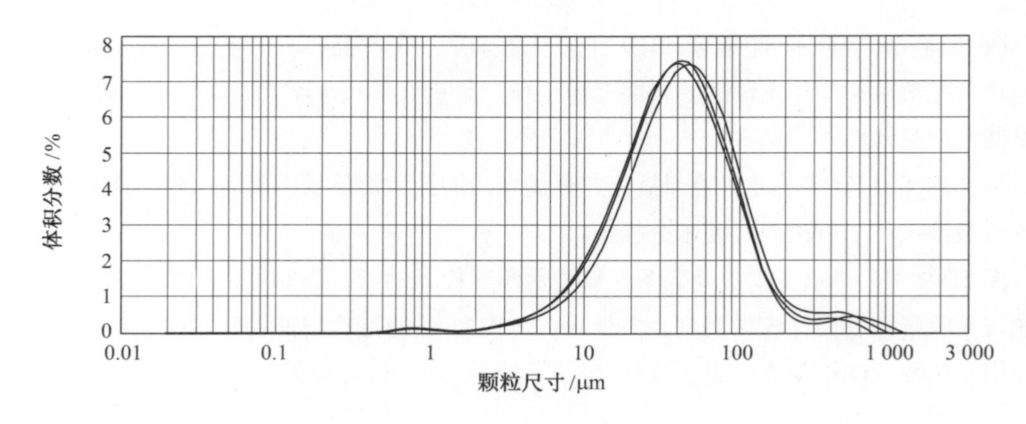

图 5.35　粒径分析结果（原污泥）

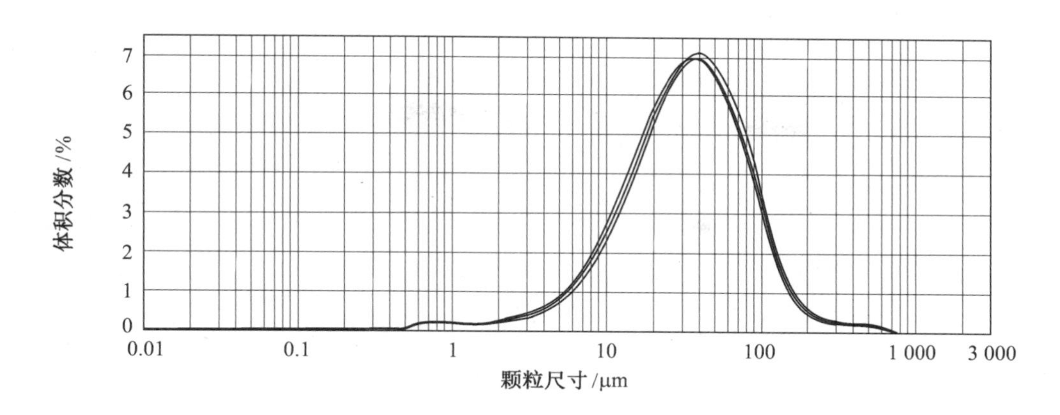

图 5.36　粒径分析结果（最佳值调理后污泥）

图 5.35 表明，原始污泥粒度分布图为单峰，分布状况较好。*D*50 为 37.87 μm，说明有一半的颗粒粒径大于 37.87 μm。*D*（4，3）值为 61.933 μm，*D*（3，2）值为 20.197 μm，二者差值为 41.736 μm，表明粒度分布不集中。比表面积为 0.297 m^2/g。

图 5.36 表明，耦合最佳条件调理后污泥样品的粒度分布图为单峰，分布状况较好。*D*50 为 32.446 μm，说明有一半的颗粒粒径大于 32.446 μm。*D*（4，3）值为 45.854 μm，*D*（3，2）值为 16.304 μm，二者差值为 29.55 μm。比表面积为 0.368 m^2/g。相较于原始污泥，耦合最佳条件调理后污泥样品粒径分布更为集中，比表面积增大。说明耦合条件下，PUWU 的脉冲作用能够与过硫酸钾的氧化破坏作用，脱硫灰的构架作用进行良性交互，使污泥颗粒粒径分布改变，密度变得紧密，从而有助于脱去水分。

5.3　本章小结

以邓州市第二污水处理厂二沉池回流段污泥为研究对象，进行 PUWU+过硫酸钾+脱硫灰对改善污泥脱水性能的研究，结论如下：

（1）单独加入 $K_2S_2O_8$ 试剂，投加量 0.92 mmol/gSS，充分搅拌反应 1 h 时，污泥脱水性能最好，此时 SRF（污泥比阻抗值）、滤饼含水率以及样品黏度均达到最小值。

（2）单独加入脱硫灰试剂，投加量 1 g/gSS，充分搅拌反应 1 h 时，污泥脱水性能最好，此时 SRF（污泥比阻抗值）、滤饼含水率以及样品黏度均达到最小值。

（3）单独进行 PUWU 调理，处理时间 30 s，充分搅拌反应 1 h 时，污泥脱水性能最好，此时 SRF（污泥比阻抗值）、滤饼含水率以及样品黏度均达到最小值。

（4）对耦合实验结果进行曲面优化，响应曲面优化模型各项方差分析指标值均表明模型的拟合度良好，利用预测值代替实测值对多因素耦合实验结果进行预测分析是合理的。由此得出优化选择为：过硫酸钾投加量 0.95 mmol/gSS，脱硫灰投加量 1.03 g/gSS，PUWU 处理时间 30.85 s；预期指标值为：CST 值为 28.527 s，离心率为 30.25%。

（5）对模型结果进行实验验证，离心率验证结果为 30.56%，与预测值接近。CST验证结果为 25.4 s，与预测值接近。这说明模型优化结果可取。

（6）电镜扫描与粒径分析结果显示，经耦合最佳条件调理后污泥样品，形成团聚结构。D（4，3）与 D（3，2）差值由 41.736 μm 降为 29.55 μm，比表面积由 0.297 m^2/g 升高为 0.368 m^2/g。均说明该耦合条件能有效联合 PUWU 的脉冲作用，过硫酸钾的氧化破坏作用及脱硫灰的构架作用，改善污泥样品的脱水性能。

参考文献

[1] 张一诺. 我国城市污水处理厂污泥处置现状调研和建议[J]. 科技经济导刊，2016(32)：109.

[2] 池勇志，迟季平，马颜，等. 城镇污水污泥性质与处理处置概况[J]. 环境科学与技术，2010，2：169-172.

[3] 冯智星，杜道洪，射庆文，等. 污泥分类处置及其资源化再生利用技术的研究[J]. 广东化工，2014，41(10)：186-188.

[4] IBEID S，EELKTOROWICZ M，OLESZKIEWICZ J A. Electro-conditioning of activated sludge in a membrane electro-bioreactor for improved dewatering and reduced membrane fouling[J]. Journal of Membrane Science，2015，40(22)：136-142.

[5] WANG F，LU S，JI M. Components of released liquid from ultrasonic waste activated sludge disintegration[J]. Ultrasonics Sonochemistry，2006，13(4)：334-338.

[6] MAO T，SHOW K Y. Influence of ultrasonication on anaerobic bioconversion of sludge[J]. Water Environmental Research，2007，79(4)：436-441.

[7] 董春欣. 超声波对污泥脱水性能的影响因素研究[J]. 吉林农业科技学院学报，2015，24(02)：48-51.

[8] 王芬，季民. 污泥超声破解预处理的影响因素分析[J]. 天津大学学报，2005(07)：649-653.

[9] 刘吉宝，倪晓棠，魏源送，等. 微波及其组合工艺强化污泥厌氧消化研究[J]. 环境科学，2014，35(09)：3455-3460.

[10] 尹小延，曾科，司琼磊，等. 微波能对化学污泥脱水性能的影响[J]. 化工设计 2009，19(6)：42-49.

[11] CAI Meiqing，HU Jiangqing，LIAN Guanghu，et al. Synergetic pretreatment of waste activated sludge by hydrodynamic cavitation combined with Fenton reaction for enhanced dewatering[J]. Ultrasonics-Sonochemistry，2018，42：609-618.

[12] LI Wei，YU Najiaowa，FANG Anran，et al. Co-treatment of potassium ferrate and

ultrasonication enhances degradability and dewaterability of waste activated sludge[J]. Chemical Engineering Journal，2019，361:148-155.

[13] 林宁波. 微波联合过硫酸钠协同调理改善污泥脱水性能研究[J]. 环境工程 2015，5：1-61.

[14] 傅大放，蔡明元，华建良，等. 污水厂污泥微波处理试验研究[J]. 中国给水排水，1999，15(6)：56-57.

[15] 宋秀兰，石杰，吴丽雅. 过硫酸盐氧化法对污泥脱水性能的影响[J]. 环境工程学报. 2015(11)：5585-5590.

[16] 陈巍. 脱硫灰改善污泥脱水性能的机理及用于水泥掺料的研究[D]. 北京：北京科技大学，2017.

第 6 章　PUWU 石灰 Fenton 破解污泥改善脱水性能研究

6.1　实验的原材料及方法

6.1.1　原泥取样和原泥指标

实验的原泥取自南阳市城市污水处理厂从二沉池回流至曝气池的回流污泥，样品取回后在桶内静置 24 h 后抽出泥水分离后的上清液，再静置 24 h 后第二次抽取上清液，方可进行实验，借助仪器测得原泥的指标见表 6.1。原泥现场取样如图 6.1 所示。静置前后污泥样品如图 6.2 所示。

表 6.1　实验用原泥的性质

参数	数值
SRF/（m·kg）	1.74×10^{13}
离心沉降比/%	37.5
滤饼含水率/%	85.29
含水率/%	97.30
CST/s	37.6±0.5
黏度/（mPa·s）	211
总固体 TS	10 000

图 6.1　原泥现场取样

（a）

（b）

图 6.2　静置前后污泥样品

6.1.2　实验使用仪器

实验使用仪器见表 6.2。

表 6.2　实验使用仪器

编号	测定项目	使用仪器
1	毛细吸水时间测定/s	TYPE304B CST 测定仪
2	污泥比阻测定/（m·kg）	污泥比阻实验装置
3	滤饼含水率测定/%	卤素水分测定仪
4	上清液浊度测定/NTU	便携式浊度测定仪
5	黏度测定/（mPa·s）	SNB-1 旋转黏度计
6	离心率测定/%	80-2 电动离心机
7	称重/g	电子天平
8	PUWU 处理/s	XO-SM100 超声波微波协同工作站
9	污泥光学显微镜实验	光学显微镜
10	污泥热重分析实验	热重分析仪
11	污泥颗粒粒径分析实验	Master Size 3000 粒度分析仪
12	氧化还原电位测定/mV	ORP 测定仪

6.1.3　实验设计思路

实验大致可分为四个阶段：前期准备阶段、单因素实验阶段、PUWU 石灰 Fenton（芬顿）耦合实验阶段、实验的验证阶段。

（1）前期准备。熟悉分配的课题并了解所要使用的药品，理解所要进行的实验并初步拟定实验方案，准备好需要的试剂和药品，做好准备工作。

（2）单因素实验阶段。在保证其他因素不变的情况下，分别进行污泥中施加 PUWU、Fenton 试剂、石灰的单因素实验，并设置对照组，以 SRF、滤饼含水率、离心沉降比等指标作为评价污泥脱水性能的指标。将测得的数据通过 Origin 2017 进行处理，确定单因素的最佳点。

（3）PUWU 石灰 Fenton 耦合阶段。按照单因素实验及 Origin 2017 数据处理确定的最佳药剂投加量区间，借助 Design-Expert 8.0 软件及 Box-Behnken 实验设计，对单因素作用的最佳点进行编码，PUWU、石灰 Fenton 各个因素相对应的实测值、编码值和变量的范围和水平见表 6.3。将设计专家分配确定 PUWU 石灰 Fenton 耦合的 17 组实验方案进行实验。PUWU 石灰 Fenton 耦合得出实验结果后再利用 Design-Expert 8.0 软件，利用曲面响应优化的方法得出各指标的二次多项的拟合方程、方差分析及曲面响应优化结果。

表 6.3　实测值及其对应编码变量的选择范围和水平

因素	代码		编码水平		
	实测值	编码值	−1	0	1
石灰投加量/[g·(100 mL)$^{-1}$]	ε_1	X_1			
Fenton 投加量/[mL·(100 mL)$^{-1}$]	ε_2	X_2			
PUWU 作用时间/s	ε_3	X_3			

将测定的污泥指标输入 Design-Expert 8.0 中，利用其数据处理能力，可以得到各指标的二次多项式拟合方程见下：

$$Y = \beta_0 + \sum_{i=1}^{3}\beta_i X_i + \sum_{i=1}^{3}\beta_{ii} X_i^2 + \sum\sum_{i<j=2}^{3}\beta_{ij} X_i X_j \tag{6.1}$$

式中　Y——PUWU 处理响应预测值（在此实验中为污泥离心沉降比/%、毛细吸水时间 CST/s 和抽滤后的泥饼含水率 WC/%）；

X_i、X_j——PUWU 处理单因素自变量的编码值；

β_i——PUWU 处理一次项系数；

β_{ii}——PUWU 处理二次项系数；

β_{ij}——PUWU 处理交互项系数；

β_0——PUWU 处理常数项。

（4）实验验证阶段。将 Design-Expert 8.0 得出的各指标的二次多项式拟合方程输入 Wolfram Mathematica 9.0 中得到准确的三因素耦合的最佳药剂投加点，并据此投加 Fenton 试剂、石灰和确定 PUWU 时间处理污泥，检测样品的 CST、离心沉降比和滤饼含水率以验证结论的准确性。其他验证取 100 mL 剩余污泥样品，利用最佳点条件进行处理，取抽滤后得到的泥饼 3～5 g 滤饼外送分别进行电镜分析、热重分析和粒径分析，观察污泥的细部结构、热重曲线和粒径分布曲线，分析粒径大小、失重温度、失重峰和粒径分布等指标进行分析，进一步提高验证最佳实验组的可靠性。实验流程图如图 6.3 所示。

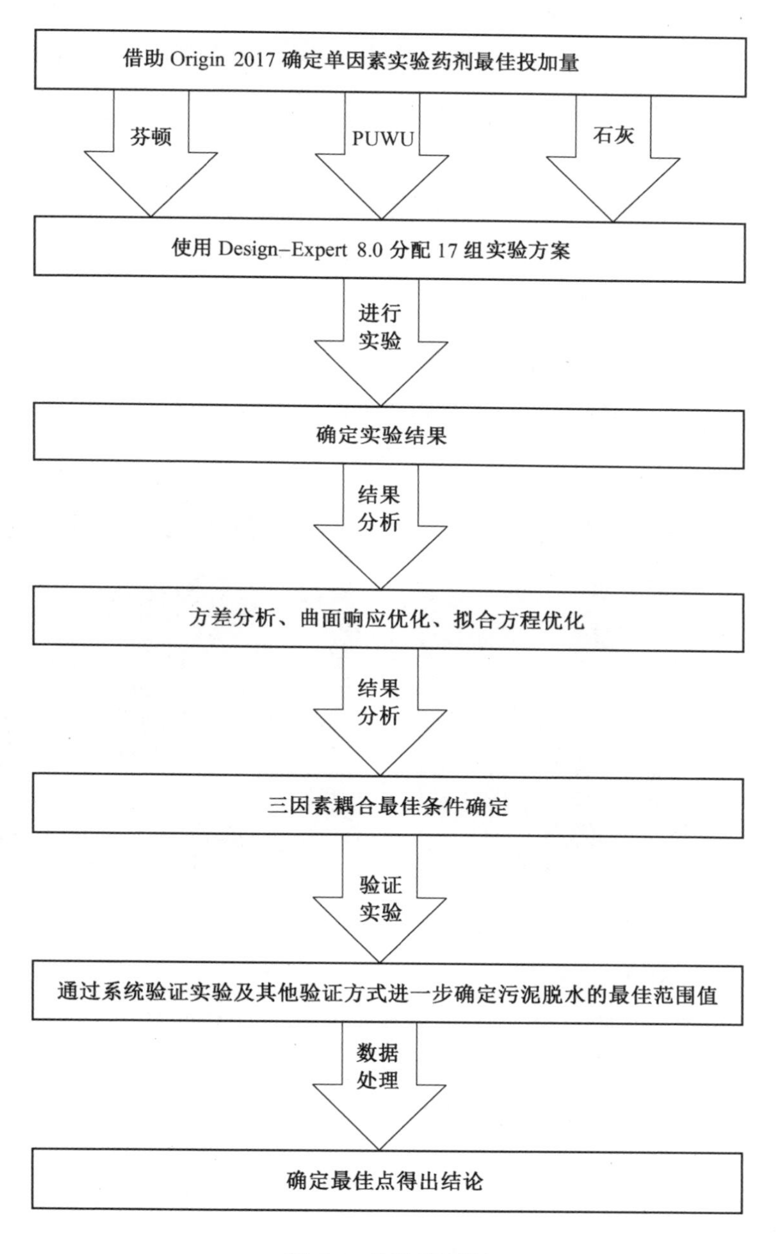

图 6.3　实验流程图

6.1.4 污泥指标测定方法

1. 离心沉降比测定

将处理好的污泥倒入离心管内，每支管定量 10 mL，采用离心机进行离心，在离心槽内加入保护套，每次离心放入离心管偶数支，为了保证受力平衡，各对离心管应堆放，且转速不宜过大，本实验采用 2 000 r/min，每次离心时间控制在 90 s，结束后将离心后的上清液倒入量筒内准确读取体积。各组污泥试样实验 2～3 次以提高实验的准确性。

2. 上清液浊度测定

将量筒内的上清液倒入浊度测定的小瓶内，测定前将上清液摇匀，以避免测量不准确，并且要多次测定后取平均值。浊度测定如图 6.4 所示。

3. 污泥含水率（WC）的测定

启动仪器，首先将托盘放入卤素分析仪中，称重去皮后放入污泥或抽滤后的泥饼，每次取 3 g 以上，以保证测量的准确性，将烘干温度调制 120 ℃，挡位调制 1 挡，待烘干结束后读取含水率数值。含水率测定装置如图 6.5 所示。

图 6.4　浊度测定

图 6.5　含水率测定装置

4. 污泥比阻（SRF）的测定

污泥比阻是反映污泥脱水性能的重要指标，SRF 的测定的具体步骤如下：

（1）测定污泥的含水率，求出固定浓度 C_0。

（2）在布氏漏斗上（直径 65～80 mm）放置已经称量质量的滤纸，用水润湿，贴紧布氏漏斗周底（保证密封性）。

（3）启动真空泵，调节真空压力，大约比实验的压力小 1/3，以抽取真空状态，然后关掉真空泵。

（4）加入 100 mL 需实验的污泥样品于布氏漏斗中，启动真空泵，调节真空压力到实验压力（本实验采用 0.031 MPa）；达到实验所需压力后，计时开始，并记下开动时计

量管内的滤液 V_0。

（5）每隔一定体积记录所需要的时间，初始时段可以每隔 5 mL 计时一次，后期每隔 1 mL 计时一次，待真空破坏且 30 s 内不滴水关闭真空泵。

（6）将抽滤后的泥饼放入电子天平称重并取 3 g 以上滤饼放入卤素分析仪测定含水率 C_i。所测剩余污泥的过滤时间 t/V 与 V 呈直线关系，并有以下的关系式：

$$\frac{t}{V}=\frac{\mu\omega \mathrm{SRF}}{2pA^2}V+\frac{\mu R_\mathrm{f}}{pA} \tag{6.2}$$

式中　V——PUWU 处理南阳市城市污水处理厂剩余污泥过滤体积，m^3；

t——PUWU 处理南阳市城市污水处理厂剩余污泥过滤时间，s；

p——PUWU 处理南阳市城市污水处理厂剩余污泥过滤压力，MPa；

A——PUWU 处理南阳市城市污水处理厂剩余污泥过滤面积，m^2；

μ——PUWU 处理南阳市城市污水处理厂剩余污泥滤液动力黏度，mPa·s；

R_f——PUWU 处理南阳市城市污水处理厂剩余污泥过滤介质的阻抗，m^{-2}。

比阻计算方法：

$$\mathrm{SRF}=\frac{2pA^2b}{\mu\omega} \tag{6.3}$$

式中　SRF——PUWU 处理南阳市城市污水处理厂剩余污泥比阻，$\mathrm{m\cdot kg^{-1}}$；

p——PUWU 处理南阳市城市污水处理厂剩余污泥真空抽滤压力，MPa；

A——PUWU 处理南阳市城市污水处理厂剩余污泥过滤面积，m^2；

b——PUWU 处理南阳市城市污水处理厂剩余污泥过滤量曲线斜率；

μ——PUWU 处理南阳市城市污水处理厂剩余污泥滤液动力黏度，mPa·s；

ω——PUWU 处理南阳市城市污水处理厂剩余污泥浓度，$\mathrm{kg\cdot m^3}$。

将记录的数据输入 Origin 2017，以 V 为横轴，t/V 为纵轴，求出曲线的斜率 b，再利用式（6.3）求出剩余污泥的比阻（SRF），其他组试样重复以上步骤。

污泥比阻测定装置如图 6.6 所示。

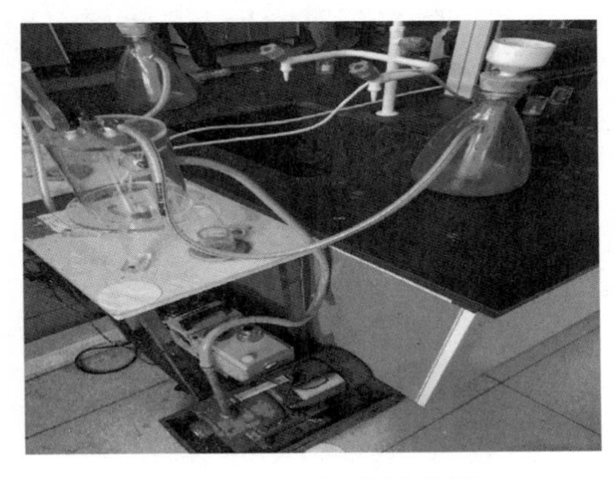

图 6.6　污泥比阻测定装置

5. 动力黏度测定

将抽滤后量筒内的液体倒入小烧杯内，通过 SNB-1 旋转黏度计测定液体的运动黏度，选择合适的转子，黏度大的液体选用较细的转子，黏度小的液体选用较粗的转子，本实验选用转速 60 r/min，待数值稳定后记录液体的黏度。

动力黏度测定如图 6.7 所示。

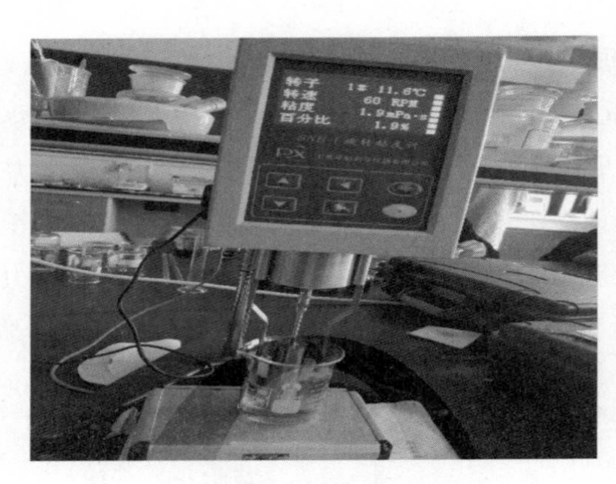

图 6.7　动力黏度测定

6. 毛细吸水时间(CST)测定

CST 是利用渗透滤纸的毛细管吸入力产生的滤失来研究污泥的脱水性能。本实验采用 TYPE304B CST 测定仪进行测定，首先将干燥平整的滤纸放入，将翻盖放下，开启仪器并点击测试按钮，将测试泥样倒入套管，滤失过程呈放射状，当液体到达第一对电极时，计时器开始计时，当液体到达第三电极时，计时器停止计时并可以听到提示声音。每组实验重复测试 4～6 次以减小误差。

污泥的 CST 测定过程如图 6.8 所示。

图 6.8　污泥的 CST 测定过程

7. 氧化还原电位（ORP）的测定

因为本实验涉及氧化剂，需测定投加氧化剂后污泥样品的氧化还原电位。（1）测试刚投加氧化剂后的氧化还原电位 ORP_0；（2）测试投加氧化剂 20 min 后的氧化还原电位 ORP_{20}。投加不同量氧化剂的试样重复以上步骤。

污泥的 ORP 测定如图 6.9 所示。

图 6.9　污泥的 ORP 测定

8. 污泥电镜分析

分别将投加 Fenton 试剂（17 mL）的污泥和进行 PUWU（35 s）石灰（1.2 g）Fenton 试剂（17 mL）处理后的污泥各 100 mL，进行离心处理，取离心后的污泥 3～5 g 于专用的试样瓶，密封保存，外送试样进行电镜分析。

9. 粒径分析

分别将投加 Fenton 试剂（17 mL）的污泥和进行 PUWU（35 s）石灰（1.2 g）Fenton 试剂（17 mL）处理后的污泥各 100 mL，进行离心处理，取 3～5 g 下层污泥于专用的试样瓶，密封保存，利用 Master Size 2000 粒度分析仪进行污泥粒径分析。

6.2　单因素实验及数据处理与分析

6.2.1　PUWU 破解污泥脱水性能的作用

取静置 24 h 并抽水处理后的污泥 700 mL，平均倒入 7 个 200 mL 的烧杯中，并进行编号为 1～7，然后依次放入 XO-SM100 超声波微波协同工作站（图 6.10）中，依程序进行超声微波紫外线处理（时间分配为 1∶1∶1，功率为 360 W），当污泥进行 PUWU 处理后，破坏污泥的 Zeta 电位和表面双电层结构，PUWU 处理后空化效应增强，有利于结合水释放，但 PUWU 处理功率过大，污泥沉降性能反而变差，不利于含水率的降低。因此控制功率在 360 W 不变，改变处理时间分别为 10 s、20 s、25 s、30 s、35 s、40 s、50 s，记录所需数据。研究 PUWU 处理对污泥脱水性能的影响的实验过程及测试指标如图 6.11 所示。

图 6.10 超声波微波协同工作站

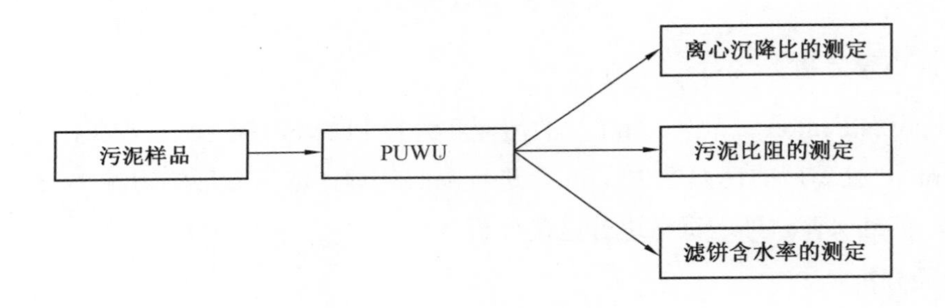

图 6.11 实验流程图

在工作功率控制在 360 W 的情况下，PUWU 中超声、微波、紫外线时间占比为 1∶1∶1。若 PUWU 中超声时间过长，将会导致污泥黏度增加，粒径减小，不利于脱水。污泥比阻在 PUWU 处理时间为 10 s 时，污泥比阻为 1.849×10^{13} $m\cdot kg^{-1}$，当处理时间为 20 s 时，污泥比阻为 1.768×10^{13} $m\cdot kg^{-1}$，随着处理时间的增加污泥比阻继续降低，当处理时间为 35 s 时，污泥比阻降至最低 9.36×10^{12} $m\cdot kg^{-1}$，处理时间继续增加，污泥比阻反而上升，当处理时间为 50 s 时，污泥比阻升至 1.647×10^{13} $m\cdot kg^{-1}$；滤饼含水率在 PUWU 处理时间为 10 s 时，为 75.86%，随着处理时间的增加先降低，当处理时间为 35 s 时，滤饼含水率最低为 81.76%，然后随着 PUWU 处理时间的增加，WC 升高，在 PUWU 处理时间为 50 s 时，滤饼含水率为 86.27%；离心沉降比在 PUWU 处理时间为 10 s 时，为 58.25%，随着 PUWU 处理时间的增加，离心沉降比降低，在 PUWU 处理时间为 50 s 时，离心沉降比最低为 36%，随着 PUWU 处理时间继续增加，离心沉降比升高，在处理时间为 50 s 时，离心沉降比升至 41.25%，以上三个指标的变化反映了 PUWU 处理后污泥脱水性能的变化，变化趋势如图 6.12～6.14 所示。主要原因是若超声时间过长，大量的胞内聚合物会释放出来，污泥黏度增加，粒径减小，不利于脱水。

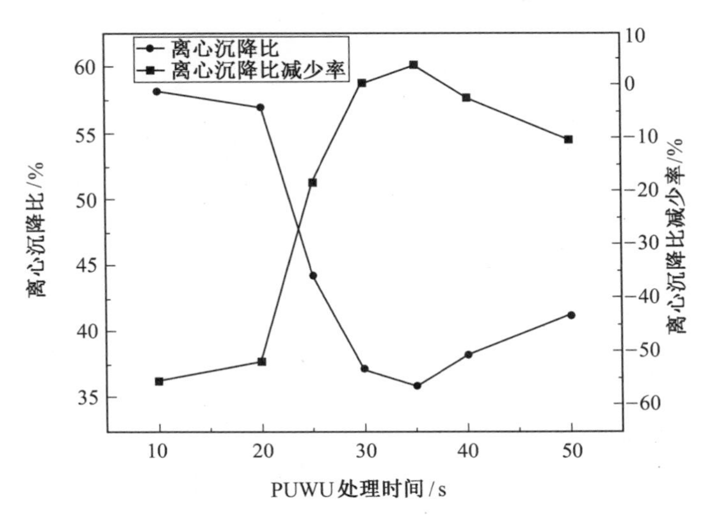

图 6.12　PUWU 处理对离心沉降比的影响

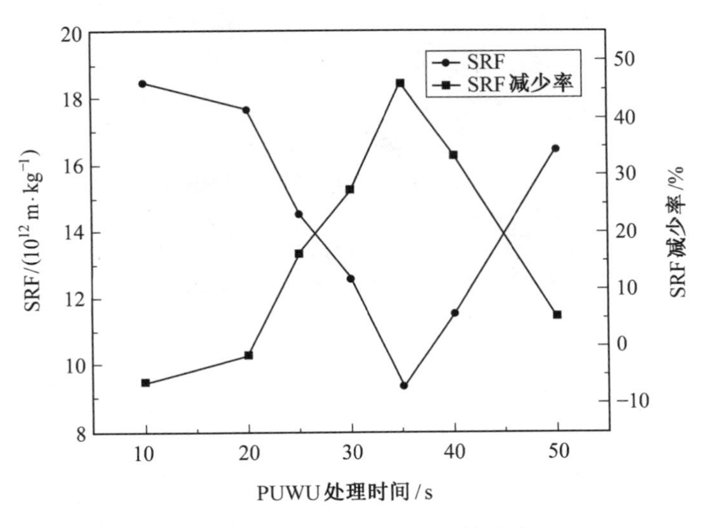

图 6.13　PUWU 处理对 SRF 的影响

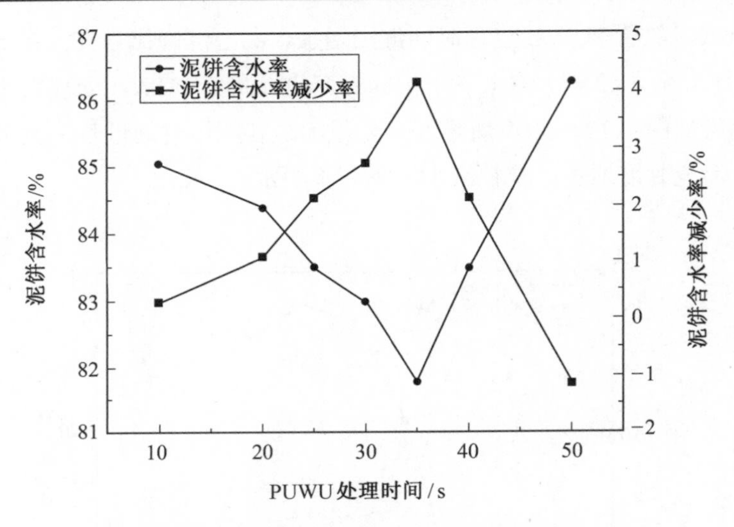

图 6.14 PUWU 处理对滤饼含水率的影响

6.2.2 石灰破解污泥脱水性能的作用

取静置 24 h 并抽水处理后的污泥 700 mL，平均倒入 7 个 200 mL 的烧杯中，并进行编号为 1～7，投加不同剂量的石灰（图 6.15），依次投加 0.6 g、0.8 g、1.0 g、1.2 g、1.4 g、1.6 g、1.8 g 石灰，投加后与污泥搅拌均匀，进行测试，实验流程如图 6.16 所示。

图 6.15 投加不同剂量石灰

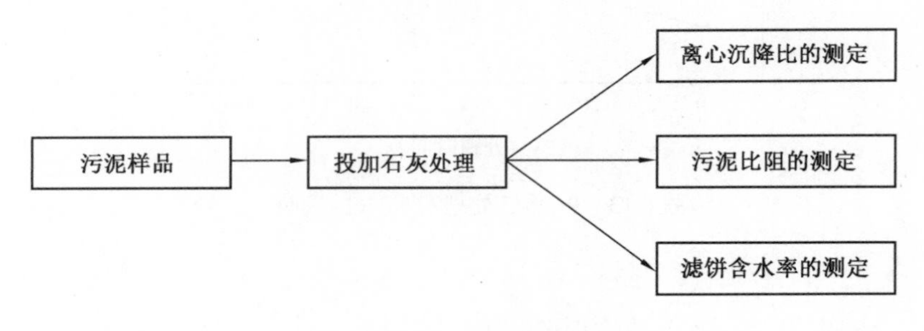

图 6.16 实验流程图

在投加石灰后，石灰则主要发挥骨架构建体的作用，在破碎的污泥絮体中形成一定的孔隙结构，使水分通过孔道顺利排出。当投加石灰 0.6 g/100 mL 时，SRF 为 6.21×10^{12} m·kg^{-1}，随着投加量的增加，SRF 降低，当投加石灰 1.2 g/100 mL 时 SRF 最低为降至 9.0×10^{11} m·kg^{-1}，随着投加量的继续增加，SRF 升高，当投加量为 2.0 g/100 mL 时，SRF 为 1.96×10^{12} m·kg^{-1}；当石灰投量为 0.6 g/100 mL 时，滤饼含水率为 79.32%，随着石灰投加量的继续增加，滤饼含水率降低，在投加量为 1.2 g/100 mL 时 WC 69.26%最低，投加量继续增加，WC 反而升高，当石灰投加为 2.0 g/100 mL 时 WC 为 73.99%；离心沉降比在石灰投加为 0.6 g/100 mL 时为 37%，随着投量增加离心沉降比降低，在投量为 1.2 g/100 mL 时离心沉降比为 32.5%最低，投加量继续增加，离心沉降比反而升高，在石灰投加量为 2.0 g/100 mL 时，离心沉降比为 38%以上三指标变化趋势如图 6.17～6.19 所示。结果表明石灰对污泥调理的改善有一定的区间。

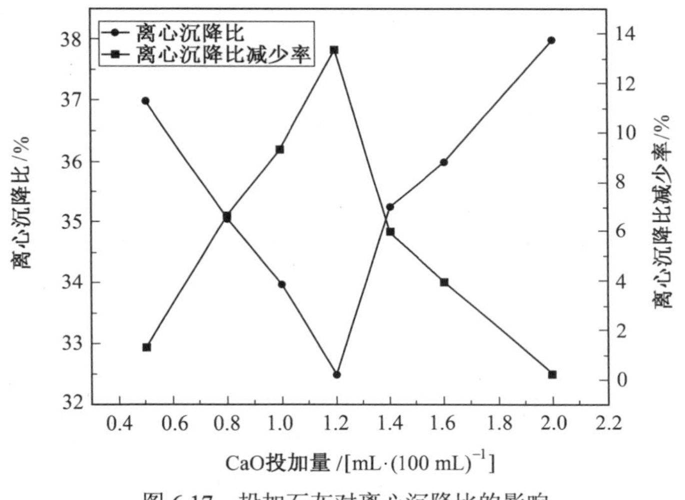

图 6.17　投加石灰对离心沉降比的影响

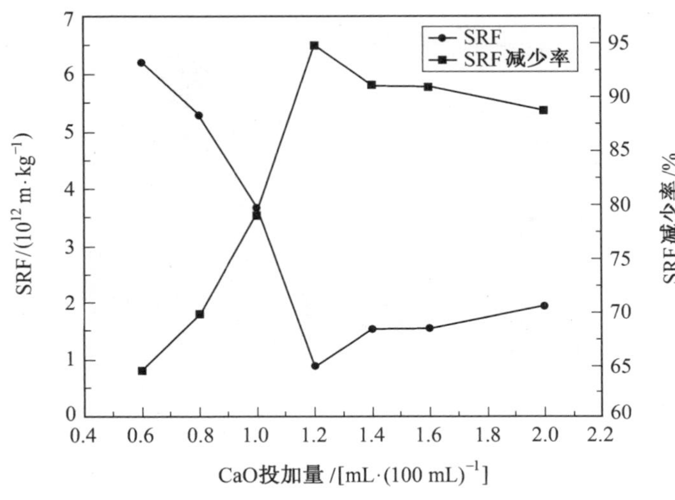

图 6.18　投加石灰对 SRF 的影响

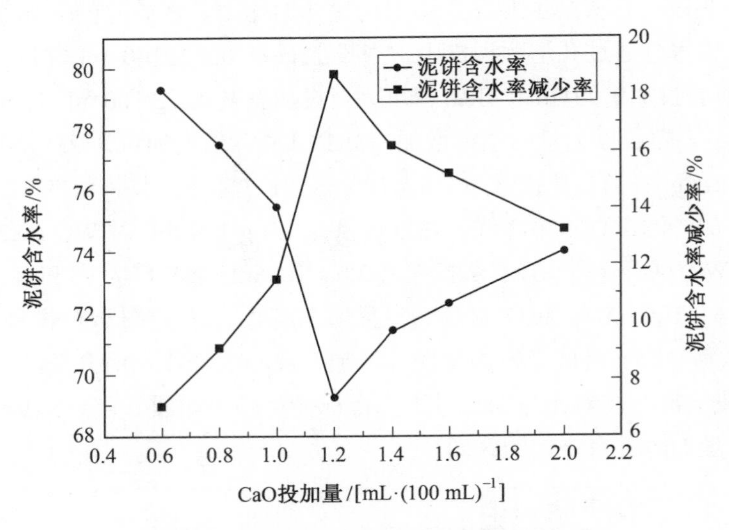

图 6.19　投加石灰对泥饼含水率的影响

6.2.3　投加 Fenton 破解污泥脱水性能的作用

Fenton 试剂具有抗干扰能力强以及反应迅速等优点。由于 Fenton 试剂是现配现用的，实验药品为 30% 的过氧化氢和配置的浓度为 10% 的硫酸亚铁溶液，按照摩尔浓度比 H_2O_2：Fe^{2+}=3：1 即体积比为 1：1 的比例配置 Fenton 试剂，首先加入硫酸亚铁溶液然后加入过氧化氢。取静置 24 h 并抽水处理后的污泥 600 mL，平均倒入 6 个 200 mL 的烧杯中，并进行编号为 1～6，投加不同剂量的 Fenton 试剂（图 6.20），依次在 100 mL 污泥中投加 14 mL、15 mL、16 mL、17 mL、18 mL、19 mL 的 Fenton 试剂，实验流程如图 6.21 所示。

图 6.20　投加不同剂量 Fenton 试剂

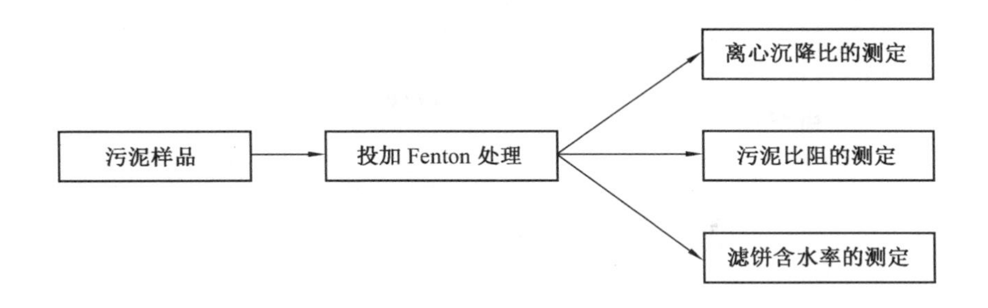

图 6.21　实验流程图

Fenton 试剂可以改善污泥的脱水，芬顿反应中，硫酸亚铁中 Fe^{2+}催化分解 H_2O_2 产生·OH（羟基自由基），OH 氧化分解有机物和还原性物质，而且投加 Fenton 之后反应比较剧烈，具有极强的氧化性能。经实验表明，SRF 在 Fenton 投加量为 14 mL/100 mL 时为 5.34×10^{11} m·kg^{-1}，随着投加剂量的增加，SRF 降低，投加 Fenton 为 17 mL/100 mL 时，SRF 最低为 2.67×10^{11} m·kg^{-1}，随着投加量的继续增加，SRF 反而升高，投加量为 19 mL/100 mL 时，SRF 升至 7.12×10^{11} m·kg^{-1}；WC 在 Fenton 投加量为 14 mL/100 mL 时为 75.86%，随着投加剂量的增加，WC 降低，投加 Fenton 为 17 mL/100 mL 时，滤饼含水率最低为 72.87%，随着投加量的继续增加，WC 反而升高，投加量为 19 mL/100 mL 时，WC 升至 76.23%；离心沉降比在 Fenton 投加量为 14 mL/100 mL 时为 29%，随着投加剂量的增加，离心沉降比降低，投加 Fenton 为 17 mL/100 mL 时，离心沉降比最低为 24.5%，随着投加量的继续增加，离心沉降比反而升高，投加量为 19mL/100mL 时，离心沉降比升至 28.5%，以上投加 Fenton 后三个指标变化趋势如图 6.22～6.25 所示。

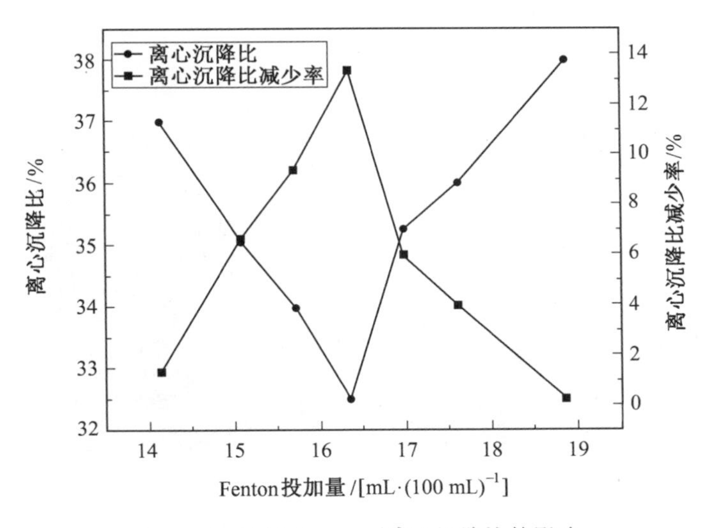

图 6.22　投加 Fenton 对离心沉降比的影响

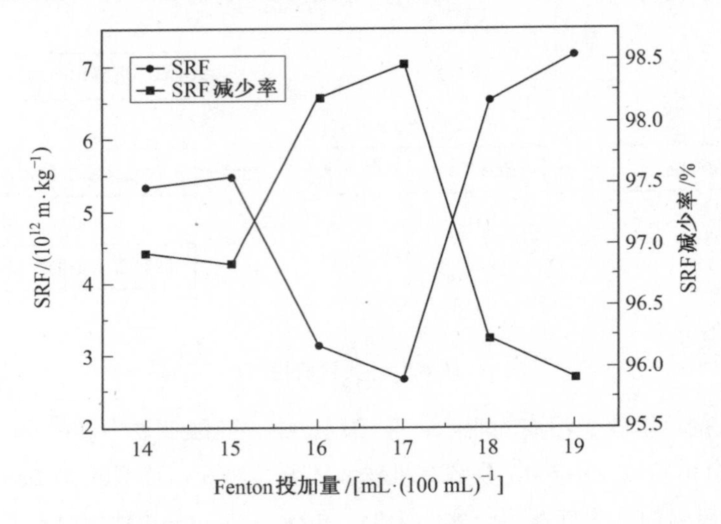

图 6.23 投加 Fenton 对 SRF 的影响

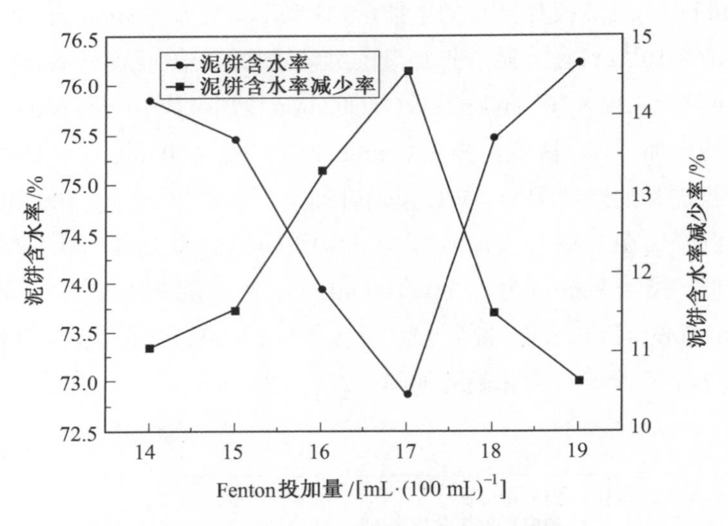

图 6.24 投加 Fenton 对泥饼含水率的影响

（a）反应后

（b）反应中

图 6.25 投加 Fenton 反应现象

6.3　多因素实验及数据处理与分析

6.3.1　多因素实验模型方差分析

通过单因素实验及 Origin 2017 的数据处理得出各因素的最佳范围，借助 Design-Expert 8.0 软件中的 Box-Behnken 设计三因素耦合的 17 组实验方案编码并进行多因素实验，以毛细吸水时间 CST 和离心沉降比为评价脱水性能的指标，将实验结果输入设计专家可得各指标的分析结果，其中各指标的实测值如预测值见表 6.4，Design-Expert 8.0 可导出各指标方差分析的各项系数。响应曲面实验设计及结果见表 6.5。

表 6.4　各因素编码明细

作用因素	编码值	编码水平		
		−1	0	1
PUWU 作用时间/s	X_1	30	35	40
石灰投加量（g/100 mL）	X_2	1.0	1.2	1.4
Fenton 投加量（mL/100 mL）	X_3	16	17	18

表 6.5　响应曲面实验设计及结果

编号	编码值			CST/s		离心沉降比/%	
	X_1	X_2	X_3	实测值	预测值	实测值	预测值
1	0	1	−1	21.47	23.94	21.89	21.71
2	0	0	0	19.90	19.70	18.46	18.45
3	−1	0	−1	33.85	33.38	21.68	21.53
4	1	−1	0	31.53	31.78	21.03	20.68
5	−1	0	1	38.43	38.71	21.74	21.58
6	1	0	1	30.23	30.70	20.50	20.68
7	0	−1	−1	38.80	38.83	20.14	20.33
8	0	0	0	18.70	19.70	18.32	18.45
9	1	1	0	28.63	28.19	21.26	21.27
10	0	0	0	20.11	76.34	18.24	18.45
11	0	−1	1	28.87	28.15	20.00	20.18
12	0	0	0	19.48	19.70	18.69	18.45
13	−1	−1	0	34.63	35.07	20.64	20..63
14	1	0	−1	34.24	33.96	21.54	21.70
15	−1	1	0	32.57	32.32	21.79	22.12
16	0	1	1	36.74	36.71	21.04	20.85
17	0	0	0	20.30	19.70	18.52	18.46

1. 毛细吸水时间（CST）方差分析

PUWU 处理后毛细吸水时间的三元二次回归方程模型为

$$\mathrm{CST}=19.70-1.86X_1-1.80X_2+0.74X_3-0.21X_1X_2-2.15X_1X_3+6.30X_2X_3+7.43X_1^2+4.71X_2^2+7.06X_3^2 \tag{6.4}$$

式（6.4）中各项系数利用 Design-Expert 8.0 软件导出，其方程为三元二次方程，X_1、X_2 变量的负系数表征，此变量的负向变化能引起响应值的降低，正的二次项系数表明，此方程模型抛物面开口向上，方程具有最小值，因此，可以对其进行定性的最优分析。设计专家可以对此模型进行方差分析和真实性与预测值的显著性预测，其结果见表 6.6。

表 6.6　CST 回归方程模型的方差分析

来源	平方和 SS	自由度 DF	均方 MS	F	P(Prob＞F)
模型	831.05	9	92.34	91.48	＜0.000 1
X_1	27.57	1	27.57	27.31	0.001 2
X_2	25.99	1	25.99	25.75	0.001 4
X_3	4.37	1	4.37	4.33	0.076 1
X_1X_2	0.18	1	0.18	0.17	0.688 4
X_1X_3	18.45	1	18.45	18.27	0.003 7
X_2X_3	158.76	1	158.76	157.28	＜0.000 1
X_1^2	232.43	1	232.43	230.26	＜0.000 1
X_2^2	93.50	1	93.50	92.62	＜0.000 1
X_3^2	209.85	1	209.85	207.89	＜0.000 1
残差	7.07	7	1.01		
拟合不足	5.45	3	1.82	4.49	0.150 5
误差	1.62	4	0.40		
总误差	838.11	16			

注：回归系数 R^2=0.991 6；校正系数 R_{adj}^2=0.980 7。

从表中可见，模型中的 F 值为 91.48，模型中的 P 值＜0.000 1，该结果表明此方程模型的显著性较好，具有很好的拟合性，借此可以分析出此模型具有很高的真实度，能够比较准确地反映实测值，经过 PUWU 等处理后模型的校正决定系数 R_{adj}^2 为 0.980 7，说明 PUWU 等处理后的模型可以解释约 98%的响应值变化，只有总变异的 2%不能用该模型预测，PUWU 处理后模型的回归性程度一般用相关系数 R^2 表示，当回归系数接近于 1 时，拟合度极好，说明滤饼含水率方程的经验模型能够很准确的反映实验数据，相反，R^2 越小，表明相关程度越差 。此模型的相关系数 R^2 为 0.9916 因而此模型的拟合度较好，实验数据可信，可以对 CaO、Fenton 试剂、PUWU 联合调理下不同剂量的毛细吸水时间 CST 进行预测。图 6.26 所示为毛细吸水时间的实测值和预测值对比分析，由图可以看出其回归线斜率接近 1，实测值在回归线附近小幅度波动，因此我们可以利用该模型的预测值代替实验数据点进行分析。T 检验表明，该三元二次回归方程中，X_1^2、X_2^2、X_3^2、X_2X_3 均在 $P<0.000\,1$ 水平下极显著，表明经过 PUWU 处理后的方程的二次项具有较好的显著性，PUWU 等影响因素与响应值之间的回归关系显著。

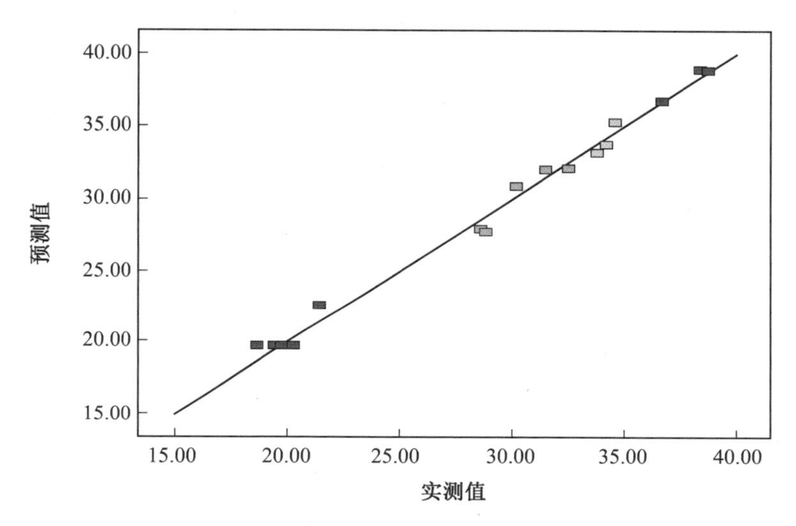

图 6.26　CST 的实测值与预测值对比分析

2. 离心沉降比方差分析

PUWU 处理后离心沉降比的三元二次回归方程模型为

$$E = 18.45 - 0.19X_1 + 0.52X_2 - 0.25X_3 - 0.23X_1X_2 - 0.27X_1X_3 - 0.18X_2X_3 + 1.67X_1^2 + 1.07X_2^2 + 1.25X_3^2 \qquad (6.5)$$

式（6.5）中各项系数利用 Design-Expert 8. 0 软件导出，其方程为三元二次方程，X_1、X_3 变量的负系数表征，此变量的负向变化能引起响应值的降低，正的二次项系数表明，此方程模型抛物面开口向上，方程具有最小值，因此，可以对其进行定性的最优分析。设计专家可以对此模型进行方差分析和真实性与预测值的显著性预测，其结果见表 6.7，从表中可见，模型中的 F 值为 40.35，模型中的 P 值$<0.000\,1$，该结果表明此方程模型的显著性较好，具有很好的拟合性，借此可以分析出此模型具有很高的真实度，能够比较准确地反映实测值，经过 PUWU 等处理后模型的校正决定系数 R_{adj}^2 为 0.956 8，说明 PUWU 等因素处理后的模型可以解释 96%的响应值变化，PUWU 石灰 Fenton 处理后总变异的 4%

不能用该模型预测，PUWU 处理后模型的回归性程度一般用相关系数 R^2 表示此模型的相关系数 R^2 为 0. 981 1 因而此模型的拟合度较好，实验数据可信，可以对 CaO、只有经 PUWU 等处理后回归系数接近 1 时，拟合极好，反之，R^2 越小，表明相关程度越差。

表 6.7　离心沉降比回归方程模型的方差分析

来源	平方和 SS	自由度 DF	均方 MS	F	P(Prob>F)
模型	29.27	9	3.25	40.35	<0.000 1
X_1	0.29	1	0.29	3.58	0.100 3
X_2	2.17	1	2.17	26.97	0.001 3
X_3	0.49	1	0.49	6.02	0.043 9
X_1X_2	0.21	1	0.21	2.63	0.149 2
X_1X_3	0.30	1	0.30	3.75	0.093 9
X_2X_3	0.13	1	0.13	1.56	0.251 3
X_1^2	11.68	1	11.68	144.94	<0.000 1
X_2^2	4.80	1	4.80	59.61	<0.000 1
X_3^2	6.61	1	6.61	82.04	<0.000 1
残差	0.56	7	0.081		
拟合不足	0.44	3	0.15	4.76	0.083 0
误差	0.12	4	0.031		
总误差	29.84	16			

注：回归系数 R^2=0.981 1；校正系数 R_{adj}^2=0.956 8。

Fenton 试剂、PUWU 联合调理下不同剂量的离心沉降比进行预测。图 6.27 所示为离心沉降比的实测值和预测值对比分析，由图可以看出其回归线斜率接近 1，实测值在回归线附近小幅度波动，因此可以利用该模型的预测值代替实验数据点进行分析。T 检验表明，经 PUWU 等处理后的三元二次回归方程中，X_1^2、X_2^2、X_3^2 均在 $P<0.0001$ 水平下极显著，表明 PUWU 处理后方程的二次项具有较好的显著性，各影响因素与响应值之间的回归关系显著。

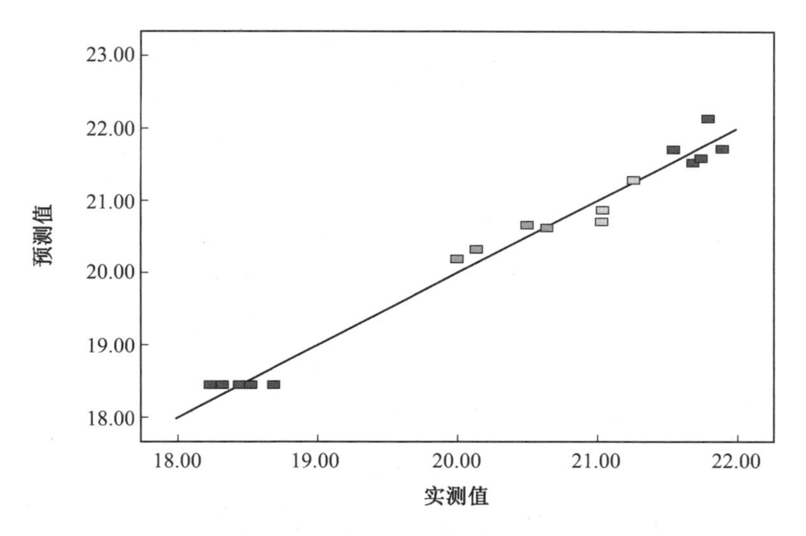

图 6.27　离心沉降比的实测值与预测值对比分析

6.3.2　响应曲面图及参数优化

为更清晰地表明 CaO、Fenton 试剂和 PUWU 联合调理对毛细吸水时间 CST 和离心沉降比的影响以及表征响应曲面函数的形状，借助 Design-Expert Software 8.0 软件导出的模拟实验数据作出的两两因素耦合的平面等高线图和 3D 图，表明多因素耦合对污泥脱水性能的改善。

1. 吸水时间响应曲面图及参数优化

经过 PUWU 等处理后的毛细吸水时间（CST）和离心沉降比等高线图和响应曲面图具体如图 6.28～6.33 所示。

图 6.28 和图 6.29 所示为 PUWU 处理时间 35 s 时，石灰投加量与 Fenton 试剂用量对污泥的毛细吸水时间的影响情况。由图可知，在投加量的范围内毛细吸水时间 CST 随石灰投加的递增而呈现减小的趋势，当石灰投加量对毛细吸水时间改善达到最佳点时，即 1.25 g/100 mL，毛细吸水时间不再随石灰投加量的增加而变小，甚至当投加量达到一定程度时，毛细吸水时间开始呈现变大的趋势，同理毛细吸水时间在一定范围内随 Fenton 的投加而降低，但当 Fenton 试剂大于 17 mL/100 mL 的一定范围时，CST 开始增加。

图 6.30 和图 6.31 所示为 Fenton 试剂投加量为 17 mL/100 mL 时，CaO 投加量和 PUWU 处理时间对污泥毛细吸水时间 CST 的影响。由图中可以看出，在投加量范围内 CST 随 CaO 药剂投加量的增加而呈现减小趋势，在石灰试剂对污泥含水率改善达到最佳点时，即石灰投加量为 1.25 g/100 mL，CST 不再随石灰继续投加而减小，而且当达到一定程度

后，毛细吸水时间随石灰的投加量的增加而呈现增大趋势。同理，CST 在一定区间内随 PUWU 处理时间的增加而呈减小趋势，但超过一定区间后 CST 将会上升。

图 6.32 和图 6.33 所示为石灰药剂投量为 1.2 g/100 mL 时，Fenton 和超 PUWU 处理时间对 CST 的影响。由图可知，投加量范围内 CST 随 Fenton 投加量的增加而呈现减小趋势，在 Fenton 试剂对 CST 调节投量达到最佳值 17 mL/100 mL 时，毛细吸水时间不再随 Fenton 继续投加而降低，当达到一定程度之后，毛细吸水时间随 Fenton 投加量的增加而呈递增趋势。同样，CST 在一定范围内随 PUWU 处理时间的增加而呈减小趋势，但超过处理时间 34 s 后 CST 将会回升。综上分析可以得出，需要对 CaO 投加量、Fenton 和 PUWU 处理时间进行优化组合并分析以便使实验污泥的毛细吸水时间降至最低。

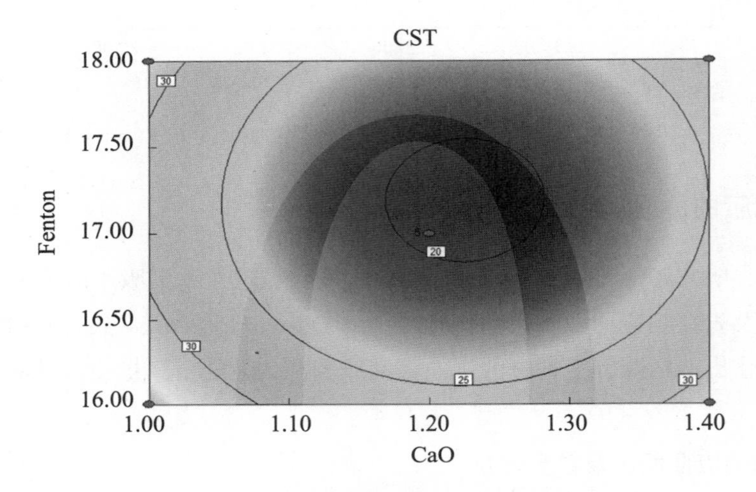

图 6.28 毛细吸水时间等高线图

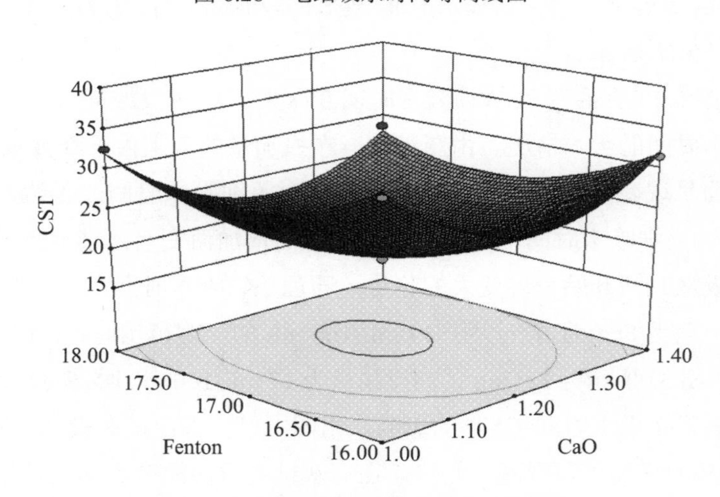

图 6.29 毛细吸水时间响应曲面图

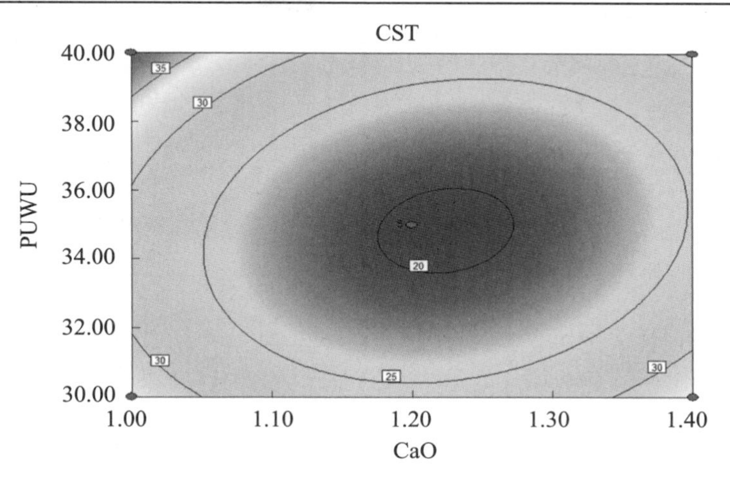

图 6.30　毛细吸水时间等高线图

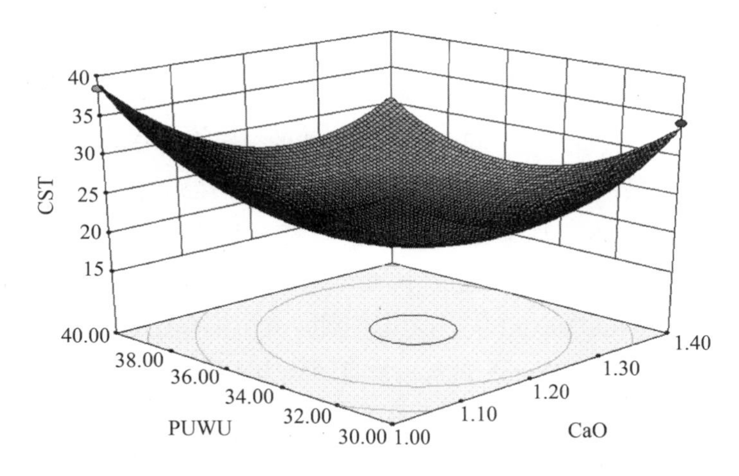

图 6.31　毛细吸水时间响应曲面图

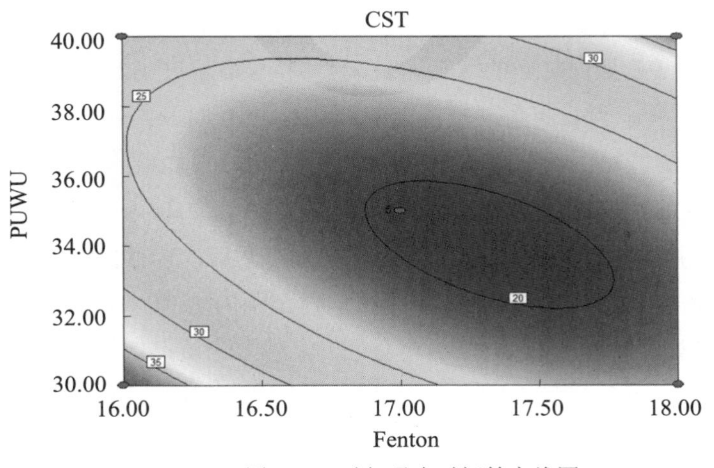

图 6.32　毛细吸水时间等高线图

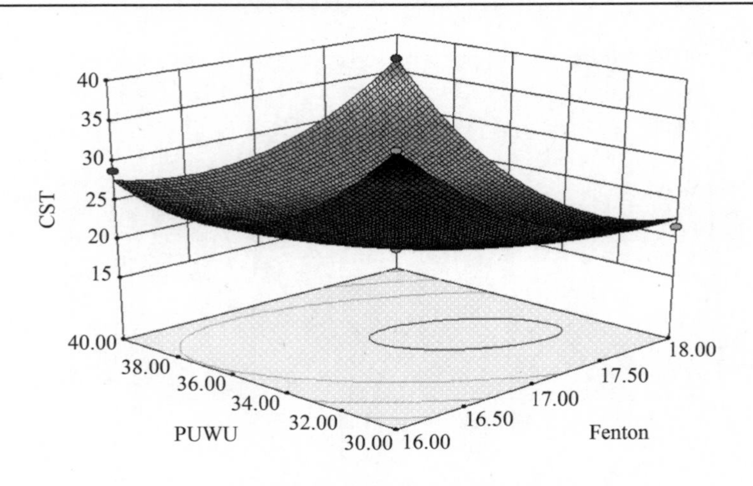

图 6.33　毛细吸水时间响应曲面图

2. 离心沉降比响应曲面图及参数优化

图 6.34 和 6.35 所示为 PUWU 处理时间 35 s 时，石灰投加量与 Fenton 试剂用量对污泥的离心沉降比的影响情况。由图可知，在投加量的范围内离心沉降比 *E* 随石灰投加量的递增而呈现减小的趋势，当石灰投加量对离心沉降比改善达到最佳点时，即 1.20 g/100 mL，离心沉降比 *E* 不再随石灰投加量的增加而变小，但当投加值达到一定程度时，离心沉降比开始呈现变大的趋势。同理离心沉降比在一定范围内随 Fenton 的投加而降低，但当 Fenton 试剂大于 16.50 mL/100 mL 的一定范围时，离心沉降比 *E* 开始增加。

图 6.36 和 6.37 所示为 Fenton 试剂投加量固定为 17 mL/100 mL 时，CaO 投加量和 PUWU 处理时间对污泥离心沉降比的影响。由图中可以看出，在投加量范围内离心沉降比 *E* 随 CaO 药剂投加量的增加而呈现减小趋势，在石灰试剂对污泥含水率的改善达到最佳点时，即石灰投加量为 1.20 g/100 mL，离心沉降比 *E* 不再随石灰继续投加而减小，而且当达到一定程度后，离心沉降比 *E* 随石灰的投加量的增加而呈现增大趋势。同理，*E* 在一定区间内随PUWU处理时间的增加而呈减小趋势，但超过一定区间后CST将会上升。

图 6.38 和 6.39 所示为石灰药剂投量为 1.2 g/100 mL 时，Fenton 和超 PUWU 处理时间对 *E* 的影响。由图可知，投加量范围内 CST 随 Fenton 投加量的增加而呈现减小趋势，在 Fenton 试剂对离心沉降比调节投量达到最佳值 16.70 mL/100 mL 时，离心沉降比 *E* 不再随 Fenton 试剂的继续投加而降低，当达到一定程度之后，离心沉降比 E 随 Fenton 投加量的增加而呈递增趋势。同样，离心沉降比在一定范围内随 PUWU 处理时间的增加而呈减小趋势，但超过处理时间 35 s 后 CST 将会回升。综上分析可以得出，需要对 CaO 投加量、Fenton 和 PUWU 处理时间进行优化组合并分析以便使实验污泥的离心沉降比降至最低。

将 Design-Expert 8.0 导出的关于毛细吸水时间 CST 的三元二次方程输入 Mathematical 9.0 中，求得当变量 X_1=1.22、X_2=17.21、X_3=34.70 时，毛细吸水时间取得最小值，最小值为 16.33 s，即在此条件下三因素耦合石灰投加量、Fenton 试剂投加量、PUWU 处理时间分别为 1.22 g/100 mL、17.21 mL/100 mL、34.70 s。

然后将 Design-Expert 8.0 导出的关于离心沉降比的三元二次方程输入 Mathematical 9.0 中，求得当变量 X_1=1.21，X_2=16.77，X_3=35.53 时，离心沉降比取得最小值，最小值为 18.13%，即在此条件下三因素耦合石灰投加量、Fenton 试剂投加量、PUWU 处理时间分别为 1.21 g、16.77 mL/100 mL、35.53 s。经过技术经济分析、实验的可操作性、以及对污泥脱水性能的改善等多方面的考虑，选取石灰投加量、Fenton 试剂投加量、PUWU 处理时间分别为 1.22 g/100 mL、16.6 mL/100 mL、35 s 为最佳投加点。

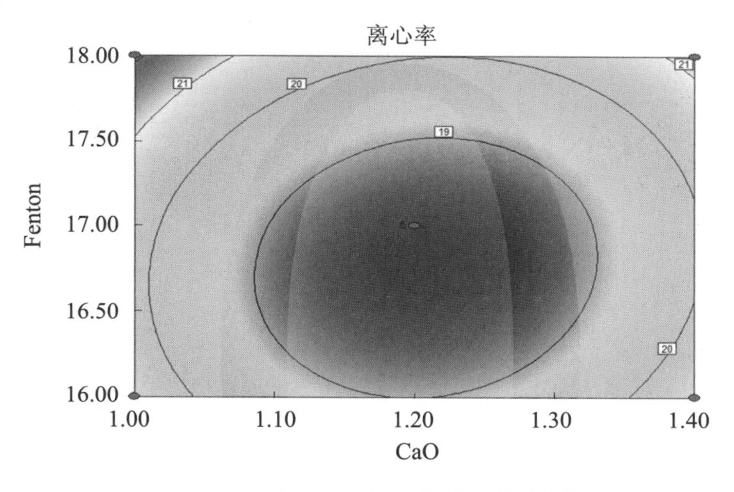

图 6.34　离心沉降比等高线图

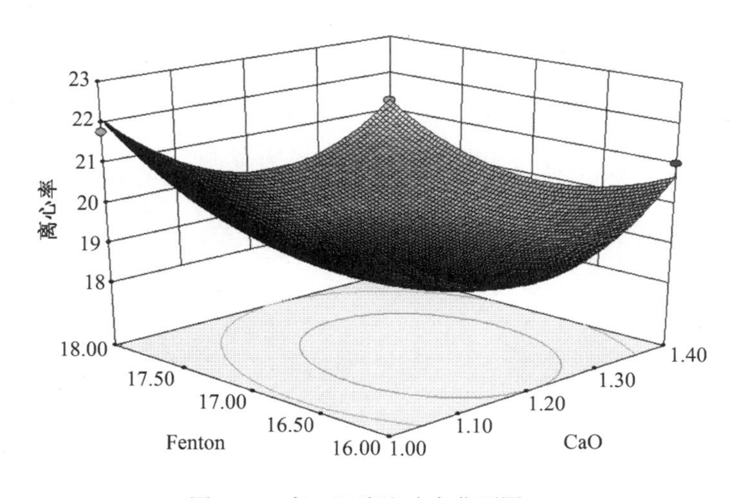

图 6.35　离心沉降比响应曲面图

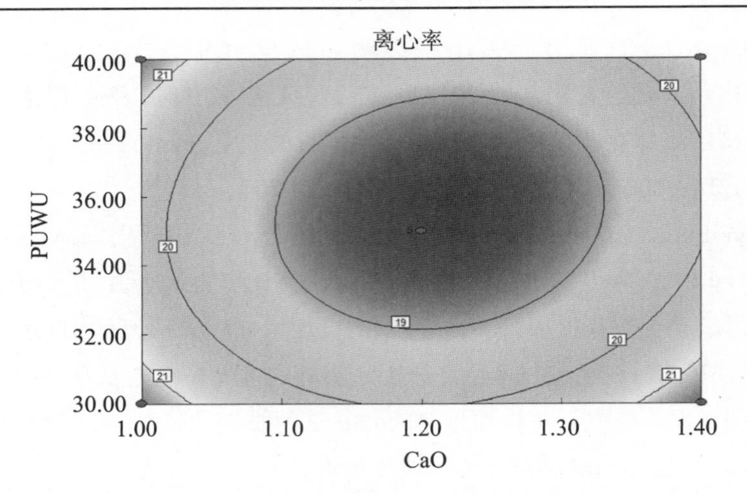

图 6.36　离心沉降比等高线图

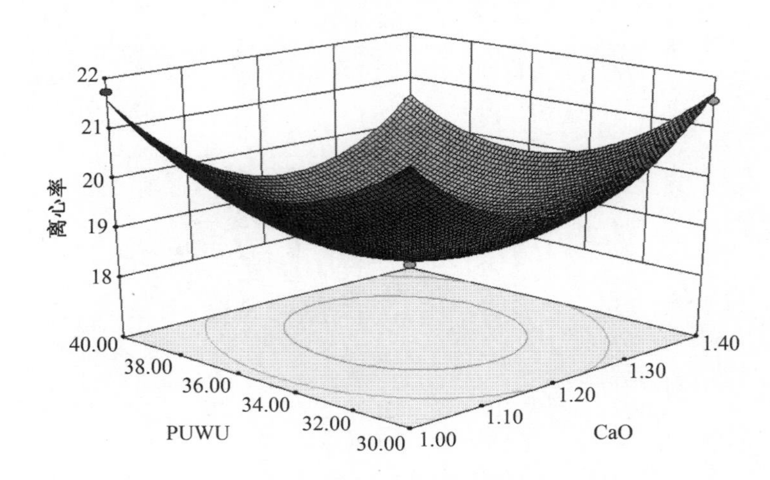

图 6.37　离心沉降比响应曲面图

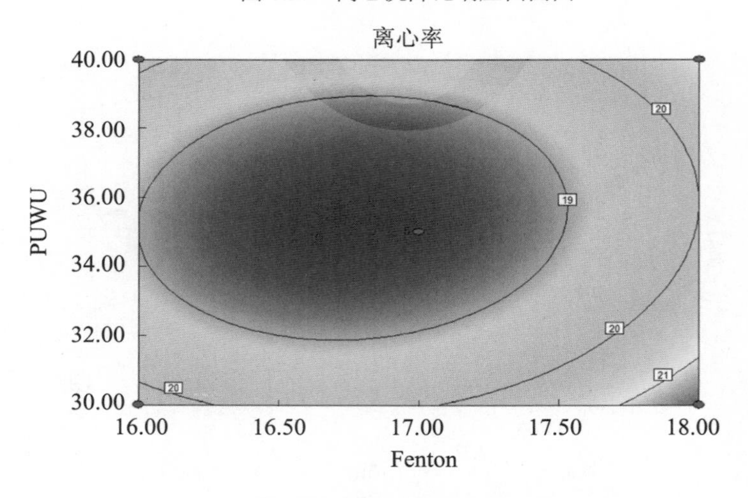

图 6.38　离心沉降比等高线图

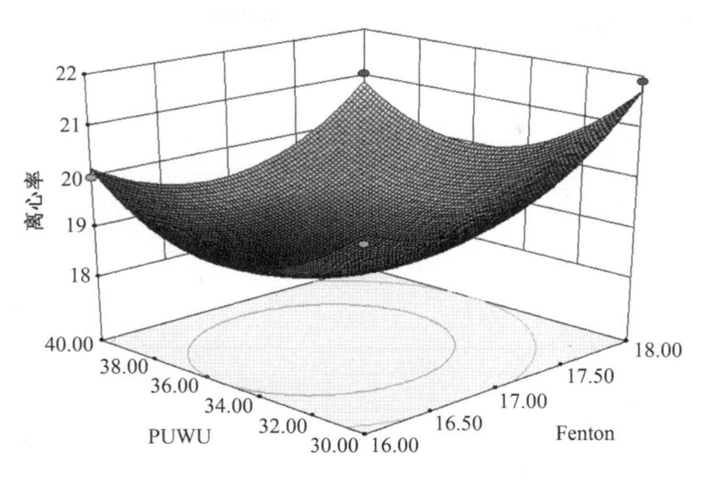

图 6.39　离心沉降比响应曲面图

6.3.3　最佳投加点验证

为了检验 Design-Expert 8.0 及 Mathematical 9.0 导出的响应曲面模型方程最优条件的可靠性和实用性，在石灰投加量、Fenton 试剂投加量、PUWU 处理时间分别为 1.22 g、16.6 mL/100mL、35 s 时，以毛细吸水时间 CST 和离心沉降比作为验证指标，且以电镜分析、污泥热重分析、粒径分析和光学显微镜分析最为验证实验的佐证。

1. 毛细吸水时间结果验证

验证实验原污泥与各因素最佳投加点处理剩余污泥及 PUWU 石灰 Fenton 耦合作用处理后污泥的毛细吸水时间有利于进一步验证污泥脱水的最佳条件的可靠性。该实验中，取 500 L 剩余污泥于 5 个 200 mL 的烧杯中，编号为 1～5，1 号杯中污泥不经任何处理，作为对照实验；2 号投加石灰 1.22 g，并搅拌均匀；3 号杯投加 Fenton 16.6 mL；4 号经 PUWU 处理时间为 35 s；5 号杯经 PUWU 处理 35 后，加入 16.6 mL Fenton 试剂，最后投加石灰 1.22 g 处理并搅拌均匀。以上各组反应 40 min 后重复单因素中的 CST 的测定过程，经测定原污泥 CST 为 42.78 s，投加石灰调理后的污泥 CST 为 26.42 s；Fenton 试剂处理后的污泥 CST 为 20.37 s；PUWU 处理后的污泥 CST 为 23.19 s；进过三因素耦合处理后的污泥 CST 最小，为 16.78 s，与模型预测值基本吻合。毛细吸水时间验证曲线如图 6.40 所示。

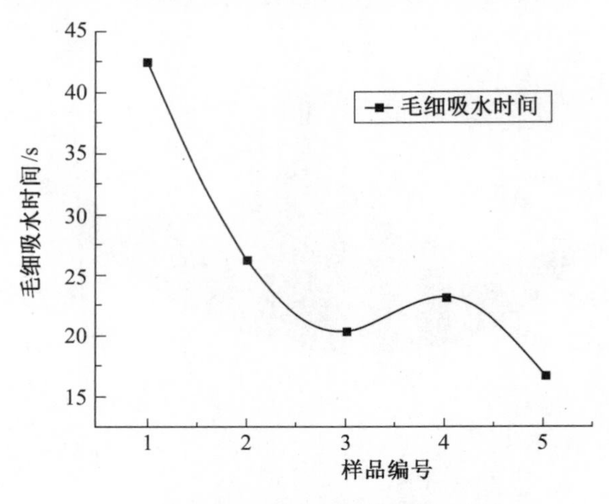

图 6.40　毛细吸水时间验证曲线

2. 离心沉降比结果验证

验证实验原污泥与各单因素最佳投加点处理剩余污泥及PUWU石灰Fenton耦合作用处理后污泥的离心沉降比有利于进一步验证污泥脱水的最佳条件的可靠性。该实验中，取 500 L 剩余污泥于 5 个 200 mL 的烧杯中，编号为 1～5，1 号杯中污泥不经任何处理，作为对照实验；2 号投加石灰 1.22 g，并搅拌均匀；3 号杯投加 Fenton 16.6 mL，4 号经 PUWU 处理时间为 35 s；5 号杯经 PUWU 处理 35 后，加入 16.6 mL Fenton 试剂，最后投加石灰 1.22 g 处理并搅拌均匀。以上各组反应 40 min 后重复单因素中的离心沉降比的测定过程，经测定原污泥离心沉降比为 37.5%，投加石灰调理后的污泥离心沉降比为 31.8%，Fenton 试剂处理后的污泥离心沉降比为 24.2%，PUWU 处理后的污泥离心沉降比为 27.8%，进过三因素耦合处理后的污泥离心沉降比最小，为 18.3%，与 Mathematical software 9.0 模型预测值基本吻合，对改善污泥脱水性能具有一定积极作用。离心沉降比验证曲线，如图 6.41 所示。

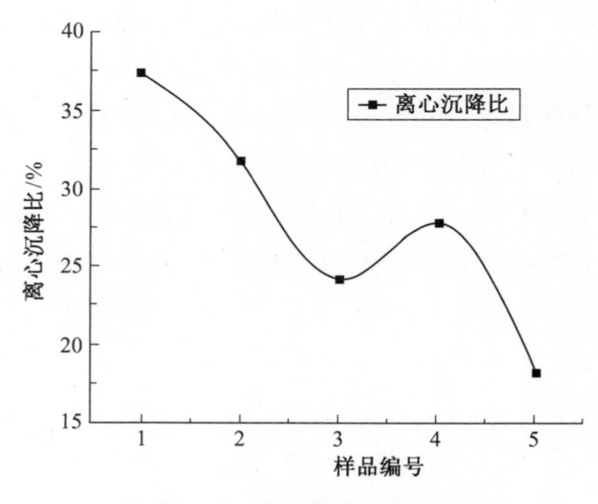

图 6.41　离心沉降比验证曲线

3. 污泥光学显微镜结构分析

用玻璃棒蘸取部分污泥样品于载玻片，然后将盖玻片放置其上，放在光学显微镜观察处，改变电脑的分辨率，调整玻片的位置，直至电脑上出现清晰图线。分别蘸取未经任何处理的污泥样品和经过石灰投加量、Fenton 试剂投加量、PUWU 处理时间分别为 1.22 g、16.6 mL/100 mL、35 s 处理的污泥样品进行观察。

由图 6.42（e）可以看出，原污泥的结构紧凑，空隙较少，透水性能差，不利于污泥的脱水处理。图 6.42（e）表明，经 PUWU 石灰 Fenton 耦合作用下的污泥结构较松散，有较多间隙，污泥颗粒间吸引力较小，剩余污泥的透水性能较好，因此污泥的脱水性能得到改善。石灰在改变污泥的结构中起主要的作用，使污泥变得松散，Fenton 试剂能够氧化污泥中的有机物，降解 EPS，并且使细胞内的水释放出来，PUWU 处理中微波的热效应和非热效应进一步降解剩余污泥表面的 EPS，PUWU 石灰 Fenton 三因素耦合对污泥结构进行改造，破坏原有结构，污泥的透水性能变好，有助于脱水。经光学显微镜观察样品结构表明，PUWU（35 s）石灰（1.22 g/100 mL）Fenton（16.6 mL/100 mL）耦合作用对污泥的脱水性能的改善具有明显积极的作用。

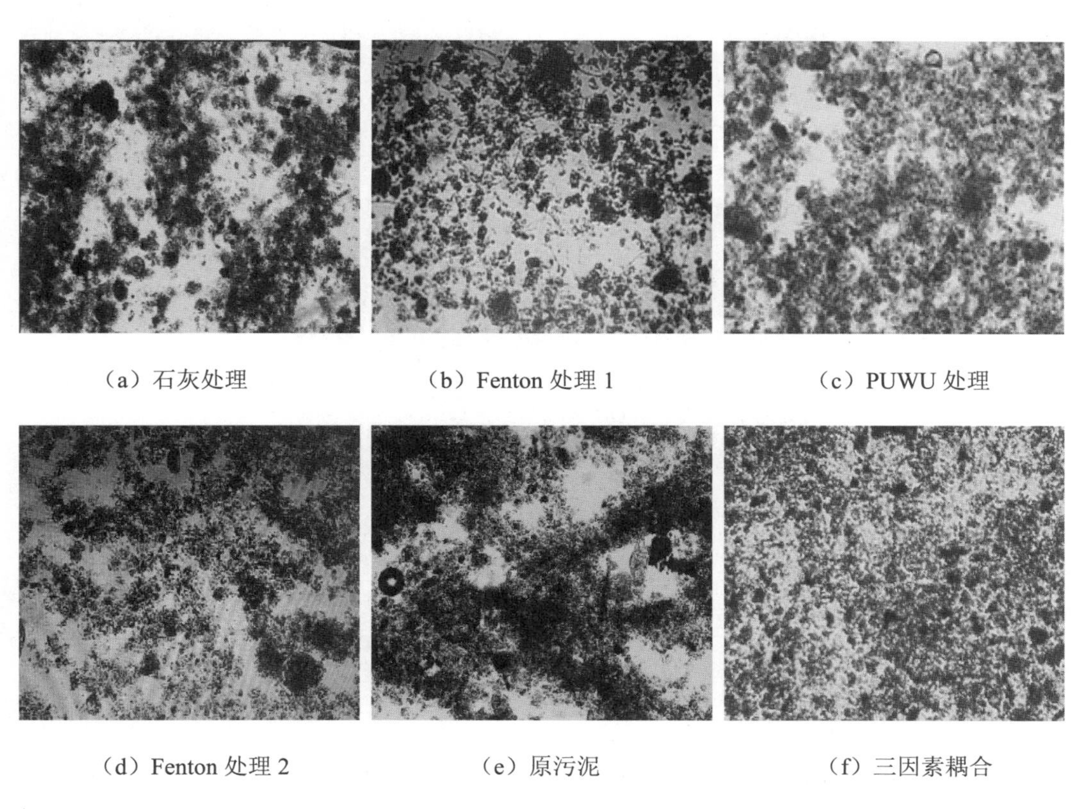

（a）石灰处理　（b）Fenton 处理 1　（c）PUWU 处理

（d）Fenton 处理 2　（e）原污泥　（f）三因素耦合

图 6.42　污泥光学显微镜结构

4. 污泥电子显微镜结构分析

将原污泥的 SEM 图片和投加 Fenton（16.6 mL/100 mL）调理后污泥 SEM 图片以及 PUWU（360 W、35 s）石灰（1.22 g）Fenton（16.6 mL）联合调理的厌氧消化污泥 SEM 图片对比，如图 6.43 所示，SEM 图（a）和（b）中，污泥结构松散，表面致密几乎没有空隙，而经过 PUWU 石灰 Fenton 调理后污泥形成了极不规则的表面形状，污泥变得密实，空隙增大，有利于脱水，絮体形态各异，粒径变大，水分更容易透过，污泥的脱水性能得到明显改善。

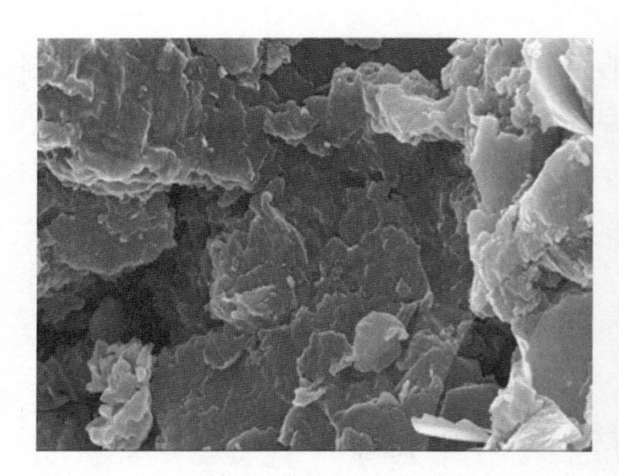

（a）原污泥电镜下 50 倍

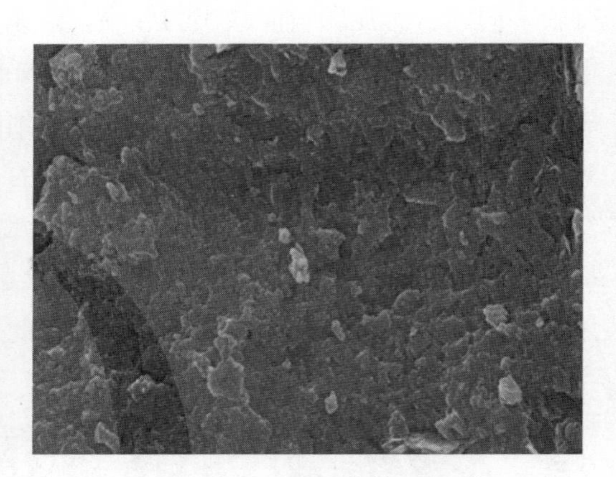

（b）Fenton 调理电镜下 50 倍

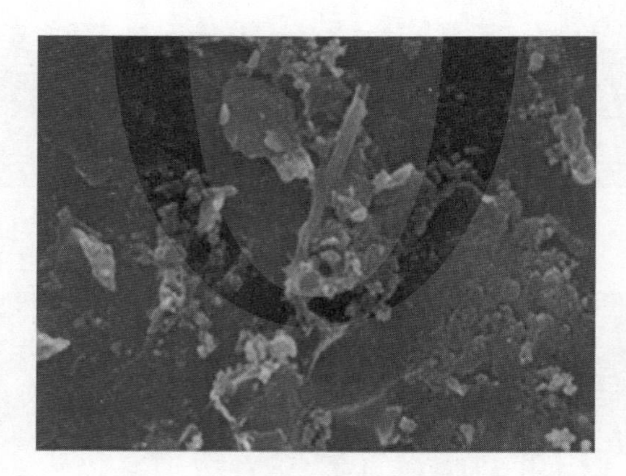

（c）PUWU 石灰 Fenton 调理电镜下 50 倍

图 6.43 不同方式处理后的电镜图片

5. 污泥粒径分析结果

由图 6.44 可知，Hydro 2000SM（A）测试范围为 0.020～2 000.00 μm，测定发现 d_{10}=11.920 μm，d_{50}= 37.874 μm，d_{90}=107.072 μm。

由图 6.45 可知，Hydro 2000SM(A)测试范围为 0.020～2 000.00 μm，粒径小于 d_{10}= 3.257 μm，d_{50}= 13.073 μm，d_{90}=66.049 μm，d_{50} 相比原污泥减小了 65.48%。显然经过 PUWU 石灰 Fenton 联合处理后的污泥粒径变小，污泥脱水性能得到改善。

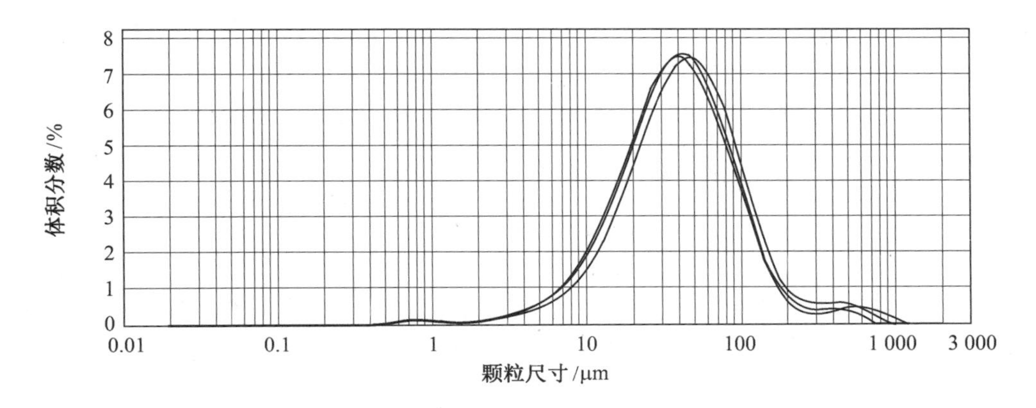

图 6.44　原污泥粒径分析曲线

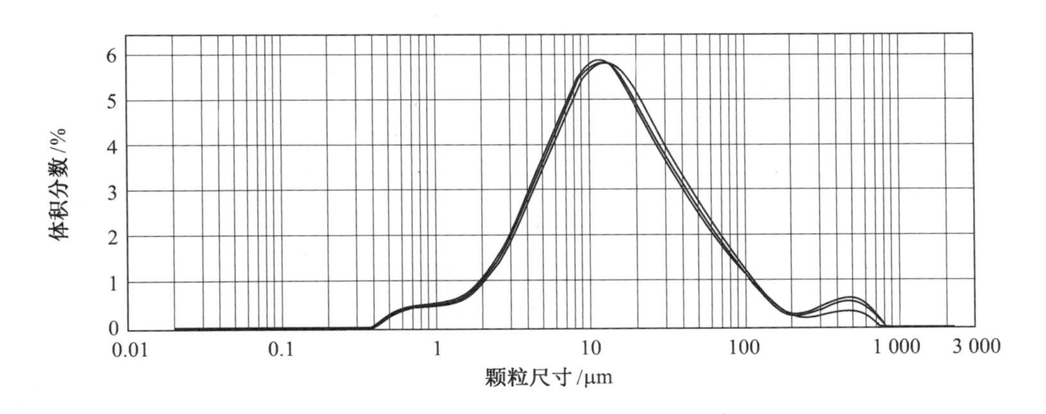

图 6.45　PUWU 石灰 Fenton 联合调理粒径分析曲线

6.4　本章小结

通过进行单因素实验并利用 Origin 2017 软件数据处理找到各单因素调理的南阳市城市污水处理厂回流污泥脱水性能的最佳值范围，借助 Design-Expert 8.0 软件分配的方案进行实验，得出 CST 和离心沉降比的曲面响应图、方差分析数据及拟合的三元二次回归方程模型，通过 Mathematical software 9.0 求得最优范围值，通过毛细吸水时间 CST、离心沉降比等污泥脱水指标来进行验证实验，再通过污泥电镜分析、热重分析以及粒径分析来进一步佐证实验结果的可靠性。得到结论如下：

（1）PUWU、石灰和 Fenton 耦合作用能够明显改善污泥的脱水性能，且 PUWU、Fenton 和石灰调理污泥的最佳范围分别为 30～40 s、14～20 mL/100 mL、0.7～1.5 g/100 mL。

（2）借助 Design-Expert 8.0 软件作出二次响应曲面建立的污泥毛细吸水时间、离心沉降比模型，且各自相关系数分别为 0.916 和 0.981 1 都接近于 1。因此，响应曲面的相似度较高，实测值与预测值误差较小，因此可以用设计专家给出的方程模型在不同的 PUWU 处理时间和不同石灰、Fenton 试剂投加量下对污泥毛细吸水时间 CST 和离心沉降比进行预测。

（3）通过软件分析和实验验证可知，PUWU 处理时间、石灰投加量和 Fenton 投加量的最佳值分别为 35 s、406.67 mg/g 和 830 mg/g（以 H_2O_2 投加量表示）。经过该最佳点处理后的污泥的 CST 可减少到 16.78（±0.20）s，离心沉降比降至 18.3（±0.25）%，与利用 Mathematical software 9.0 软件进行预测的预测值基本吻合。

（4）PUWU 石灰 Fenton 处理后，扫描电镜（SEM）显示污泥形成直径更大的絮体，更易于脱水，粒径分析（SM）显示污泥粒径整体变小，粒径分布曲线左移。

参考文献

[1] 王建华. 城市污泥处置新技术发展与研究[J]. 中国市政工程，2013，4 (167)：41-44.

[2] 贾艳宗，马沛生，王彦飞. 微波在酸化和水解反应中的应用[J]. 化工进展，2004，23(6)：641-645.

[3] 李延吉，李润东，冯磊，等. 基于微波辐射研究城市污水污泥脱水特性[J]. 环境科学研究，2009，22(05)：544-548.

[4] 董春欣. 超声波对污泥脱水性能的影响因素研究[J]. 吉林农业科技学院学报，2015，24(2)：48-51.

[5] 于文华，濮文虹，时亚飞，等. 阳离子表面活性剂与石灰联合调理对污泥脱水性能的影响[J]. 环境化学，2013，32(09)：1785-1791.

[6] 傅大放，蔡明元. 污水厂污泥微波处理试验研究[J]. 中国给水，1999，15(6)：56-57.

[7] YU Q，LEI H Y，LI Z，et al. Physical and chemical properties of waste-activated sludge after microwave treatment[J]. Water Research，2010，44 (9)：2841-2849.

[8] 杨金美，张光明，王伟. 超声波强化给水污泥沉降和脱水性能的研究[J]. 环境污染治理技术与设备，2006，7(11)：58-61.

[9] 申晓娟，邱珊，李光明，等. 超声波对污泥脱水的影响研究[J]. 中国给水排水，2018，2(01)：1000-4602.

[10] 冯凯，黄鸥. 石灰调质与石灰干化工艺在污泥脱水中的应用[J]. 给水排水，2011，47(05)：7-10.

[11] DEWIL R，BAEYENS J，NEYENS E. Fenton peroxidation improves the drying performance of waste activated sludge[J]. Hazard Mater，2005，177 (2-3)：161-170.

[12] 洪晨，邢奕，司艳晓，等. 芬顿试剂氧化对污泥脱水性能的影响[J]. 环境科学研究，2014，27(06)：615-622.

[13] 廖素凤，陈剑雄，杨志坚，等. 响应曲面分析法优化葡萄籽原花青素提取工艺的研究[J]. 热带作物学报，2011，32(3)：554-559.

[14] LITTLE T M，HILLS F J. Agricultural experimental design and analysis [M]. New York：John Wiley，1978.

第 7 章　PUWU+Fenton+十二烷基硫酸钠破解重组污泥结构研究

7.1　实验的材料及方法

7.1.1　污泥性质

实验所用污泥取自河南南阳污水处理厂二沉池回流污泥，取回后静置 48 h，待其稳定后用洗耳球及胶管去掉上清液，取出部分污泥待用。实验所用污泥基本特征见表 7.1。

表 7.1　实验用泥性质

参数	数值
SRF/（$m \cdot kg^{-1}$）	1.32×10^{13}
CST/s	25.9
pH	7.3
含水率/%	97.5
黏度/（mPa.s）	150
离心沉降比/%	38

污泥样品与实验过程如图 7.1 所示。

图 7.1　污泥样品与实验过程

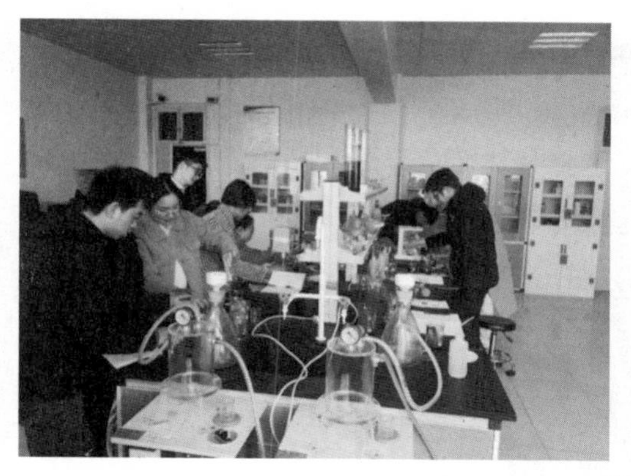

续图 7.1

7.1.2　实验药品

本次实验需要药品为 Fenton（30%H_2O_2：10%$FeSO_4$ 体积比为 1：1）和十二烷基硫酸钠，具体质量分数见表 7.2。

表 7.2　实验药品

试剂种类	试剂名称
氧化剂	30%H_2O_2
氧化剂	10%$FeSO_4$
表面活性剂	0.5%十二烷基硫酸钠

7.1.3　实验的主要仪器

实验过程中所使用的仪器见表 7.3。旋转黏度计如图 7.2 所示。

表 7.3　实验仪器

编号	实验项目	仪器名称
1	测定污泥比阻（SRF）	CBP347 比阻（SRF）实验装置
2	测定毛细吸水时间（CST）	TYPE304B CST 测定仪
3	测定泥饼含水率（WC）	卤素水分测定仪
4	污泥光学显微镜分析	光学显微镜
5	测定污泥离心沉降比（SV）	80-2 电动离心机
6	测定上清液黏度	SNB-1 旋转黏度计
7	测定污泥 pH	PHS-3C 实验室 pH 计
8	测定上清液浊度	便携式浊度测定仪
9	PUWU 处理污泥	PUWU 协同工作站
10	污泥粒径分析	Hydro 2000SM（A）粒径分析仪
11	固体药剂称量	电子天平

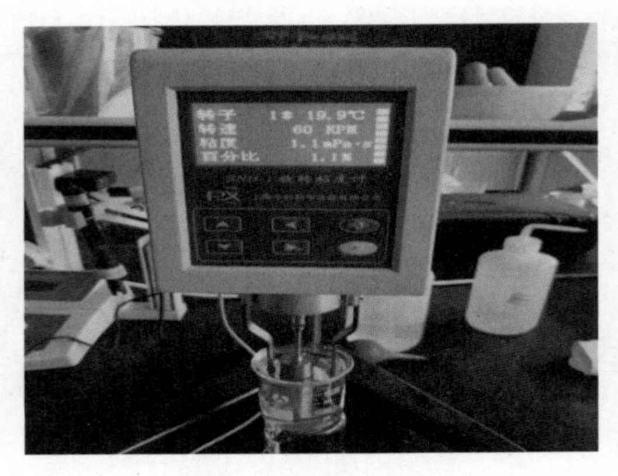

图 7.2　旋转黏度计

7.1.4　实验过程

实验过程分为 4 个阶段：①单因素实验；②含有 PUWU 的多因素协同实验；③验证实验；④辅助验证实验。

（1）确定单因素最佳范围值的实验。①首先通过查看文献大致确定单因素的最佳范围，按照文献所写的试剂的最佳投药量，确定实验的投药范围，然后分别用超声、微波、紫外，芬顿和十二烷基硫酸钠对原污泥作用，并以污泥比阻，泥饼含水率和离心沉降比作为污泥脱水性能的评价指标。②利用 Origin 8.0 软件根据实验结果作出趋势图并找出最佳点。

（2）确定多因素协同实验最优范围区间。①根据单因素实验结果及 Origin 8.0 确定出的最佳范围，通过 Design-Expert 8.0 软件确定三因素耦合的 17 组实验内容，并按其要求分别进行实验。并且建立关于 SRF、WC 二次多项模型，具体公式见方程（7.1）。

该模型的二次多项式为

$$Y=\beta_0+\sum_{i=1}^{3}\beta_i X_i+\sum_{i=1}^{3}\beta_{ii}X_i^2+\sum\sum_{i<j=2}^{3}\beta_{ij}X_iX_j \tag{7.1}$$

式中　Y——本次实验的因变量预测响应值（因变量有：泥饼含水率，%，污泥比阻，m/kg）；

X_i、X_j——自变量代码值；

β_0——PUWU 处理影响因素常数项

β_i——PUWU 处理影响因素线性系数；

β_{ii}——PUWU 处理影响因素二次项系数；

β_{ij}——PUWU 处理影响因素交互项系数。

（3）系统验证实验。利用曲面响应优化结合 Mathematical software 7.0 软件得出的最佳实验值，并在此条件下进行实验，以 SRF 和 SV 为表征指标，验证所确定的实验条件的最优值的准确性。

（4）辅助验证实验。①扫描电镜分析验证实验。将原污泥和 PUWU、芬顿试剂和十二烷基硫酸钠三因素耦合调理后的剩余污泥，分别进行扫描电镜分析。②粒径的颗粒分析实验。将原污泥和 PUWU、芬顿试剂和十二烷基硫酸钠三因素耦合调理后的剩余污泥，分别进行粒径分析实验。具体实验流程如图 7.3 所示。

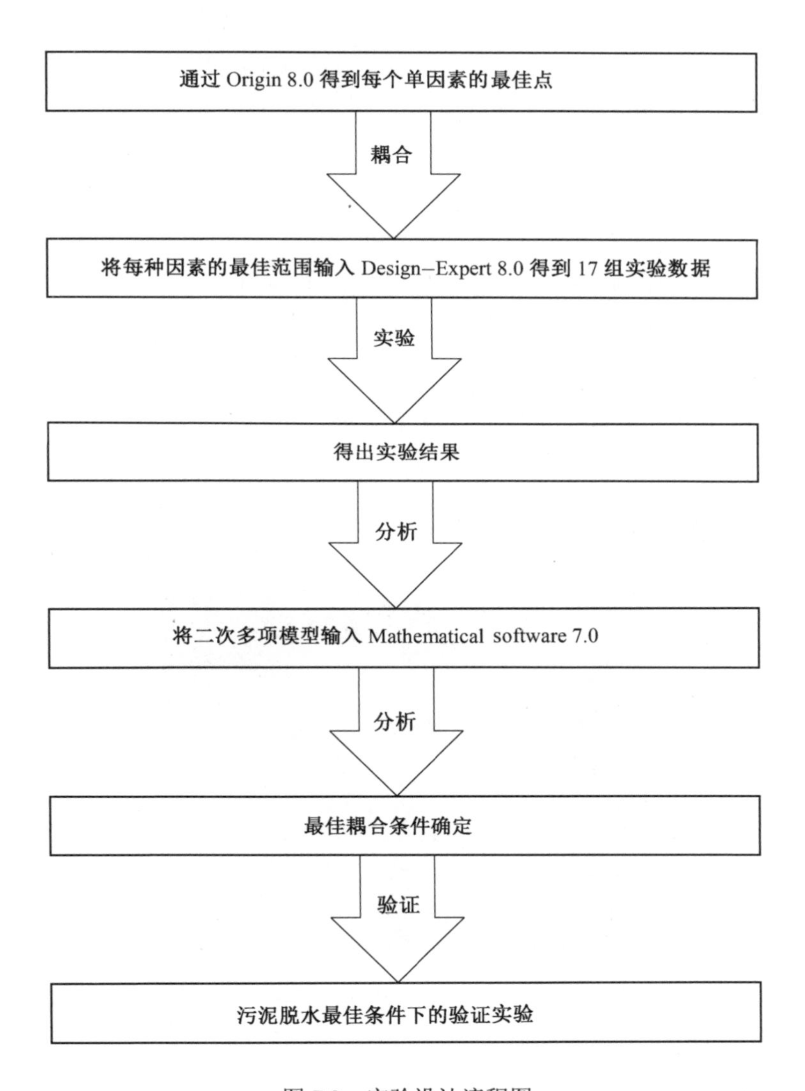

图 7.3　实验设计流程图

7.1.5 实验指标分析方法

1. 污泥比阻（SRF）测定

SRF 是表示污泥过滤特性的综合指标，其物理意义是：单位质量的污泥在一定压力下过滤时在单位过滤面积上的阻力。此值用来比较经过不同方法处理后污泥的过滤性能，污泥比阻越大其脱水性能越差。污泥比阻测试装置如图 7.4 所示。测定 SRF 的具体步骤是：①准备阶段。取一张定性滤纸将其剪成直径为 60～78 mm 圆形，放入布氏漏斗中，将其润湿与漏斗紧密贴合不留缝隙。②实验阶段。把准备好的 100 mL 待测污泥倒入漏斗中，将秒表与真空泵同时开启，并将真空泵调至 0.03 MPa，抽滤过程中观察并记录数据，直到系统的真空破坏即可。SRF 具体计算公式见式（7.2）。

比阻计算方法：

$$\mathrm{SRF}=\frac{2pA^2b}{\mu C} \tag{7.2}$$

式中 SRF——以 PUWU 为污泥主要处理方式的污泥比阻，$\mathrm{kg \cdot m^{-1}}$；

p——以 PUWU 为污泥主要处理方式的真空压力，Pa；

A——以 PUWU 为污泥主要处理方式的抽滤面积，$\mathrm{m^2}$；

b——以 PUWU 为污泥主要处理方式的斜率；

μ——以 PUWU 为污泥主要处理方式的滤液黏度，mPa·s；

C——南阳市污水处理厂 100 g 回流污泥中的干污泥量，$\mathrm{kg \cdot m^{-3}}$。

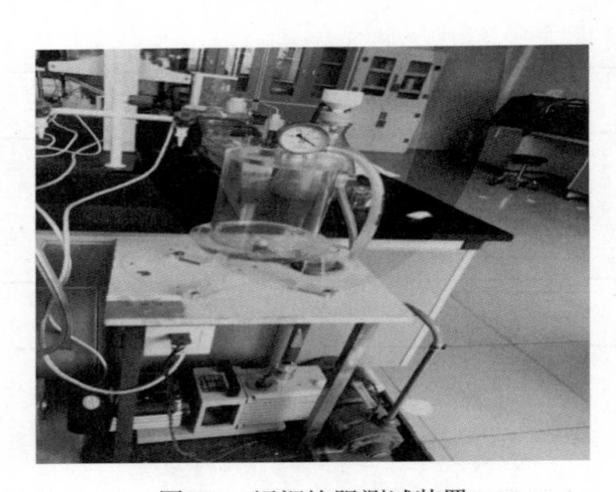

图 7.4 污泥比阻测试装置

2. 污泥离心沉降比（SV）的测定

SV 反映污泥的絮凝程度，其中 SV 越小说明污泥沉降性能越好。SV 的测定：取 2 个离心管分别将每个管中倒入 10 mL 污泥，对称放入离心机中，将转速缓慢调至

2 000 rad/s，在 2 000 rad/s 的转速下离心 90 s，将离心过后的上清液倒入量筒中读取并记录数据记为 V_1，并根据已知公式计算 SV。具体操作过程如图 7.5 所示。

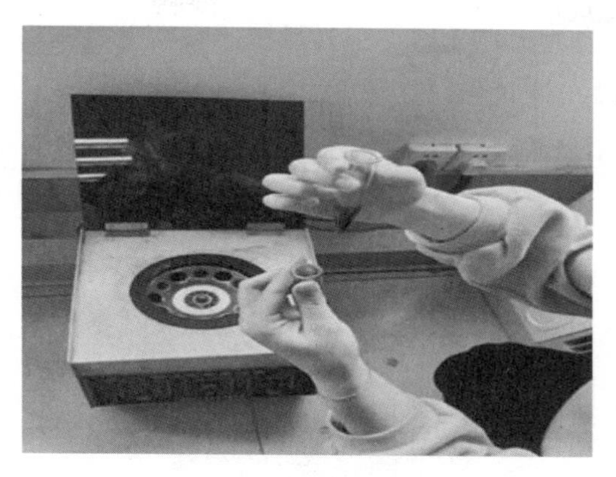

图 7.5　离心装置

3. 泥饼含水率（WC）的测定

污泥经 SRF 装置测定后，取 3～5 g 泥饼放入卤素水分测仪中，将温度设置为 120 ℃，进行泥饼含水率的测定，并记录数据。卤素水分测定仪如图 7.6 所示。

图 7.6　卤素水分测定仪

4. 污泥粒径分析

分别将原剩余污泥和 PUWU、Fenton 和十二烷基硫酸钠调理后的污泥，抽滤脱水后的泥饼放入烤箱中烘烤，温度设置为 105 ℃烘至污泥完全干燥，然后取出冷却后将其碾碎呈粉末状，取 1～3 g 密封保存好后送往中国地质大学环境实验室，进行粒径颗粒分析。

5. 污泥电子显微镜分析

分别取将原剩余污泥和 PUWU、Fenton 和十二烷基硫酸钠调理后的污泥进行离心脱水，取 1～5 mL 离心沉降后的污泥密封保存，送往南阳师范学院进行扫描电镜分析。

6. 污泥光学显微镜分析

用玻璃棒分别蘸取一滴未经处理的原污泥以及经 PUWU、Fenton 和十二烷基硫酸钠协同处理的污泥置于载玻片上，先后置于显微镜下观察并分析污泥结构及污泥中微生物的活性。光学显微镜图片取样如图 7.7 所示。

图 7.9　光学显微镜图片取样

7.2　结果与讨论

7.2.1　单因素实验

1. PUWU 对污泥脱水性能的影响

PUWU 处理的时间分配为超声（100 W、脉冲 3 s 开 1 s 关）∶微波（100 W）∶紫外比为 1∶1∶1，依次对污泥进行处理。

具体过程：取静止 48 h 后的原污泥 500 mL 分别倒入 5 个 100 mL 的烧杯，分别对其进行编号为 1、2、3、4、5，然后将功率稳定在 100 W 条件下，在 PUWU 协同工作站分别依次进行超声（脉冲开 3 s 关 1 s）、微波、紫外作用 30 s、60 s、90 s、120 s、150 s，并记录所需数据。具体过程如图 7.10 所示。实验结果如图 7.11～7.13 所示。

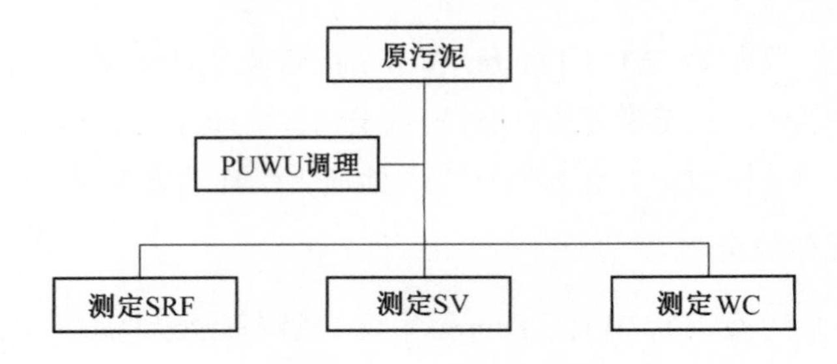

图 7.10　PUWU 作用流程图

实验结果显示在 PUWU 处理时间为 90 s 时，其 SRF 为 10.8×10^{12} m/kg，减少率为 18.18%。WC 达到 84.67%，减少率达到了 2.67%。SV 达到了 32%，减少率为 17.94%。由实验结果分析可知，作用时间为 90 s 时污泥脱水性能有明显的改善。

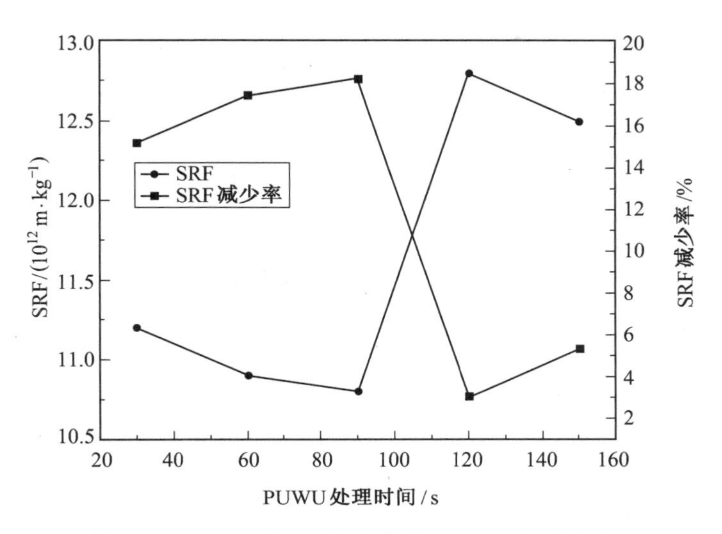

图 7.11　PUWU 处理后污泥比阻（SRF）及减少率

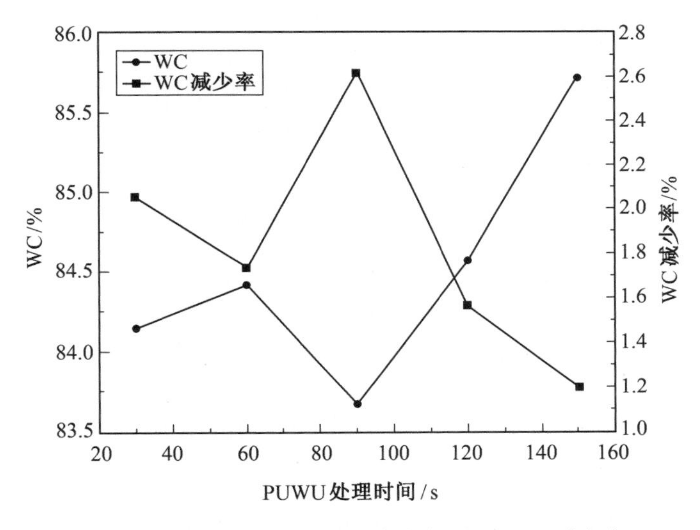

图 7.12　PUWU 处理后泥饼含水率（WC）及减少率

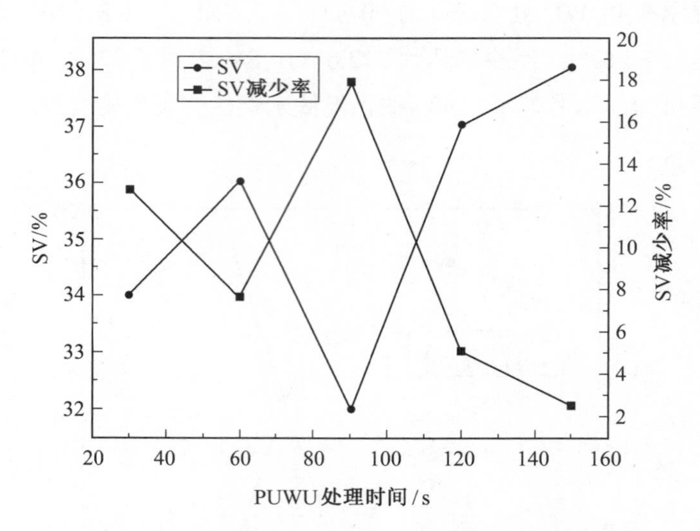

图 7.13　PUWU 处理后污泥离心沉降比（SV）及减少率

PUWU 处理时间为 30 s 时，SRF 为 11.2×10^{12} m/kg，减少率为 15.15%；WC 为 84.5%，减少率为 2.06%；SV 为 34%，减少率为 12.82%，相比原污泥三个指标都有降低但效果不明显。继续增加 PUWU 处理时间为 60 s 即超声、微波、紫外单个作用 20 s 时，SRF 为 10.9×10^{12} m/kg，减少率为 17.42 %；WC 为 84.42%，减少率为 1.74%；SV 为 36%，减少率为 7.69%，SRF 比总作用时间为 30 s 时有减少，但 WC 和 SV 都有一些增加。

在处理 90 s 时效果明显改善，超过 90 s 后性能变差。尤其在 PUWU 处理时间 120 s 时，SRF 为 12.8×10^{12} m/kg，减少率为 3.03%；WC 为 84.57%，减少率为 1.57%；SV 为 37%，减少率为 5.13%。PUWU 作用时间为 150 s，SRF 为 12.5×10^{12} m/kg，减少率为 5.3%；WC 为 85.7%，减少率为 1.2%；SV 为 38%，减少率为 2.56%，相比原污泥效果不明显。由此得出 PUWU 时间超过 90 s 后，作用时间越长反而效果越差，三个污泥脱水性能评价指标都明显变差。这种现象表明 PUWU 处理时间在一定范围内对污泥脱水性能有所改善，超出这一范围就会出现明显的抑制现象。

2. Fenton 试剂对污泥脱水性能的影响

（1）试剂配制。Fenton 试剂的使用是现配现用，由两种试剂（10%$FeSO_4$：30%H_2O_2）按体积比为 1：1 配置而成。

（2）实验过程。根据查阅文献得到 Fenton 的最佳范围为 12～14（mL/100 mL），所以先取 1 000 mL 原污泥分别倒入 5 个 200 mL 的烧杯，分别加入 12 mL、13 mL、14 mL、15 mL、16 mL，并编号为 1、2、3、4、5，再反应一段时间直至明显的泥水分离现象视为反应完成，然后对反应完全的污泥进行各项指标的测定。具体过程如图 7.14 和图 7.15 所示。

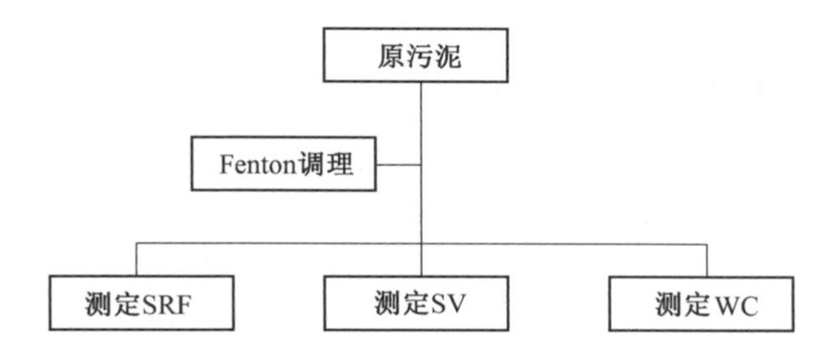

图 7.14　Fenton 作用流程图

图 7.15　Fenton 试剂不同投加量

（3）实验结果。在实验过程中发现在所测污泥的各项指标随 Fenton 投加量的增加而减小，所以继续配制 Fenton 投加量为 17（mL/100 mL）和 18（mL/100 mL）的污泥进行实验，实验结果显示，添加 18 mL Fenton 的污泥指标高于 17 mL Fenton，所以得出 Fenton 改善污泥脱水性能的最佳点为 17（mL/100 mL）。如图 7.16～7.18 所示。

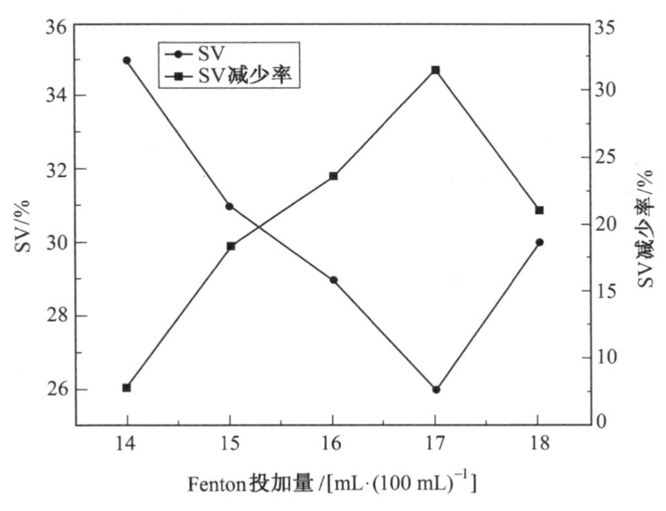

图 7.16　Fenton 作用后污泥离心沉降（SV）比及减少率

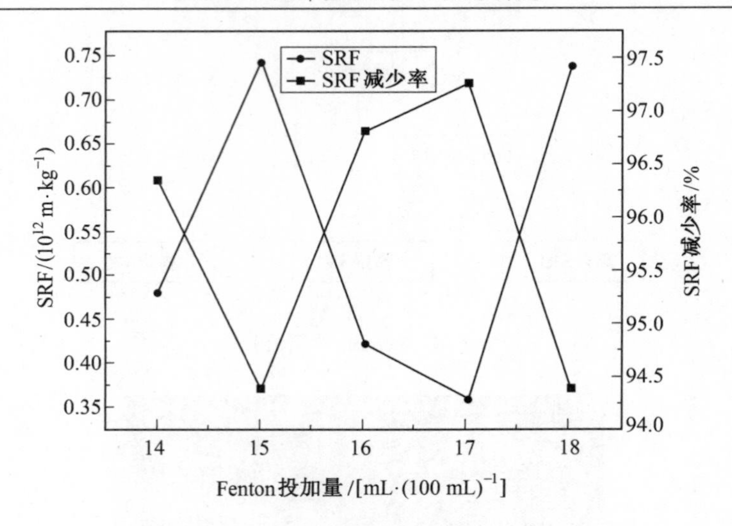

图 7.17　Fenton 作用后污泥比阻（SRF）及减少率

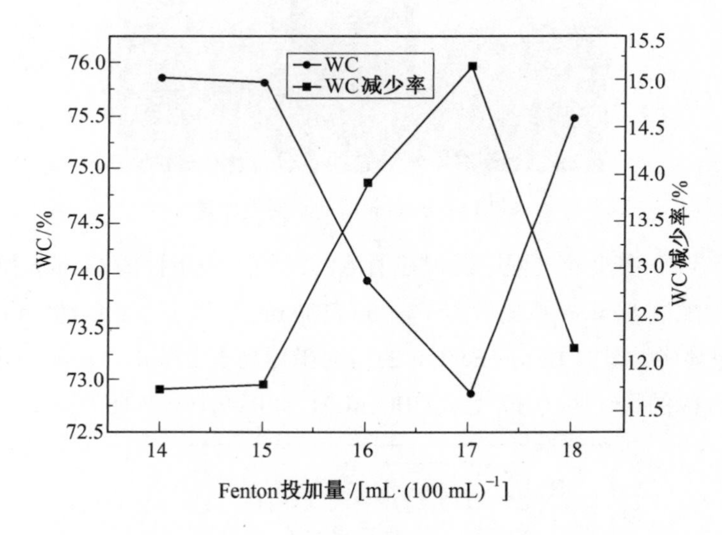

图 7.18　Fenton 作用后泥饼含水率（WC）及减少率

由图可知，在加入 14 mL Fenton 时 SRF 为 0.48×10^{12} m/kg，减少率 96.36%；WC 为 75.86%，减少率为 11.71%；SV 为 35%，减少率为 7.89%，继续增加 Fenton 投加量为 15 mL 时 SV 明显下降为 31%，减少率为 18.42%，其余两项指标变化程度不明显。当投加量为 16 mL 时，SRF 在这个区间有明显的下降，SRF 由 0.74×10^{12} m/kg 下降为 0.423×10^{12} m/kg，减少率相比原污泥达到了 96.82%。当投加量为 17 mL 时，SRF 为 0.36×10^{12} m/kg，减少率达到了 97.27%；WC 为 72.87%，减少率达到了 15.19%；而 SV 为 26%，减少率达到了 31.58%。如若继续投加则效果并不明显，既没有经济效益，也没有实现污泥脱水性能改善的目的。所以实际操作过程选用 17（mL/100 mL）的投加量。由此可见 Fenton 作为一种强氧化剂能够明显提高污泥脱水性能。

3. 十二烷基硫酸钠试剂对污泥脱水性能的影响

（1）试剂配制。取 0.5 g 十二烷基硫酸钠放入盛有 100 mL 蒸馏水的烧杯中，充分搅拌使其溶解，便配制质量分数为 0.5%的十二烷基硫酸钠溶液。

（2）实验过程。取 1 000 mL 原污泥分别倒入 5 个 200 mL 的烧杯中，用移液管加入不同体积试剂并编号为 1、2、3、4、5，使其充分反应后测定三项污泥评价指标（图 7.19）。

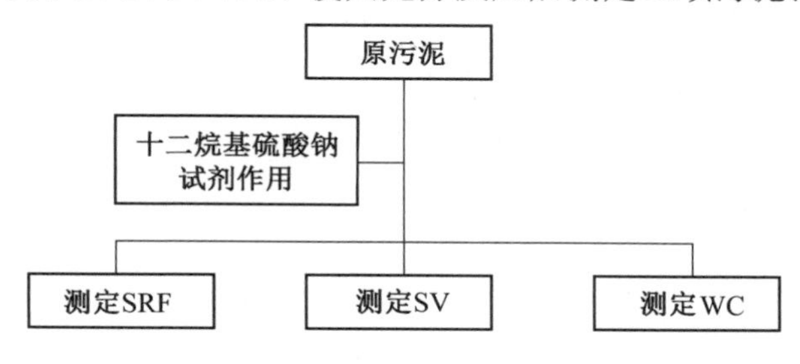

图 7.19　十二烷基硫酸钠作用流程图

（3）实验结果。实验研究发现在加入十二烷基硫酸钠 1.33 mg/g 时，SRF 为 1.06×10^{13} m/kg，减少率达到 19.24%；WC 为 82.14%，减少率为 4.4%；SV 为 32%，减少率为 15.79%，与原污泥相比有明显的改善效果。继续投加十二烷基硫酸钠，当投加量为 1.5 mg/g 时，SRF 为 0.805×10^{13} m/kg，减少率为 39.39%；WC 为 82.3%，减少率为 4.21%；SV 为 31%，减少率为 18.42%，与投加量为 1.33 mg/g 时比有一定改善作用但并不明显。

继续投加十二烷基硫酸钠，在投加量为 1.84 mg/g 时 SRF 降至 4.978×10^{12}m/kg，减少率达到了 62.12%；WC 降至 80.92%，减少率达到了 5.82%；SV 达到了 30%，减少率达到了 21.05%，作用效果与之前相比有明显提高。由图 7.20～7.22 可以看出在投加量为 1.84 mg/g 时三项指标均下降且下降幅度明显。由此可见，十二烷基硫酸钠对污泥脱水性能的改善有一定的意义。

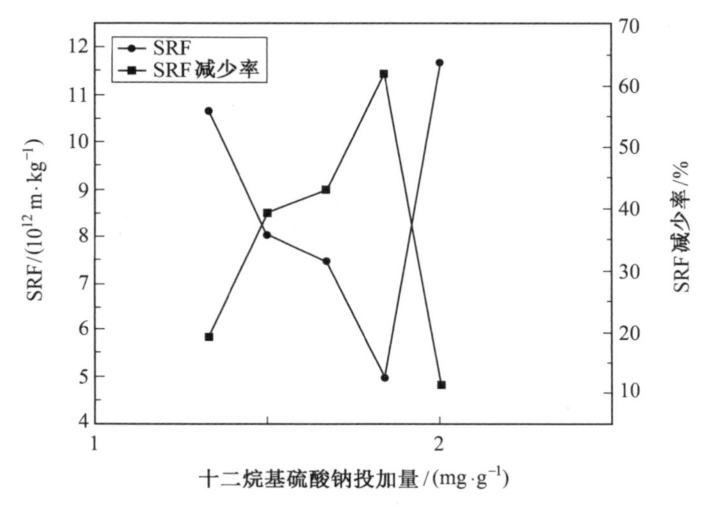

图 7.20　十二烷基硫酸钠作用污泥比阻(SRF)及减少率

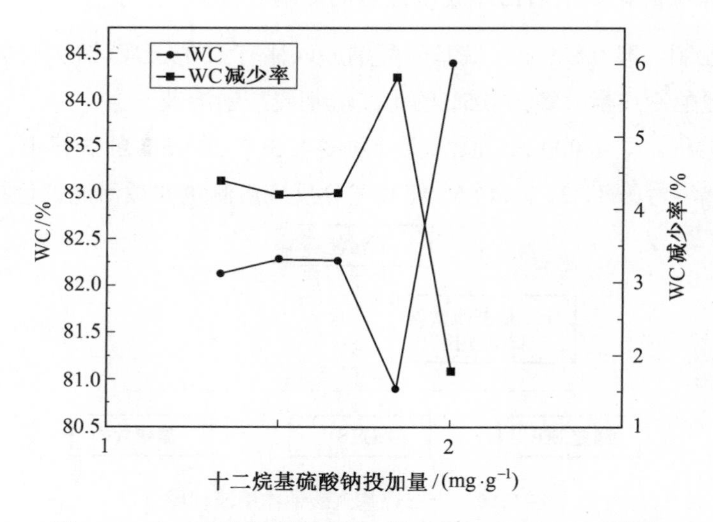

图 7.21　十二烷基硫酸钠作用泥饼含水率（WC）及减少率

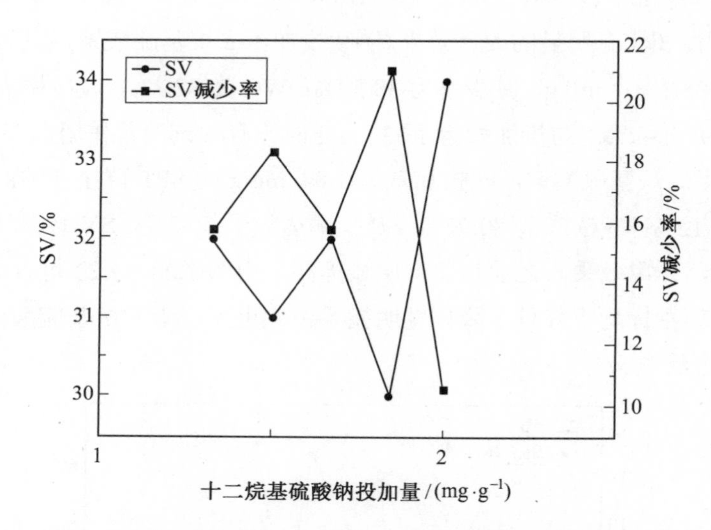

图 7.22　十二烷基硫酸钠作用离心沉降（SV）比及减少率

4. 光学显微镜分析

原污泥，经过 PUWU、Fenton、十二烷基硫酸钠单独处理后的污泥以及三者耦合处理后的污泥光学显微镜分析图如图 7.23～7.27 所示。

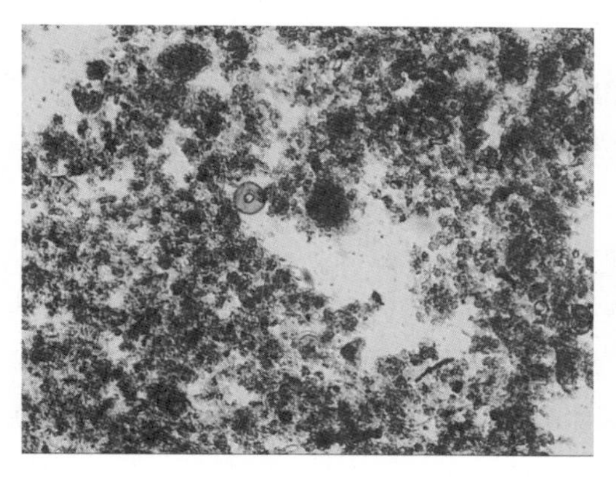

图 7.23　原污泥结构

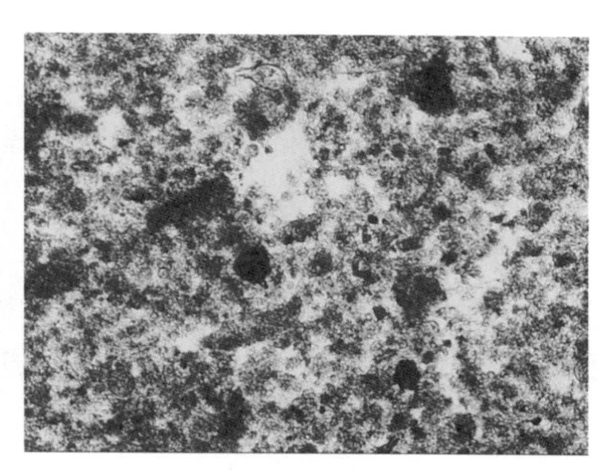

图 7.24　光学显微镜下 PUWU 处理后污泥结构

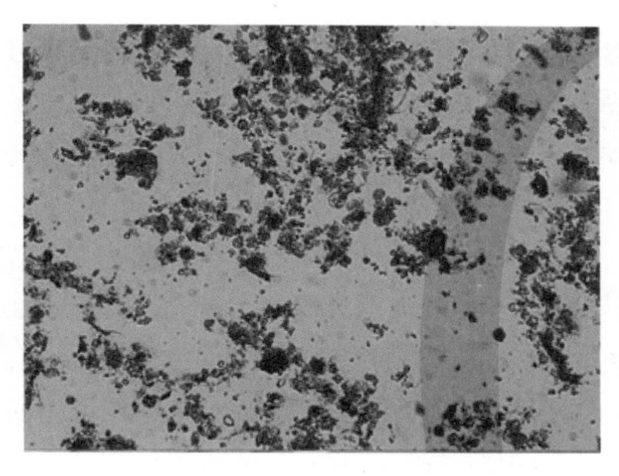

图 7.25　光学显微镜下 Fenton 处理后污泥结构

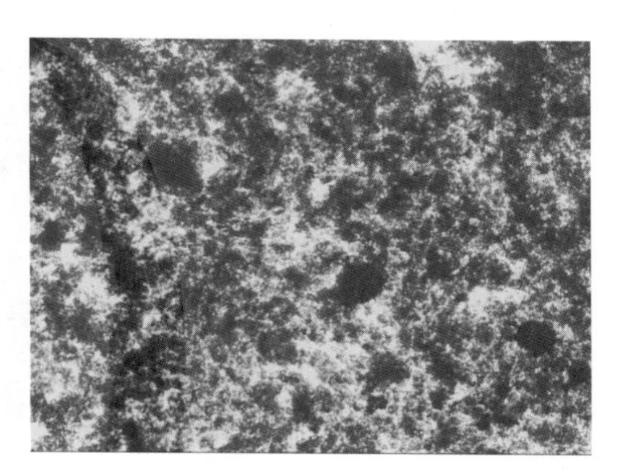

图 7.26　十二烷基硫酸钠调理后光学显微镜观察

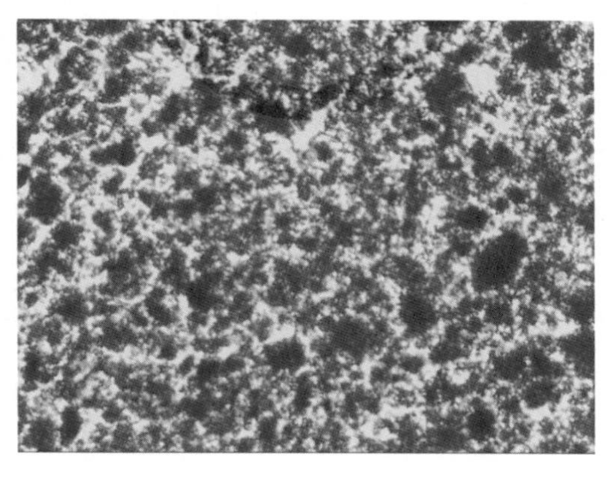

图 7.27　三因素调理后的污泥光学显微镜分析

由图 7.24 可知，原污泥结构紧密空隙较少，粒径较大，污泥之间结合水较多，颗粒之间黏性大，从而导致污泥脱水性能差。

由图 7.25 可知，PUWU 处理后的污泥结构较原污泥稍有松散，内部的结合水在超声微波后有一部分转为自由水流出，污泥中的微生物结构在紫外线的作用下产生变性裂解，污泥脱水性能有所改善。

由图 7.26 可以看出，经过芬顿的强氧化后污泥结构明显疏松，颗粒之间的空隙明显增加，污泥粒径也变小，对于污泥内水分的脱除有很大帮助。加入表面活性剂十二烷基硫酸钠后污泥聚集成一团，结构较原污泥更加密实，污泥颗粒间自由水更容易脱除。

图 7.27 显示，PUWU、Fenton 和十二烷基硫酸钠协同作用调理下的污泥较松散，颗粒较小，存在大量孔隙，污泥的透水性能较强，因此污泥的脱水性能也较好。污泥由原来的密实到最后的松散主要原因是 PUWU 作用时紫外对污泥中的微生物具有伤害作用微生物的活性被破坏，污泥的黏性变弱，结构松散。三因素的耦合作用对污泥的内、外部结构进行不断的改造，导致污泥中的亲水成分被摧毁，进而亲水性能降低，从而使水分容易通过，污泥脱水性增强。光学显微镜的结果表明，PUWU（96 s）、H_2O_2（840 mg/g）和十二烷基硫酸钠（1.84 mg/g）协同作用对于剩余污泥脱水性能的改善有积极的作用。

7.2.2 多因素模型方差分析

在确定各个单因素的最佳投加量的基础上，将单因素最佳范围输入 Design-Expert 8.0 软件得出 17 组耦合的实验方案，输入数据见表 7.4，然后进行 17 组实验并记录实验数据，将实验数据整理并输入 Box-Behnken 中可得到多因素耦合作用的预测值，见表 7.5。X_1 为 PUWU，X_2 为 Fenton，X_3 为十二烷基硫酸钠，利用 SRF 和 WC 作为评价指标，通过 Design-Expert 8.0 得出关于两个评价指标的三元二次回归线方程模型。

表 7.4 实测值和对应编码变量的范围和水平

因素	代码		编码水平		
	实测值	编码值	−1	0	1
PUWU 处理时间/s	ε_1	X_1	20	30	40
芬顿投加量/[mL·(100 mL)$^{-1}$]	ε_2	X_2	16	17	18
十二烷基硫酸钠投加量/(mg·g^{-1})	ε_3	X_3	1.67	1.84	2.00

表 7.5　响应曲面设计及结果

编码	编码值			污泥比阻（SRF）/(10^{11} m·kg^{-1})		泥饼含水率（WC）/%	
	X_1	X_2	X_3	实测值	预测值	实测值	预测值
1	−1	−1	0	3.15	3	72.33	72.42
2	1	−1	0	2.31	2.25	72.64	72.69
3	−1	1	0	2.64	2.70	73.82	73.77
4	1	1	0	2.93	3.08	72.27	72.18
5	−1	0	−1	2.54	2.72	73.37	73.59
6	1	0	−1	2.65	2.75	72.36	72.61
7	−1	0	1	2.99	2.89	73.52	73.67
8	1	0	1	2.67	2.48	73.14	72.93
9	0	−1	−1	2.59	2.55	73.06	72.76
10	0	1	−1	2.81	2.55	73.25	73.09
11	0	−1	1	1.98	2.23	72.50	72.66
12	0	1	1	2.73	2.77	72.87	73.17
13	0	0	0	1.62	1.84	71.61	71.66
14	0	0	0	1.96	1.84	71.98	71.66
15	0	0	0	1.97	1.84	72.01	71.66
16	0	0	0	1.74	1.84	71.52	71.66
17	0	0	0	1.92	1.84	71.20	71.66

1. 污泥比阻（SRF）模型方差分析

SRF 的多元二次回归方程模型为

$$\begin{aligned}\mathrm{SRF} = {} & 1.84 - 0.095X_1 + 0.13X_2 - 0.026X_3 + 0.28X_1X_2 - 0.11X_1X_3 + \\ & 0.13X_2X_3 + 0.55X_1^2 + 0.37X_2^2 + 0.32X_3^2\end{aligned} \tag{7.3}$$

式（7.3）为三元二次方程，二次项系数均为正，所以该模型抛物面开口向上的，存在极小值，所以实验存在最佳点，可以进行最优分析，然后将该模型进行真实性与预测性对比，检测并进行方差分析。其结果见表 7.6。

由表 7.6 方差分析结果可知，该模型的 F 值为 6.73，SS 为 3.18，DF 为 9，MS 为 0.35，此数值表明该方程的模型有较高的真实性，该模型的 P 为 0.01，表明此方程的显著性较好。该模型此模型的回归线的系数 R^2 为 0.895 6，回归线系数接近 1，说明拟合度较好，即说明模型值与真实实验值大致相似。由此可以利用 Design-Expert 8.0 对三种因素的不同条件下耦合的污泥比阻的结果进行预测。

表 7.6　污泥比阻回归方程的模型方差分析

来源	平方和 SS	自由度 DF	均方 MS	F	P(Prob>F)
模型	3.18	9	0.35	6.73	0.010 0
X_1	0.073	1	0.073	1.38	0.278 4
X_2	0.14	1	0.14	2.69	0.144 8
X_3	0.005 618	1	0.005 618	0.11	0.753 3
X_1X_2	0.32	1	0.32	6.09	0.042 9
X_1X_3	0.047	1	0.047	0.9	0.375 4
X_2X_3	0.07	1	0.07	1.34	0.285 7
X_1^2	1.28	1	1.28	24.38	0.001 7
X_2^2	0.57	1	0.57	10.80	0.013 4
X_3^2	0.43	1	0.43	8.18	0.024 3
残差	0.37	7	0.053		
拟合不足	0.27	3	0.091	3.79	0.115 6
误差	0.096	4	0024		
总误差	3.55	16			

由图 7.28 可以看出，实测值在预测值附近摆动，且两者相差不多。可以表明实验结果具有很高的的可靠性。

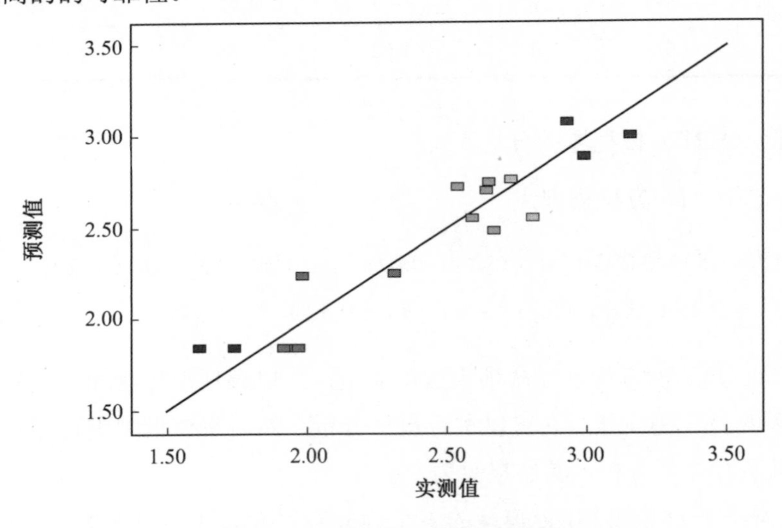

图 7.28　污泥比阻实测值与预测值对比

2. 泥饼含水率（WC）模型方差分析

WC 的多元二次回归方程模型为

$$WC = 71.66 - 0.33X_1 + 0.21X_2 + 0.001\,25X_3 - 0.47X_1X_2 + 0.16X_1X_3 + 0.045X_2X_3 + 0.64X_1^2 + 0.46X_2^2 + 0.79X_3^2 \tag{7.4}$$

由式（7.4）可知，二次项系数均为正值，所以该模型抛物面开口向上的，存在极小值，所以实验存在最佳点，可以进行最优分析，然后将该模型进行真实性与预测性对比检测并进行方差分析。其结果见表 7.7。由表 7.7 方差分析结果可知，该模型的 F 值为 6.67，SS 为 8.05，DF 为 9，MS 为 0.89，此数值表明该方程的模型有较高的真实性，该模型的 P 为 0.010 2，表明此方程的显著性较好。此模型的回归线的系数 R^2 为 0.896 4，回归线系数接近 1，说明拟合度较好，即说明模型值与真实实验值大致相似。由此可以利用 Design-Expert 8.0 对三种因素的不同条件下耦合的泥饼含水率的结果进行预测。

由图 7.29 可以看出实测值在预测值附近摆动，且相差较小，表明实验所得泥饼含水率具有较高的可靠性。

表 7.7　泥饼含水率回归方程的模型方差分析

来源	平方和	自由度	均方	F	P
	SS	DF	MS		
模型	8.05	9	0.89	6.67	0.010 2
X_1	0.86	1	0.86	6.45	0.038 6
X_2	0.35	1	0.35	2.63	0.148 6
X_3	0.000 012 5	1	0.000 012 5	0.009 3	0.992 6
X_1X_2	0.86	1	0.86	6.46	0.038 6
X_1X_3	0.099	1	0.099	0.74	0.417 9
X_2X_3	0.008 1	1	0.008 1	0.06	0.812 8
X_1^2	1.72	1	1.72	12.85	0.008 9
X_2^2	0.9	1	0.9	6.7	0.036
X_3^2	2.66	1	2.66	19.83	0.003 0
残差	0.94	7	0.13		
拟合不足	0.48	3	0.16	1.39	0.366 8
误差	0.46	4	0.11		
总误差	8.98	16			

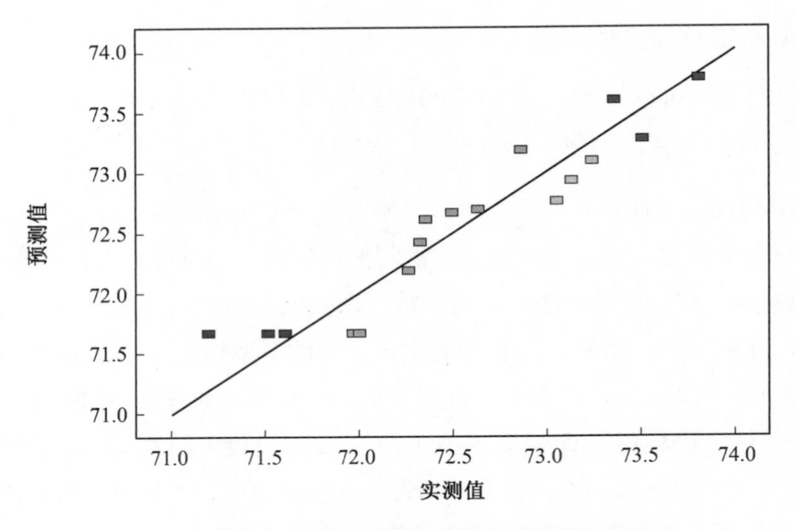

图 7.29　泥饼含水率实测值与预测值对比

7.2.3　响应曲面图与参数优化

为了更加清楚地表明 PUWU、Fenton 和十二烷基硫酸钠联合调理对污泥比阻和泥饼含水率的影响以及表征响应曲面函数的性能，利用 Design-Expert 8.0 做出响应曲面图和等高线图。

1. 污泥比阻响应曲面图与参数优化

利用 Design-Expert 8.0 作出以两个因素为坐标的关于 SRF 的等高线图和响应曲面图，具体结果如图 7.30～7.35 所示。

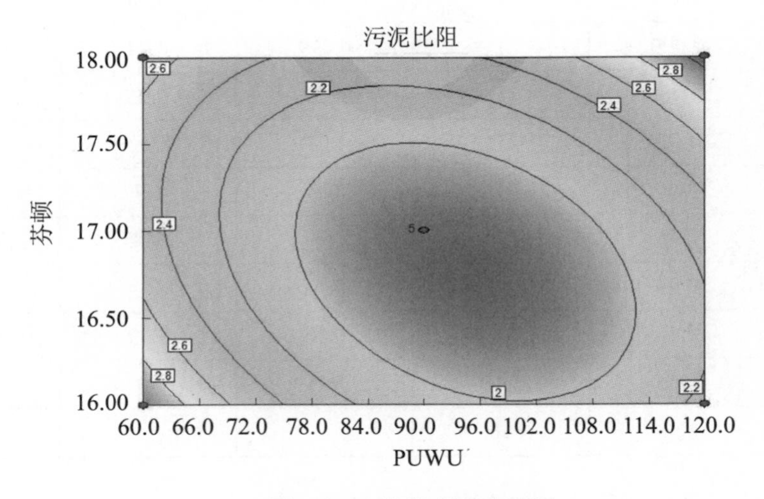

图 7.30　污泥比阻等高线图

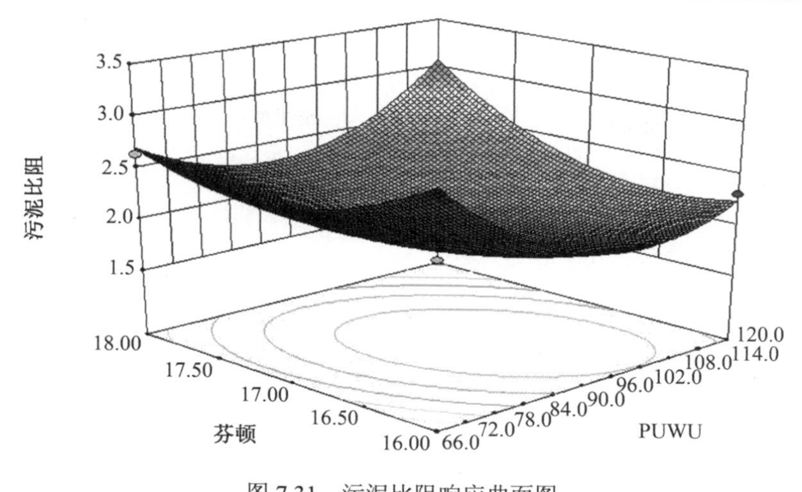

图 7.31　污泥比阻响应曲面图

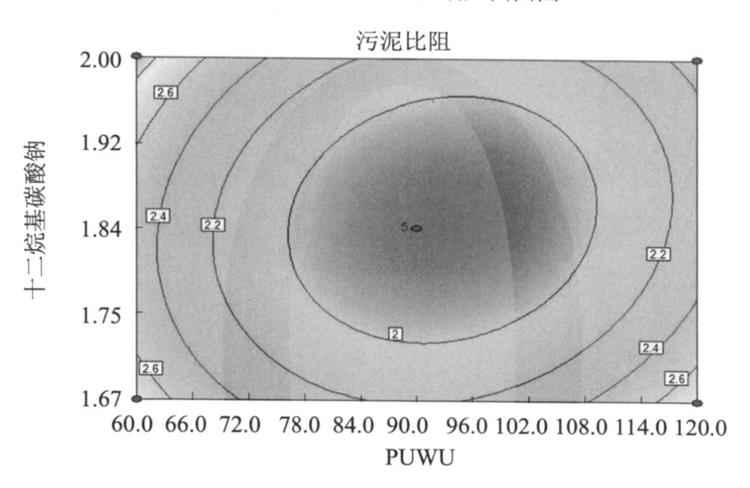

图 7.32　污泥比阻等高线图

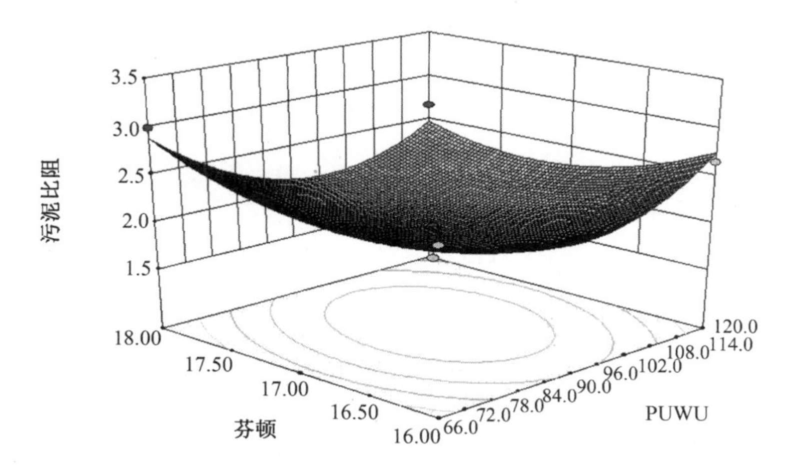

图 7.33　污泥比阻响应曲面图

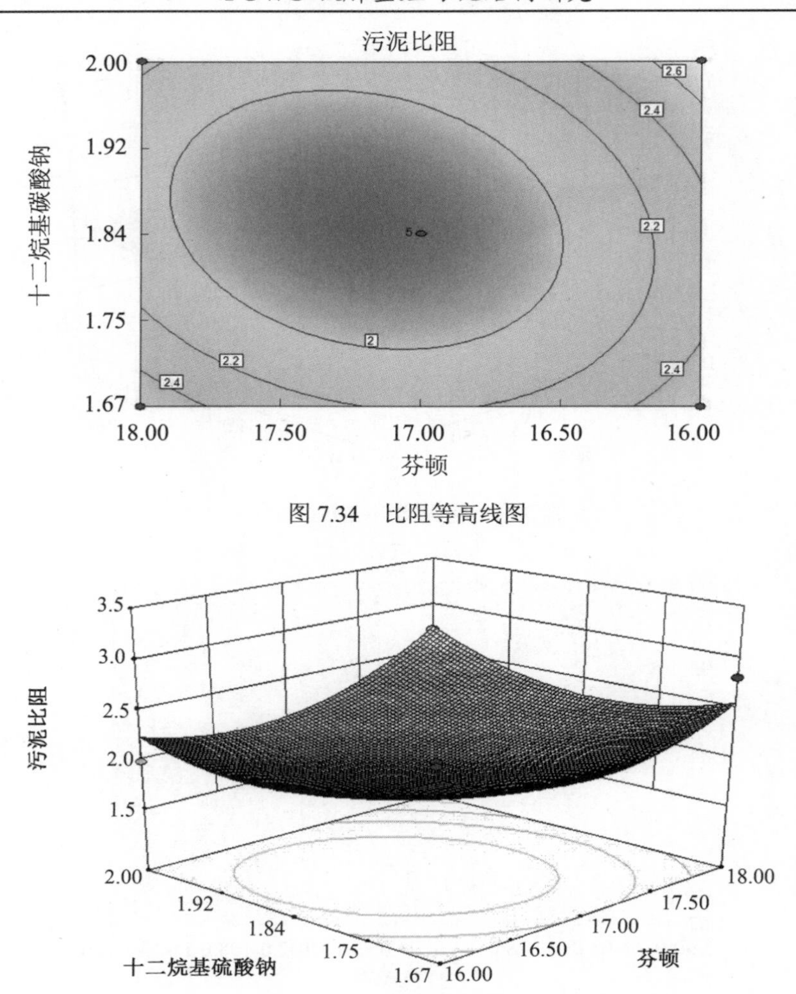

图 7.34　比阻等高线图

图 7.35　污泥比阻响应曲面

图 7.30、图 7.31 所示为十二烷基硫酸钠投加量为 1.84 mg/g 时，PUWU 作用时间和 Fenton 试剂投加量对污泥比阻（SRF）的影响。可以看出，污泥比阻随芬顿试剂投加量的增加呈减小趋势，但是持续投加到一定范围时 SRF 会慢慢增大，这个范围成为最佳投加范围。同理，污泥比阻随 PUWU 作用时间的增加在一定范围内呈下降趋势，超过一定范围污泥比阻会回升。

图 7.32、图 7.33 所示为芬顿试剂投加量 17 mL/100 mL 时，PUWU 时间和十二烷基硫酸钠试剂投加量对污泥比阻的影响，污泥比阻随十二烷基硫酸钠试剂的增加而减小，十二烷基硫酸钠试剂也有最佳作用范围，超过最佳范围则污泥比阻出现相反趋势。同理，污泥比阻随 PUWU 作用时间在一定范围内呈减小趋势。

图 7.34、图 7.35 所示为 PUWU 90 s 时，芬顿试剂投加量和十二烷基硫酸钠试剂投加量对污泥比阻的影响，污泥比阻随芬顿试剂投加量增加而减小，但超过一定投加范围污泥比阻会增大。同理，十二烷基硫酸钠试剂在超过最佳投加范围也会引起污泥比阻回升。

2. 泥饼含水率响应曲面图与参数优化

利用 Design−Expert 8.0 作出以两个因素为坐标的关于 WC 的等高线图和响应曲面图，具体结果如图 7.36～7.41 所示。

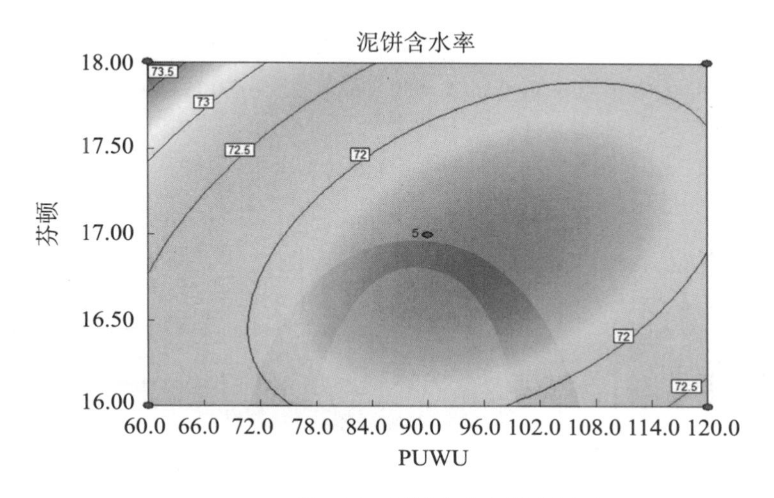

图 7.36　泥饼含水率等高线图

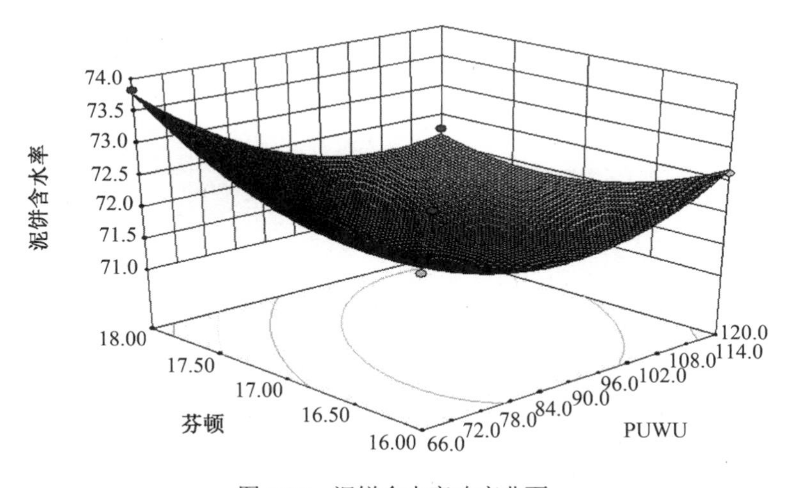

图 7.37　泥饼含水率响应曲面

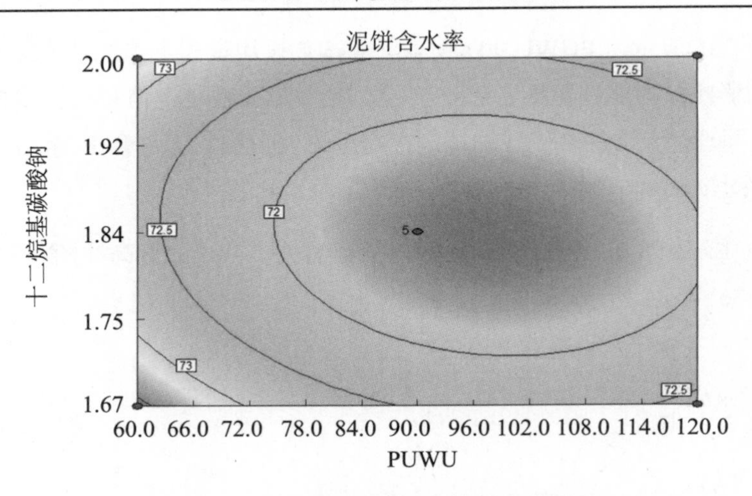

图 7.38　泥饼含水率等高线图

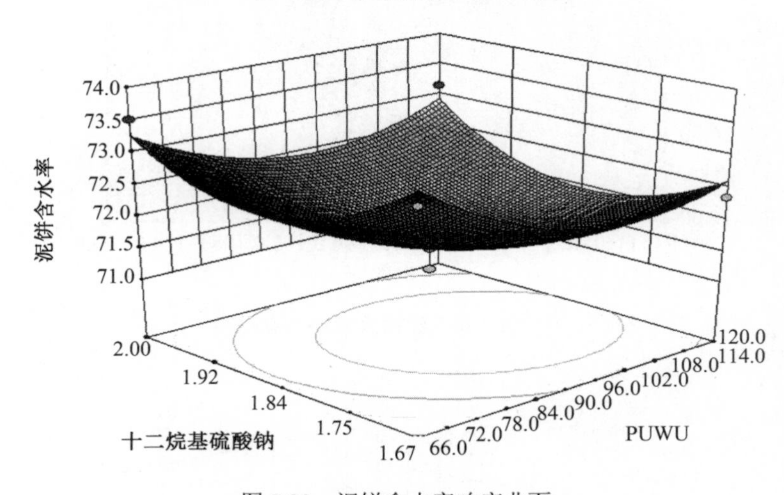

图 7.39　泥饼含水率响应曲面

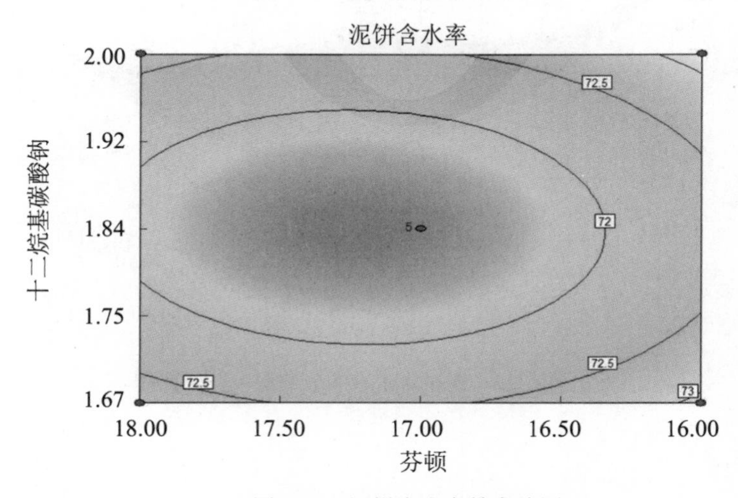

图 7.40　泥饼含水率等高线图

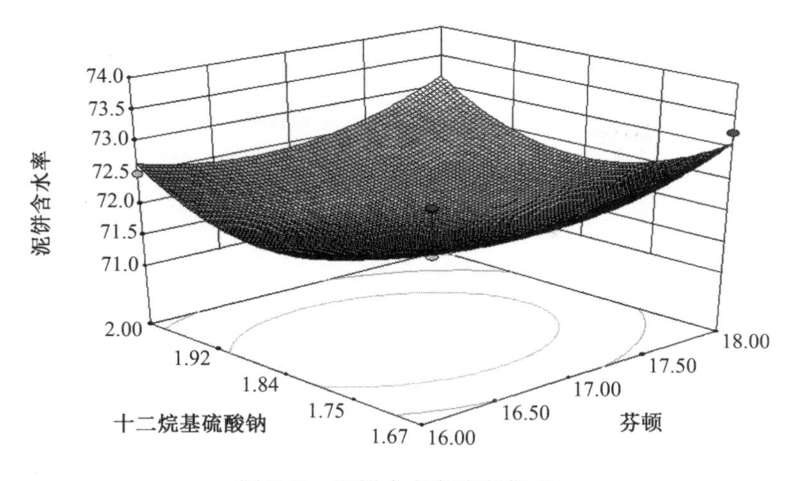

图 7.41　泥饼含水率响应曲面

图 7.36、图 7.37 所示为十二烷基硫酸钠试剂投加量为 1.84 mg/g 时，PUWU 作用时间和 Fenton 试剂投加量对泥饼含水率的影响。可以看出，泥饼含水率随芬顿试剂投加量的增加呈减小趋势，芬顿试剂的作用效果达到最佳时有一定的投加量范围。同理，泥饼含水率随 PUWU 作用时间的增加在一定范围内呈下降趋势，超过一定投加范围泥饼含水率会回升。

图 7.38、图 7.39 所示为芬顿试剂投加量 17 mL/100 mL 时，PUWU 时间和十二烷基硫酸钠试剂投加量对泥饼含水率的影响，泥饼含水率随十二烷基硫酸钠试剂的投加量而减小，超过一定范围泥饼含水率则出现相反趋势。同理，泥饼含水率随 PUWU 作用时间在一定范围内呈减小趋势。

图 7.30、图 7.31 所示为 PUWU 作用时间为 90 s 时，十二烷基硫酸钠试剂投加量和芬顿试剂投加量对泥饼含水率的影响，泥饼含水率随芬顿试剂投加量的增多而减少，但超过一定范围时污泥的泥饼含水率便出现上升趋势。同理，十二烷基硫酸钠试剂的投加量也最佳范围，超过这个范围便会出现抑制现象，泥饼含水率呈上升趋势，不利于改善污泥脱水性能。

利用软件 Mathematical software 7.0 输入污泥比阻回归方程模型在变量 X_1=0.164 52，X_2=−0.259 283，X_3=0.121 569 时模型出现最小值，将模型变量 X_1、X_2、X_3 对应值代入回归线方程，得到污泥比阻的最小值为 0.181×10^{12} m/kg，此时 PUWU 作用时间为 96 s，H_2O_2 投加量为 840 mg/g，十二烷基硫酸钠试剂投加量为 1.84 mg/g。

同理，将泥饼含水率回归方程模型在变量 X_1=0.217 324，X_2=−0.116 361，X_3=−0.017 902 3 时模型出现最小值，将模型变量 X_1、X_2、X_3 对应值代入回归线方程，得到泥饼含水率的最小值为 71.61%，此时 PUWU 作用时间为 96 s，H_2O_2 投加量为 840 mg/g，十二烷基硫酸钠试剂投加量为 1.84 mg/g。

考虑到处理过程中的经济效益和处理效果在实际处理时选用 PUWU 96 s，H_2O_2 试剂投加量为 840 mg/g，十二烷基硫酸钠试剂投加量为 1.84 mg/g。

7.2.4 最优值验证

1. 系统验证

为考察响应曲面模型方程最优条件的准确性和实用性，在 PUWU 作用时间、H_2O_2 和石灰投加量分别为 96 s、840 mg/g、1.84 mg/g 条件下进行验证实验，测定其泥饼含水率和污泥比阻。通过实验得到的结果为：污泥比阻 0.189×10^{12} m/kg，泥饼含水率 71.12%，与模型预测基本吻合。

（1）污泥比阻（SRF）结果验证。

实验中，用烧杯取 500 mL 污泥，用量筒量取 100 mL 分别置于 5 个 200 mL 的烧杯中，取一个原污泥作为对照实验编号为 1；将污泥 PUWU 处理 90 s 编号为 2；投加 17 mL Fenton 试剂编号为 3；1.84 mg/g 十二烷基硫酸钠试剂编号为 4；将污泥先经过 PUWU 处理 96 s，然后加入 Fenton16.8 mL，十二烷基硫酸钠 1.84 mg/g 试剂编号为 5。分别用 5 组样品进行实验，实验结束后记录其数据。

结果如图 7.42 所示，实验所测得的 SRF 值分别为：原污泥 13.2×10^{12} m/kg，PUWU 调理后的污泥 11.8×10^{12} m/kg，Fenton 调理后的污泥 0.376×10^{12} m/kg，十二烷基硫酸钠试剂调理后的污泥 4.85×10^{12} m/kg，PUWU、Fenton 和十二烷基硫酸钠协同调理后的污泥 0.189×10^{12} m/kg。SRF 越小，说明污泥的脱水性能越好。实验结果表明，无论是 PUWU、Fenton 和十二烷基硫酸钠对污泥脱水性能均有改善 ，但单因素的改善效果没有三因素耦合的改善效果好，因此选取三因素协同改善污泥脱水性能。

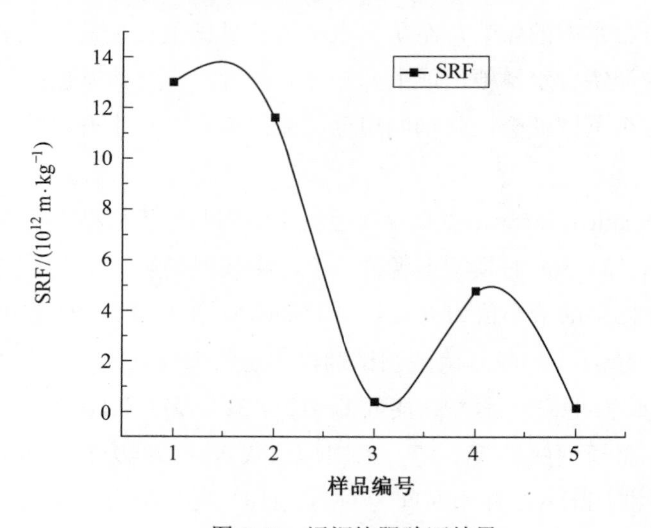

图 7.42　污泥比阻验证结果

（2）泥饼含水率（WC）结果验证。

实验中，用烧杯取 500mL 污泥，用量筒量取 100 mL 分别置于 5 个 200 mL 的烧杯中，取一个原污泥作为对照实验，编号为 1；将污泥 PUWU 处理 30 s 编号为 2；投加 17 mLFenton 试剂编号为 3；1.84 mg/g 十二烷基硫酸钠试剂编号为 4；将污泥先经过 PUWU 处理 96 s，然后加入 Fenton16.8 mL，十二烷基硫酸钠 1.84 mg/g 试剂编号为 5。

分别用 5 组样品进行实验，实验结束后记录其数据。实验所测得的 WC 值分别为：原污泥 85.92 %，PUWU 调理后的污泥 83.72 %，Fenton 调理后的污泥 71.87%，十二烷基硫酸钠试剂调理后的污泥 81.92 %，PUWU、芬顿和十二烷基硫酸钠协同调理后的污泥 71.12%。WC 越小，说明污泥的脱水性能越好。

如图 7.43 所示，无论是 PUWU、Fenton 和十二烷基硫酸钠对污泥脱水性能均有改善 ，但单因素的改善效果没有三因素耦合的改善效果好，因此选取三因素协同改善污泥脱水性能。

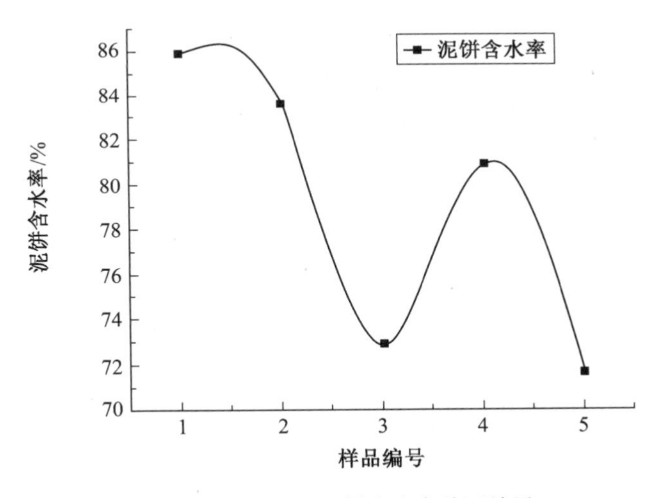

图 7.43　泥饼含水率验证结果

2. 辅助验证

为了进一步验证 PUWU 为 96 s，H_2O_2 为 840 mg/g，十二烷基硫酸钠为 1.84 mg/g 时污泥其他性能的改善。故进行电子显微镜分析和粒径分析两例辅助验证实验。

（1）激光粒径分析。

污泥粒径的大小体现污泥脱水性能的好坏，粒径减小说明污泥脱水性能有所提高，关于污泥粒径分析结果如图 7.44 和图 7.45 所示。

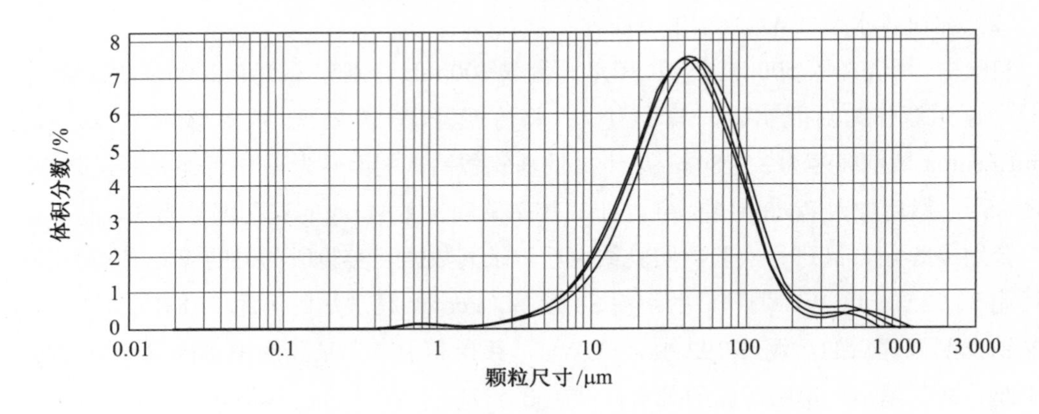

图 7.44　原污泥粒径分析

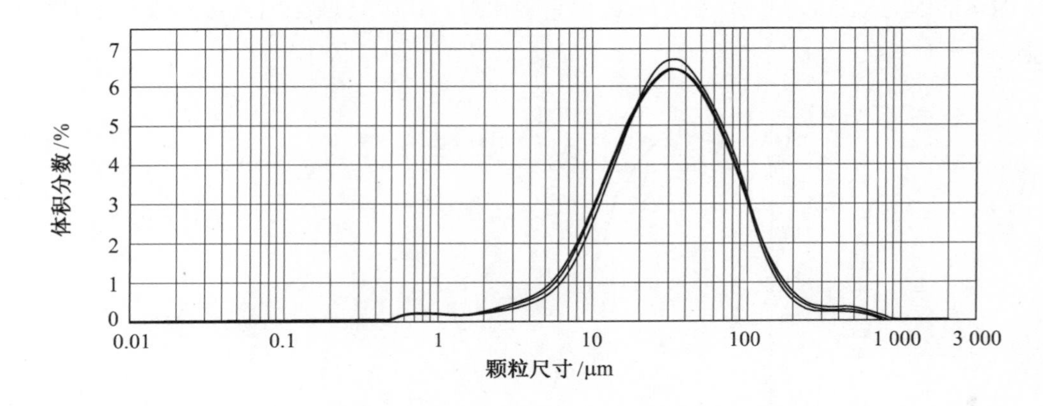

图 7.45　三因素耦合后的污泥粒径分析

由图 7.44 可知，原污泥的粒径主要集中在 30～60 μm 之间，比表面积为 0.297 4 m^2/kg，d_{10} 为 11.92 μm，d_{50} 为 37.874 μm，d_{90} 为 107.072 μm。

由图 7.45 可知，经过 PUWU、Fenton 和十二烷基硫酸钠联合调理后污泥粒径主要集中在 20～50 μm 之间，比表面积为 0.39 m^2/kg，d_{10} 为 8.808 μm，d_{50} 为 31.079 μm，d_{90} 为 96.132 μm。

由结果可以得出，污泥的粒径经 PUWU、Fenton 和十二烷基硫酸钠耦合作用后明显减小。污泥颗粒间的孔隙率明显增加，污泥结构间的难以去除的结合水转变为更易去除的自由水，使污泥的脱水性能明显改善。

（2）扫描电镜分析。

为了能更好观察污泥经过 PUWU（96 s）、H_2O_2（840 mg/g）、十二烷基硫酸钠（1.84 mg/g）处理后污泥与原污泥相比结构的变化，因此对污泥经过电镜分析。具体分析结果如图 7.46 和图 7.47 所示。

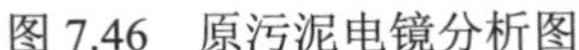

图 7.46　原污泥电镜分析图

图 7.47　三因素耦合后污泥电镜分析图

由电镜分析结果可知，经过 PUWU（96 s）、H_2O_2（840 mg/g）、十二烷基硫酸钠（1.84 mg/g）处理后的污泥的结构较原污泥污泥密实度增加，有明显的变化。故三因素耦合对污泥脱水性能有改善。

7.3　本章小结

（1）经过 17 组结果的分析以及方程的分析得出多因素的最佳投加范围分别为 PUWU（96 s）、H_2O_2（840 mg/g）、十二烷基硫酸钠为（1.84 mg/g）时对污泥脱水性能的改善最为明显。

（2）建立的关于 SRF 和 WC 二次响应曲面模型且相关系数分别为 0.895 6 和 0.896 4 与 1 非常接近，说明其相关性较好，误差较小。因此可以对不同的 PUWU 处理时间、Fenton 投加量和十二烷基硫酸钠投加量处理下对 SRF 和 WC 进行预测。

（3）在 PUWU（96 s）、H_2O_2（840 mg/g）、十二烷基硫酸钠（1.84 mg/g）条件下，对污泥进行验证得出 SRF 为 0.189×10^{12} m/kg，WC 为 71.12 %。与预测值非常接近，再一次验证实验的准确性。

（4）光学显微镜分析结果显示，污泥在经过 PUWU（96 s）、H_2O_2（840 mg/g）、十二烷基硫酸钠（1.84 mg/g）调理后，污泥结构松散，孔隙率增加，污泥颗粒间的黏度减少，实现污泥脱水性能改善的目的。

（5）粒径分析结果显示污泥粒径减小 20～50 μm，比表面积增大为 0.39 m^2/kg，使污泥颗粒间的结合水更好地转变为自由水，颗粒间的间隙明显增大，能更好地改善污泥脱水性能。

参考文献

[1] QI YING，THAPA K B，HOADLEY A F A. Application of filtration aids for improving sludge dewatering properties are view[J]. Chemical Engineering Journal，2011，171 (2)：373-384.

[2] MA W，ZHAO Y Q，KEAMEY P. A study of dual polymer conditioning of aluminum-based drinking water treatment residual[J]. Journal of Environmental Science and Health，Part A：Toxic / Hazardous Substances and Environmental Engineering，2007，42(7)：961-968.

[3] ZHANG G M，HE J G，ZHANG P Y，et al. Ultrasonic reduction of excess sludge from activated sludge system (Ⅱ)：Urban sewage treatment[J]. Journal of Hazardous Materials，2009，164 (2/3)：1105-1109.

[4] 梁波，陈海琴，关杰. 超声波预处理城市剩余污泥脱水性能研究进展[J]. 工业用水与废水，2017，48(4)：1-6.

[5] PARK W J，AHN J H，HWANG S，et al. Effect of output power，target temperature，and solid concentration on the solubilization of waste activated sludge using microwave irradiation[J]. Bio-resource Technology，2010，101(1)：13-16.

[6] 田禹，方琳，黄君礼. 微波辐射预处理对污泥结构及脱水性能的影响[J]. 中国环境科学，2006，26(4)：459-463.

[7] 陈小英，尤晓燕，邱凌峰. 微波联合 Fenton 试剂对污泥脱水性能的影响研究[J]. 福州大学学报（自然科学版），2016，44(1)：134-137.

[8] 王未. 紫外线辐射对活性污泥脱氮除磷效果的影响[J]. 湖北造纸，2012(01)：19-24.

[9] 任晶晶，许延营，孙德栋，等. 紫外光-Fenton 法处理剩余污泥[J]. 大连工业大学学报，2015，34(2)：114-117.

[10] 周煜，张爱菊，张盼月，等. 光-Fenton 氧化破解剩余污泥和改善污泥脱水性能[J]. 环境工程学报，2011，5(11)：2600-2604.

[11] 刘怡君. 芬顿反应强化污泥脱水试验及机理研究[J]. 环境工程，2017，35(4)：55-59.

[12] 黄绍松，梁嘉林，张斯玮，等. Fenton 氧化联合氧化钙调理对污泥脱水的机理研究[J]. 环境科学学报，2018，38(5)：1906-1919.

[13] RODRIGUEZ-CHUECA J，MEDIANO A，ORMAD M P,et al. Disinfection of wastewater effluents with the Fenton-like process induced by electromagnetic fields[J]. Water Research，2014，60：250-258.

[14] 洪晨，邢奕，司艳晓，等. 芬顿试剂氧化对污泥脱水性能的影响[J]. 环境科学研究，2014，27(6)：615-622.

[15] 李雪，李飞，曾光明，等. 表面活性剂对污泥脱水性能的影响及其作用机理[J]. 环境工程学报，2016，10(05)：2221-2226.

第 8 章　结　论

城市污泥也称剩余活性污泥，是城市污水处理厂处理污水过程中的必然产物。我国每年产生的污泥达 1 亿 t 以上，由于污泥中含有大量的有害物质，如重金属、细菌、病原微生物和难降解有机物，以及含有许多植物营养元素。如果污泥在环境中如果不及时妥善处理，会造成对环境的二次污染，所以对污泥处理必须走无害化稳定化减量化和资源化。

污泥是一种胶体结构，含水率高，而且难于脱出水分，是污泥处理的关键步骤。污泥中含有大量胞外聚合物（EPS），它们与水结合，根据与水结合的紧密程度和脱出的难易分为 4 类：自由水、间歇水、吸附水和结合水。

污泥的基本单元是胶羽，胶羽的组成粒子是水中悬浮固体经过不同方式胶结凝聚而成，具有结构松散、比表面积大和孔隙度高的特点。 一般认为，污泥胶核颗粒约 125 μm 大小，由许多小凝聚体（约 13 μm）组成，而小凝聚体再由细菌细胞（约 2.5 μm）聚集而成，这些细菌细胞分别镶嵌在胶质网状体中，维持着胶羽的结构。

小凝集体和细菌细胞的聚集由胞外聚合物结合的，水分则存在于颗粒之间、胶体状间歇、胶体表面以及微生物体内。

菌胶团是由细菌分泌的蛋白质、多糖和核酸等胞外聚合物包裹胶结，相互融合连为一体，组成共同的荚膜，将多个细菌包裹其中的一团胶状物。

根据胶体化学理论，污泥颗粒属于亲水胶体，污泥胶核表面带有负电荷，在吸附作用下会形成水化膜。

胶体的聚集稳定性是由静电斥力和胶体表面的水化作用引起的。亲水胶体的动电势对胶体稳定性的影响远小于水化膜的影响，因此对于亲水胶体，水化膜作用是影响其稳定性的重要因素。

因此污泥的结构影响着污泥的含水率、脱水及脱水效率。换句话说，污泥脱水过程中必须对污泥的结构进行不同程度的改变。研究污泥结构的改变对污泥脱水是一项重要课题。

破解污泥结构是指通过一定的预处理方法破坏污泥的絮体结构，使污泥中固相物质进行降解，进而改善污泥的脱水性能，由许多方法，这些方法有机械处理、酸化污泥、加碱法、热解法、冻融法、氧化剂氧化法、表面活性剂法、骨架构建法、盐析法、絮凝剂法等，而超声波、微波和紫外线是最常用和最有效的破解污泥结构的方法。

超声波破解污泥的主要原理为：当一定功率强度的超声波作用于污泥体系时，污泥中分子的迁移速度加快；同时，在超声波的作用下，污泥中产生大量的空化气泡并随着声波的变化，气泡会随之变化并顺脚破灭，产生空化现象，空化现象产生较高的温度、压力和剪切力，使污泥絮体结构破坏，难降解的有机物得到分解。超声波预处理污泥得到了广泛的工程应用，但超声波预处理对污泥脱水性能的改善有正反两方面的作用。

微波法能够破坏污泥的絮体结构，改善污泥的脱水性能。主要有两个方面的原因，一是微波在高频电磁场的作用下，污泥中表面带负电荷的颗粒和水分子高速旋转，从而使固体颗粒胞外聚合物水界面之间形成了极高的剪切力，促进了颗粒与水分子之间的分离，从而导致污泥表面双电层结构被压缩，促使污泥颗粒脱稳，絮凝。二是微波对不同分子作用方式不同，在微波作用下，水能够吸收较多的微波，升温快，而有机物对微波吸收较少，升温慢，因此在水和有机物之间出现了温度梯度现象，降低了结合水与胞外聚合物之间的表面张力。但是与超声波一样，微波对污泥的破坏结构作用也有正反作用。

紫外线也具有杀灭细菌，破坏细胞壁的作用，从而破坏污泥结构改善脱水性能的功能。

利用超声波、微波、紫外线单独对污泥结构破解，使脱水性能改善有大量的研究，然而对超声波、微波、紫外线三种功能组合在一起进行破解污泥结构，辅助其他方法例如氧化法以及骨架构建法重组污泥结构，改善脱水性能没有同类资料显示进行研究。